基于离散混沌映射的随机测试信号数字合成方法研究

Research on the Digital Generation Method for
Random Test Signals Based on Discrete Chaotic Map

University of Electronic Science and Technology of China Press

·成都·

图书在版编目(CIP)数据

基于离散混沌映射的随机测试信号数字合成方法研究 /
许波，白利兵著. -- 成都：成都电子科大出版社，
2025.7. -- ISBN 978-7-5770-1280-3

Ⅰ.TN911.7

中国国家版本馆 CIP 数据核字第 2024TV9649 号

基于离散混沌映射的随机测试信号数字合成方法研究
JIYU LISAN HUNDUN YINGSHE DE SUIJI CESHI XINHAO SHUZI HECHENG FANGFA YANJIU

许　波　白利兵　著

出　品　人	田　江
策划统筹	杜　倩
策划编辑	杨仪玮
责任编辑	雷晓丽
责任设计	李　倩
责任校对	李雨纾
责任印制	梁　硕

出版发行	电子科技大学出版社
	成都市一环路东一段159号电子信息产业大厦九楼　邮编 610051
主　　页	www.uestcp.com.cn
服务电话	028-83203399
邮购电话	028-83201495
印　　刷	成都久之印刷有限公司
成品尺寸	170 mm×240 mm
印　　张	13.25
字　　数	197千字
版　　次	2025年7月第1版
印　　次	2025年7月第1次印刷
书　　号	ISBN 978-7-5770-1280-3
定　　价	82.00元

版权所有，侵权必究

序
FOREWORD

当前，我们正置身于一个前所未有的变革时代，新一轮科技革命和产业变革深入发展，科技的迅猛发展如同破晓的曙光，照亮了人类前行的道路。科技创新已经成为国际战略博弈的主要战场。习近平总书记深刻指出："加快实现高水平科技自立自强，是推动高质量发展的必由之路。"这一重要论断，不仅为我国科技事业发展指明了方向，也激励着每一位科技工作者勇攀高峰、不断前行。

博士研究生教育是国民教育的最高层次，在人才培养和科学研究中发挥着举足轻重的作用，是国家科技创新体系的重要支撑。博士研究生是学科建设和发展的生力军，他们通过深入研究和探索，不断推动学科理论和技术进步。博士论文则是博士学术水平的重要标志性成果，反映了博士研究生的培养水平，具有显著的创新性和前沿性。

由电子科技大学出版社推出的"博士论丛"图书，汇集多学科精英之作，其中《基于时间反演电磁成像的无源互调源定位方法研究》等28篇佳作荣获中国电子学会、中国光学工程学会、中国仪器仪表学会等国家级学会以及电子科技大学的优秀博士论文的殊誉。这些著作理论创新与实践突破并重，微观探秘与宏观解析交织，不仅拓宽了认知边界，也为相关科学技术难题提供了新解。"博士论丛"的出版必将促进优秀学术成果的传播与交流，为创新型人才的培养提供支撑，进一步推动博士教育迈向新高。

青年是国家的未来和民族的希望，青年科技工作者是科技创新的生力军和中坚力量。我也是从一名青年科技工作者成长起来的，希望"博士论丛"的青年学者们再接再厉。我愿此论丛成为青年学者心中之光，照亮科研之路，激励后辈勇攀高峰，为加快建成科技强国贡献力量！

中国工程院院士

2024 年 12 月

前 言
PREFACE

随着现代科学技术的快速发展，信号处理与分析在通信、控制、测试等领域的重要性日益凸显。特别是在复杂系统测试中，高质量的随机测试信号是系统性能评估的关键前提。然而，传统的基于直接数字合成的随机信号生成方法在随机性和可控性方面存在技术局限，难以满足现代测试的高效性需求。离散混沌映射凭借其非线性动力学特性、伪随机性能和简单数学模型，为测试信号的数字合成提供了新的思路。本书系统探讨了基于离散混沌映射的随机测试信号数字合成方法，为相关领域研究与实践提供了理论依据与技术参考。

本书共分六章。第一章综述现有随机测试信号合成方法的现状，分析了随机数发生器的实现方法及混沌映射的建模与性能增强技术。第二章提出了基于混沌随机数的测试信号数字合成理论框架，建立了通用离散忆阻器模型及其实现方法，并对该方法进行了验证与分析。第三章构建了三维忆阻 Logistic 映射模型，分析了其动力学行为与随机性能，提出了随机周期测试信号数字合成方法，并通过硬件验证了其性能。第四章建立了四维忆阻超混沌映射模型，分析了其动力学行为与随机性能，实现了高吞吐率伪随机数生成和高斯噪声、均匀噪声的实时数字合成，并在现场可编程门阵列（field-programmable gate array，FPGA）中对提出的方法进行了硬件验证与分析。第五章建立了随机性能可控的 n 维超混沌映射模型，分析了该模型的动力学行为、输出序列性能和分布特性，提出了任意分布噪声信号的数字合成方法，并验证其工程应用价值。第六章总结了全书的研究成果，并对未来的研究方向进行展望。

在本书的研究与写作过程中，作者阅读了国内外相关学者的大量文献成果，并从中受益良多，同时还得到了导师、相关老师、同学、朋友和家人的指导和帮助，在此一并表示衷心的感谢。

在本书中，作者虽然力求翔实与严谨，但由于水平有限，书中难免存在不足，恳请各位读者批评指正，以期进一步改进和完善。

许 波

2025 年 4 月

- 第一章　绪论
1.1 研究背景与意义	001
1.2 国内外研究现状	004
1.2.1 随机测试信号的产生	005
1.2.2 随机数发生器	008
1.2.3 离散混沌映射的性能增强	018
1.3 拟解决的关键问题	024
1.4 主要研究内容	026

- 第二章　随机测试信号建模与离散混沌映射通用模型
2.1 引言	029
2.2 随机测试信号的空间分解与建模	030
2.2.1 随机测试信号的空间分解与重构	030
2.2.2 随机周期测试信号建模	033
2.2.3 噪声信号建模	035
2.3 基于离散混沌映射的随机测试信号产生原理	038
2.3.1 离散混沌映射的基本模型	038
2.3.2 随机测试信号合成原理	041
2.4 两种离散混沌映射建模方法	042
2.4.1 基于离散忆阻器的混沌映射建模	043
2.4.2 基于模运算的混沌映射建模	054
2.5 方法验证与分析	058
2.5.1 通用离散忆阻模型验证与分析	058
2.5.2 离散忆阻混沌模型验证与分析	065
2.5.3 基于模运算的混沌模型验证与分析	067
2.6 本章小结	069

- **第三章　基于三维忆阻 Logistic 映射的随机周期测试信号数字合成方法**

3.1	引言	071
3.2	三维忆阻 Logistic 映射建模	072
	3.2.1　并联双忆阻器的三维混沌映射模型	072
	3.2.2　动力学行为分析	074
	3.2.3　随机性能分析	079
3.3	基于 DDS 的随机周期测试信号合成方法	083
3.4	方法验证与分析	087
	3.4.1　数值仿真与分析	087
	3.4.2　三维混沌映射的硬件验证	090
	3.4.3　随机周期测试信号合成方法验证	093
3.5	本章小结	098

- **第四章　基于四维忆阻混沌映射的高吞吐率噪声数字合成方法**

4.1	引言	099
4.2	四维忆阻混沌映射建模	100
	4.2.1　基于三角函数的四维忆阻混沌映射模型	100
	4.2.2　动力学行为分析	103
	4.2.3　输出序列性能分析	108
	4.2.4　平面吸引子调控方法	111
4.3	基于 FPGA 的混沌序列吞吐率提升与均匀化方法	116
	4.3.1　基于流水线技术的序列实时产生方法	116
	4.3.2　随机序列吞吐率的提升与均匀化	117
4.4	基于均匀随机序列的高吞吐率噪声数字合成方法	122
	4.4.1　高吞吐率高斯噪声合成方法	122
	4.4.2　高吞吐率均匀噪声合成方法	127

4.5 方法验证与分析	128
4.5.1 数值仿真与分析	128
4.5.2 四维离散映射的硬件验证	131
4.5.3 FPGA 超高速噪声合成验证与分析	133
4.5.4 噪声测试信号合成方法验证	136
4.6 本章小结	140

第五章 基于 n 维超混沌映射的任意分布噪声数字合成方法

5.1 引言	141
5.2 n 维超混沌映射建模	142
5.2.1 可控李指数的 n 维超混沌映射模型	142
5.2.2 动力学行为分析	147
5.2.3 输出序列性能分析	153
5.2.4 基于状态变量的 n 维吸引子分形结构调控方法	156
5.3 任意分布噪声信号的数字合成方法	162
5.3.1 指定任意分布模型的噪声合成方法	162
5.3.2 随机分布模型的噪声合成方法	167
5.4 方法验证与分析	167
5.4.1 数值仿真与分析	168
5.4.2 六维离散映射硬件验证	172
5.4.3 任意分布噪声合成方法验证	174
5.4.4 随机功率测试信号合成验证	177
5.5 本章小结	179

第六章 总结与展望

| 6.1 研究总结 | 180 |
| 6.2 研究展望 | 182 |

参考文献 184

第一章

绪　论

1.1　研究背景与意义

随着电子信息技术的发展，诸如雷达、飞机、医疗仪器等大量复杂电子装备已广泛应用到电子对抗、交通运输、医疗健康等领域中，如图1-1所示。对装备进行全面测试，提高测试故障覆盖率，保障其长期稳定运行，对国家安全、经济发展、人民生活质量等至关重要。然而，在真实信道中，信息传输总是同时包含信号和噪声。信号和噪声的固有随机性，导致了真实信道中信号随机变化，且受电压、带宽、速率等客观因素的限制。这些不期望的随机信号可能导致装备性能下降、功能失效，甚至发生事故。如2018—2019年，美国波音737MAX飞机先后在132天内发生两起坠机事件，共造成346人死亡。调查结果显示，迎角传感器的错误数据导致动特性增强系统(MCAS)与驾驶员争夺飞机驾驶权是导致飞机坠落的直接原因，而未对MCAS进行全面测试是根本原因[1]。因此，为防止因装备故障漏检导致的恶性事故发生，需要合成一种有界范围内的随机测试信号，以进一步提高故障测试覆盖率，保障装备长时间稳定运行。

(a)电子对抗领域　　　　　　　(b)交通运输领域

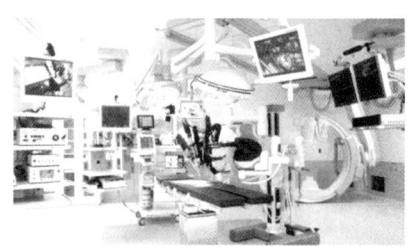

(c)医疗健康领域

图 1-1　不同领域的复杂电子装备

目前,以伪随机数发生器(pseudo-random number generator,PRNG)作为随机参数,结合直接数字合成(direct digital synthesis,DDS)技术,是当前合成随机测试信号的主要方法。如图 1-2(a)所示,诺·格公司先通过上位机在线计算波形数据,再使用直接 DDS 射频技术合成电磁信号,研制的电磁环境作战模拟器已用于美军 AN/ALR-69、F-35 战机的研发与测试中[2]。张鹏[3]用商用信号源和矢量信号发生器搭建了如图 1-2(b)所示的随机测试信号合成系统,实现了针对雷达系统测试的多辐射源信号、多目标回波特性、欺骗干扰、噪声干扰、环境杂波等多种测试信号的合成。受波形数据存储容量限制,合成信号仅在周期内随机,本质上仍为周期信号,测试信号的随机性不强。随机测试信号的周期性也进一步增加了合成所有可能出现信号的时间,测试效率低,并且现有方法属于间接控制方法。根据 DDS 原理,仅能控制测试信号的初始参数,无法准确控制随机测试信号的结束参数,测试信号复现难,导致装备故障定位难。因此,针对现有信号合成方法存在随机性较低、重复产生难等问题,需要进一步开展理论研究和技术突破,研究一种具有高随机性、高效率、高精度的随机测试信号数字合成方法。

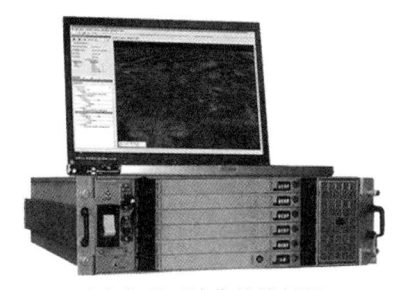 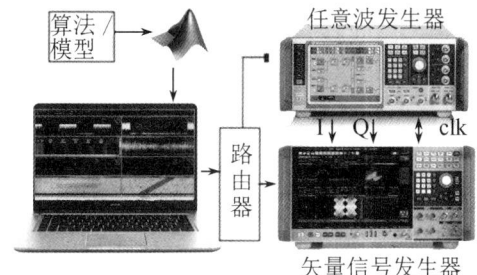

（a）电磁环境作战模拟器　　　　（b）随机测试信号合成系统

图 1-2　基于 PRNG 和 DDS 的随机测试信号产生设备

此外，目前 PRNG 主要采用固定算法实现。如 Matlab 全局 PRNG 默认为梅森旋转器[4]，其合成的噪声信号已在雷达回波模拟、通信系统测试、无线信道仿真、复杂电磁环境模拟等场景中广泛应用，但固定算法产生 PRNs 的有限随机性难以模拟工况下噪声实变过程。混沌系统作为一个具有确定数学模型的非线性动力学系统，因其物理可解释性、初始敏感性、内在随机性、可重复性，是实现高随机性能 PRNG 的首选方法，混沌系统可分为连续混沌系统（continuous chaotic system，CCS）和离散混沌映射（discrete chaotic map，DCM）。DCM 因其模型固定、实现简单、稳定性高等特点，在工程应用中更受学者们青睐[5-6]。一般来讲，DCM 的维度越高，其随机性能和吞吐率越高。因此，研究高维 DCM 对进一步提高 PRNG 的随机性能和吞吐率至关重要。

5G 通信等高速高带宽电子信息技术的发展对随机测试信号的带宽、吞吐率也提出了更高要求，特别是在模拟带宽实时噪声信号时，需要 PRNG 具有较高吞吐率，至少满足 DAC 的数字带宽（吞吐率）。目前，学者们已采用高性能 CPU[7]、GPU[7]、FPGA[8]、ADC[9]等多种方法来提高随机数的吞吐率。然而，现有 PRNG 不仅吞吐率较低，且难以与 DDS 技术结合，噪声信号的吞吐率和随机性很难提高。因此，研究 PRNG 的吞吐率提升方法和基于 PRNG 的实时噪声合成方法都具有重要的工程意义。

另外，在舰船[10]、鱼雷[11]、电网[12]、飞机[13]等指定测试场景中，干扰噪声往往具有带宽较小、幅度有界、分布稳定的特点，且分布特性与实际工作环境密切相关。目前,通过数学建模或采集噪声数据,再根据 DDS 原理输出模拟信号,是合成随机分布噪声的主要方法。同样,受波形存储容量限制,合成噪声的随机性也较低。虽然改变 DCM 系统控制参数(system control parameters,SCPs)或初始状态(initial states,ISs)可直接产生随机分布噪声,但 SCPs 或 ISs 的改变不仅可能导致混沌退化和随机性能下降,也无法实现指定分布的噪声合成。因此,研究基于 DCM 直接合成可控任意分布噪声也具有重要意义。

综上所述,为保障电子装备在国家安全、国民经济、人民生活等诸多领域中稳定工作,需要使用随机测试信号来提高装备的测试故障覆盖率。针对不同测试场景对信号和噪声高随机性的共性需求,本书开展了基于离散混沌映射的随机测试信号数字合成方法研究,给出了随机测试信号模型及其与 PRNG 的映射关系,建立了多个 DCM 新模型,以 DCM 输出的 PRNs 作为种子,重点研究了随机周期信号、高吞吐率噪声、任意分布噪声等测试信号的实时数字合成方法。

1.2 国内外研究现状

当前,用随机数作为信号源的控制参数是合成随机测试信号的主要方法,国内外相关学者对此进行了大量研究。与该方法相关的工作主要有三个方面:一是工程应用,主要集中在用随机测试信号解决具体测试问题;二是关键技术,主要研究随机数发生器的设计及其吞吐率提高方法;三是基础理论,主要研究 DCM 的性能提升方法。本节也将对这三个方面的国内外研究现状亟待解决的问题进行梳理和分析。

1.2.1 随机测试信号的产生

信息的传输总是同时包含信号与噪声，信号携带着有用信息，噪声是指影响信息质量的任何干扰信号。在实际应用中，多采用调制技术来实现信息的远距离传输，如幅度调制、频率调制、相位调制、脉冲调制、编码调制等。信息的不确定性，导致信号在波形参数（幅度、频率、相位、偏置）、波形类型、持续时间等维度随机变化。从接收机或测试的角度来看，真实信道中的信号为一个具有随机波形参数的周期信号，称为随机周期信号。电子热噪声、黑体辐射噪声、人为干扰等噪声也一直干扰着信号。随着学者们深入研究发现，在多数情况下，噪声以叠加的形式对信号进行干扰[14-15]。因此，信道中的真实信号 $sn(t)$ 可表示为[14,16]

$$sn(t) = s(t) + n(t) \quad (1-1)$$

式中，$s(t)$ 表示携带有用信息的信号；$n(t)$ 表示加性噪声。

为了准确评估设备的性能，保障长时间稳定工作，在设备研发与测试中，需要模拟式(1-1)中测试信号的产生。同时，测试信号还应满足以下三个特征[17]。

(1) 真实性：产生的随机测试信号能够真实模拟实际工况中可能出现的信号。

(2) 实用性：随机测试信号可被准确产生，且方法简单、测试效率高。

(3) 溯源性：随机测试信号的状态能够被精确表征，当测试信号导致被测对象出现故障时，激励信号可重复产生。

按照上述思路，国内外仪器厂商首先在硬件平台、软件开发等方面做了深入研究。如美国是德科技[18]、德国罗德与施瓦茨[19]、中国普源精电[20]、中国优利德[21]等厂商都通过设置预存常用波形、预留编程接口、增大波形存储空间、开发配套软件等方法来合成波形参数可变的测试信号。此外，各仪器厂商也采用不同的技术路线合成随机测试信号。例如，美国是德科技研发了可编程数字高斯信号合成功能[18]；德国罗德与施瓦茨在信号源中集成了 RF 发生器和衰落模拟器，可直接实现模拟信道衰落、加性高斯噪声等随机信号[19]；中国优利德在信号源中集成了准高斯噪声、高斯噪声叠加、伪随机序列等随机信号合成功能[21]。

另外，根据不同测试对象和需求，众多研究机构及学者也利用 DDS 技术合成多种随机测试信号。如，美国洛克希德·沃斯堡公司采用模块化设计思路，研发了雷达信号模拟器，通过软件编程合成噪声数据，可模拟线性调频、移相键控、连续波多普勒、脉冲多普勒和数字动目标等[2]；美国 TCS 公司采用 LabVIEW 开发的 RES-2000 模拟器，可为雷达提供包含目标、杂波和干扰信息的数字、中频、射频等多种测试信号[22]；郑灼洋等人[23]利用微波矢量信号源、任意波形发生器等通用设备组成了一套波形可编程、带宽功率可调、误差可校准的复杂电磁信号模拟系统，可用于模拟杂波干扰信号、电磁环境信号及电磁对抗训练等，该方法的本质是通过改变波形参数和波形类型实现信号输出；Wu Bing 等人[24]设计了由上位机和 FPGA 组成的雷达基带信号仿真系统，其控制参数由上位机产生，FPGA 用于实时输出脉冲信号；李咏[25]在 DSP 中对雷达常见杂波信号进行了数学建模，并使用 DSP 实现了杂波噪声实时输出；陆越等人[26]将潜艇辐射噪声划分为线谱、宽带连续谱和螺旋桨调制谱三类，并在 DSP 中使用高斯噪声、单频信号及 FIR 滤波器实现了模拟输出；曹连振等人[27]建立了光学量子噪声的物理模型，并使用光学器件模拟各种光量子噪声。

为了对雷达等设备进行抗噪声测试，孙凤荣等人[28]先将软件合成的宽带噪声、梳妆波噪声、频率凹波干扰噪声等存到 SRAM 芯片中，再使用 FPGA 和 DAC 实现噪声信号的实时输出。在水雷目标探测系统研制过程中，胡生国等人[10]通过将采集的多帧数据进行无衔接实现了舰船噪声信号的连续模拟输出；欧家祥等人[12]通过采集并存储电力线上的噪声信号为电力载波通信提供了真实噪声干扰环境；叶夏兰等人[29]首先对低压电力线上信道噪声特性进行分析和建模，然后利用 Simulink 直接生成 DSP 代码，最后通过 DAC 实现低压电力线信道噪声模拟输出；王亚晨等人[13]将飞机噪声简化为具有上升速度、持续时间和峰值声压等参数的包络曲线模型，并通过白噪声滤波器和多普勒效应修正噪声合成算法，使得 Matlab 合成噪声与实际信号在时频域上具有一致的声学特征，可用于评估不同飞机噪声对人体的影响；刘建兵等人[11]结合理论分析和实际工作环境，模拟了鱼雷工作噪声信号，实验显示，合成的噪声信号对部队开展鱼雷预警训练和提高作战防御能力具有现实意义；周生奎等人[30]建立了航空数据链复合 Nakagami 衰落和对数正态分布衰落信道模型，以及高速噪声干扰模型，并利用 FPGA 编程实现。实验表明，该硬件模拟器的输出衰落统计特性与理论值吻合，可用于实际航空数据链系统的模拟测试。菅端端等人[31]利用信号源、频谱仪、稳压源等设备搭建集成电路测试平台，通过人工调节信号源输出信号的频率、幅度等参数，实现了超高速 ADC 芯片多项关键指标的动态测试。

美国泰克公司[32]研究了通过设置信号源波形参数来检定半导体器件性能的方法。实验显示，该方法可在流程中提前发现设计问题，降低芯片版图修订成本。考虑电网的非稳态特征和负载的动态变化，Wang Xuewei 及其团队先后建立了基于 OOK[33]和基于 M 序列[34]的动态测试电流模型和开关键控测试动态负载模型，并根据不同动态信号模型提出相应的检测算法。在此基础上，自研了随机信号测试产生设备，实验表明，随机功率测试信号可降低智能电表的不确定度[35]。王智等人[36]搭建了由嵌入式控制器、信号源、程控电压和程控负载组成的电能表测试平台，通过软件编程产生了包络、幅度、谐波、冲击等各类随机测试信号。实验表明，通过单一参数或多参数的复合调控，可模拟真实的功率信号。

综上所述，随机测试信号已在雷达[22]、舰船[26]、电力能源[35]等多个领域中广泛使用。目前，DDS 是合成随机测试信号的首选方法，当波形存储器中存入常见周期信号(如正弦波、三角波、锯齿波等)时，随机改变波形参数可合成随机周期测试信号[32]，当波形存储器中存入噪声数据时，可直接合成噪声信号，且噪声数据多采用软件算法合成[2,29]或采集现场噪声数据[12]。图1-3(a)是使用信号源任意波功能合成的噪声信号,可以看到,噪声信号具有明显的周期性。该方法在一定程度上模拟了工况下信号的动态变化过程,提高了测试故障覆盖率,是一种可靠易操作的测试方法,目前已在多个测试任务中使用。然而,随着装备自身系统越来越复杂,外部环境干扰日益严重,以及对装备可靠性更高的要求,现有方法仍存在以下问题。

(1)测试信号的随机性不高,受波形数据存储容量限制,合成信号仅在周期内随机,本质上仍为周期信号。同时,随机参数或噪声多采用固定算法实现[4,37-38],PRNs的有限随机性也是限制测试信号随机性不高的另一原因。

(2)测试效率低,如图1-3(a)所示,随机测试信号的周期性也进一步增加了合成所有可能出现信号的时间,导致了测试时间增加,降低了测试效率。

(3)测试信号溯源难,故障定位难,根据DDS原理,现有方法仅能控制测试信号的初始参数,无法准确控制随机测试信号的结束参数。

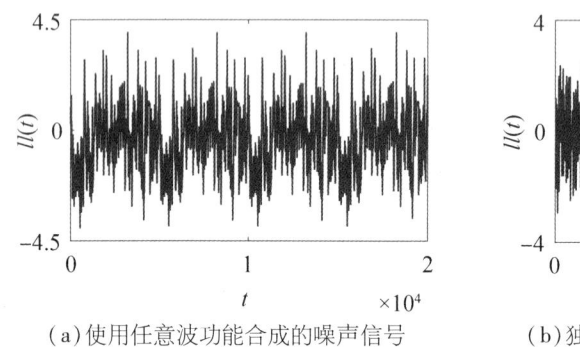
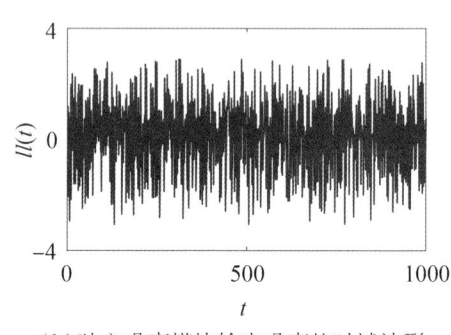

(a)使用任意波功能合成的噪声信号　　(b)独立噪声模块输出噪声的时域波形

图1-3　信号源输出噪声时域波形

1.2.2　随机数发生器

根据前面的分析,我们知道提高测试信号随机性的核心是提高PRNG

的随机性能与产生速度,其本质是提高 PRNs 的随机性和吞吐率。随机数发生器是专用于产生随机数的装置[4],可进一步分为真随机数发生器(true random number generator,TRNG)和 PRNG。一般来讲,TRNG 多基于物理熵源实现,PRNG 多基于确定性的数学算法实现[39-40]。

1.2.2.1 真随机数发生器

TRNG 常用的物理熵源有热噪声[41]、相位抖动[42]、光电效应[9,41]等。随着集成电路技术的不断发展,如图 1-4 所示,学者们也采用比较器[43]、D 触发器[44]、ADC[45-46]等商用器件将模拟信号转化为数字信号(随机数)[9,47]。

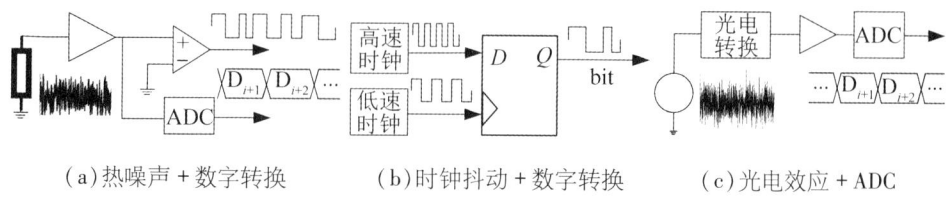

(a)热噪声+数字转换　　　(b)时钟抖动+数字转换　　　(c)光电效应+ADC

图 1-4　基于物理熵源的随机数产生原理

如 Holman 等人[43]在 CMOS 数字电路中集成了宽带白噪声源,并通过比较器转换为数字比特噪声,分别实现了 3.2 MHz 的模拟噪声源和 1 Mbps 的随机序列。Petrie 等人[48]设计了一个集电阻热噪声、ADC 量化、离散变换为一体的随机数发生器,可实现 1.4 Mbps 的吞吐率。根据时钟随机抖动和 CMOS 电路延时,Nannipieri 等人[49]利用 D 触发器设计了 Fibonacci-Galois 环形振荡器架构,并在 FPGA 中进行了验证,可实现 400 Mbps 的吞吐率。Gui Jianguo 等人[50]以多级反馈环振荡器的随机抖动为熵源采集 FPGA 时钟信号,并对 D 触发器的输出进行异或运算,可产生 290 Mbps 的随机数。Sala 等人[51]结合锁存器亚稳态和环形振荡器抖动在 FPGA 中设计了一个 TRNG,输出序列可通过 NIST 和 AIS-31 测试,在 50 MHz 工作频率下,吞吐率为 12.5 Mbps。Koyuncu 等人[52]利用连续混沌系统和环形振荡器在 FPGA 设计了一个双熵源的 TRNG,测试结果显示,该 TRNG 可通过 NIST 测试,其吞吐率为 464 Mbps。Bae 等人[53]利用共模放大器和 D 触发器来产生随机数,当使用 3 GHz 外部时钟对 D 触发器的输入进行采样时,可产生吞吐率为 3 Gbps 的随机数。COSKUN 等人[46]使用 ADC 采集 Zhongtang 振荡器的状态变量(state variables,SVs)获得了随机序列。Jofre 等人[54]使用光学放大和干涉测量将真空波动转换为光噪声,再使用光电转换器件和 ADC(2.5 GSa/s,12 bits)获得了 1.11 Gbps 的随机数。Ma 等人[55]设计了一个双模微腔激光器,并利用自混沌激光输出实现了随机数的产生,用 40 GHz 带宽的光电探测器将其转换为电信号,ADC(5 GSa/s,8 bits)可产生吞吐率为 10 Gbps 的随机数。Wang Longsheng 等人[9]设计了一个由外腔反馈激光二极管、ADC(40 GSa/s,8 bits)和 FPGA 组成的随机数发生器,首先通过两个外腔反馈激光二极管的光学外差产生混沌信号,然后由 ADC 进行量化,最后在 FPGA 中进行实时异或运算以提高随机性。结果显示,随机数可通过 NIST 测试,且吞吐率为 14 Gbps。此外,普源精电研发的 DG 系列信号源内部也集成了独立噪声模块,其时域波形如图 1-3(b)所示,与图 1-3(a)相比,独立噪声模块输出噪声的随机性更大。

基于物理熵源的随机数产生方法对比见表 1-1 所列,可以发现,TRNG 输出随机数的吞吐率与后端商用器件的性能有关,如文献[46][49-51]中的吞吐率与 FPGA 的工艺、系统工作时钟相关,文献[9][54][55]中的吞吐率不仅与 FPGA 的接口速度有关,还与 ADC 的采样率和分辨率有关。总体上看,为了产生高吞吐率的随机数,需要高性能的器件[9,55],这不仅成本高昂,且购买困难。目前,TRNG 主要应用于密码学[44]、随机模拟[45]、独立噪声源[41]等领域,但在测试信号合成中还应用较少,其原因如下。

(1)TRNG 难集成、难控制,TRNG 输出为模拟噪声信号,且输出功率、分布特性难调控,这不能满足不同测试场景对可编程噪声源的实际需求。

(2)随机序列复现难,故障定位难,只有已知先验信息的测试才能用于测试,提高测试故障覆盖率,而 TRNG 几乎不可能输出两个完全一样的测试信号,因此,故障定位难,测试故障覆盖率难提高。

表 1-1 基于物理熵源的随机数产生方法对比

文献	熵源	吞吐率	实验平台	文献	熵源	吞吐率	实验平台
[43]	热噪声	1 Mbps	集成电路	[48]	热噪声	1.4 Mbps	集成电路
[49]	抖动	400 Mbps	FPGA	[50]	抖动	290 Mbps	FPGA
[52]	抖动+振荡器	464 Mbps	FPGA	[51]	抖动	12.5 Mbps	FPGA
[55]	光源	10 Gbps	ADC + FPGA	[46]	振荡器	—	模拟电路 + ADC
[54]	光源	1.11 Gbps	ADC + FPGA	[53]	振荡器	3 Gbps	集成电路
[9]	光源	14 Gbps	ADC + FPGA	本书	DCM	195.2 Gbps	FPGA※

1.2.2.2 伪随机数发生器

PRNG 总体上可分为弱 PRNG 和强 PRNG[56]。弱 PRNG 主要是通过"算法+种子"的方式实现，如 M 序列[7,57-58]、线性同余发生器[58-59]、梅森旋转器[4]、Combined Tausworthe[60-61]、WELL[57]等；因这些算法产生的 PRNs 具有周期较短、均匀分布的特点[39,58]，目前多用这些弱 PRNG 作为种子来合成随机性能更好的 PRNG。

混沌系统作为一个既有确定数学模型的非线性动力学系统，又有物理熵源的高随机性，是目前产生强 PRNG 的主要方法[7,62-65]。如 Logistic 映射可模拟生态系统中物种数量的变化、人口增长等自然现象，Hénon 映射可描述流体混沌、分形结构的产生，Lorenz 系统可描述气象学中的"蝴蝶效应"[66]，Duffing 系统可描述在外部驱动力和非线性恢复力作用下的振动现象[67]，VanderPol 系统可描述真空管电路中的极限环现象[68]。混沌系统可划分为 DCM 和连续系统，常见的 DCM 有一维 logistic 映射(one-dimensional logistic map，1D-LM)、一维 sine 映射(one-dimensional sine map，1D-SM)、一维 tent 映射(one-dimensional tent map，1D-TM)、二维 hénon 映射(two-dimensional hénon map，2D-HM)、二维 lozi 映射(two-dimensional lozi map，2D-LM)等。连续混沌系统又可进一步分为整数阶连续系统(integer-order continuous chaotic system，ICCS)和分数阶连续系统(fractional-order continuous chaotic system，FCCS），基本 ICCS 有 Chua 电路、Chen 系统、Lü 系统、Duffing 系统、Rössler 系统等[69]。通过将微分方程的整数阶微分替换为分数阶微分，即得到了 FCCS，如分数阶 Chua 电路、分数阶 Chen 系统、分数阶 Lü 系统、分数阶 Duffing 系统、分数阶 Rössler 系统等[69]。

  最早被学者们关注的是弱 PRNG[39]，因弱 PRNG 具有算法固定、实现简单、周期固定、分布均匀等优点，目前主要是用于合成均匀噪声[7,57,59-61]。金畅等人[70]将改进后的梅森旋转生成器与线性同余发生器进行组合，产生的 PRNs 用于 monte carlo 计算。Khatib 等人[7]以声学样本作为并联 M 序列的种子，设计了一个安全、轻量级的声学 PRNG。实验结果显示，在 i7-7920HQ + GP102、i5-7287U 和 i3-4030U 上分别实现了 30.72 Gbps、25.6 Mbps 和 17.066 Mbps 的吞吐率，且输出序列可通过 NIST 测试。Pandit 等人[71]提出了以舍入学习作为 M 序列种子的 PRNG，其输出 PRNs 也通过了 NIST 测试，在计算机中获得了 35.089 Mbps 的吞吐率。吴国望等人[72]通过 Matlab 生成高斯数据存入 FPGA 内部的 ROM 中，以 M 序列作为 ROM 的随机读地址设计了高斯噪声发生器。此外，梅森旋转器是 Matlab 中默认的全局随机数发生器[4,37-38]，再结合其他算法，可软件直接合成多种噪声信号。目前已被学者们应用到微弱信号检测[73]、图像加密[74]等领域中。

  均匀 PRNG 也常作为合成其他噪声的种子使用，特别是合成高斯噪声[38]。如 Boutillon 等人[57]以 M 序列作为 Box-Muller 变换的种子，在 FPGA 中实现了加性高斯噪声发生器。谷晓忱等人[61]利用两个 Combined Tausworthe 模块作为 Box-Muller 变换的种子，在 FPGA 中实现了高斯噪声数字合成。Dahmani 等人[75]以 M 序列作为二阶分段 Box-Muller 变换的种子在 FPGA 实现了高斯噪声发生器，可分别实现 7.81 和 9.561 的波峰因数。朱鹏等人[76]先在 FPGA 中使用 M 序列产生均匀噪声，然后利用均匀分布和高斯分布之间的映射函数关系，采用线性插值拟合出一次曲线，进而产生高斯噪声。Sileshi 等人[60]采用 Combined Tausworthe 实现了均匀 PRNG，再以均匀 PRNs 作为 Ziggurat 算法的输入实现了高斯 PRNG，FPGA 实验结果显示吞吐率为 689.2 Mbps。Cotrina 等人[77]提出了 M 序列和循环旋转相结合的高斯噪声合成方法，并使用模拟退火算法使输出的 PRNs 更接近高斯分布。Syafalni 等人[78]使用 Fibonacci 线性移位反馈寄存器在 FPGA 中设计高斯 PRNG，其吞吐率可达 5.84 Gbps 和 10.74 Gbps。Maamoun 等人[79]提出了一种高效的 Box-Muller 高斯 PRNG，使用 FPGA 内部的 BRAM 存储系数，M 序列作为均匀随机变量和多路复用器的选择信号，其吞吐率最高为 5.035 Gbps。Su Jianing 等人[80]设计了基于亚稳态的环形振荡器和 XOR 树的均匀 PRNG，在此基础上提出了基于 Ziggurat 算法的高斯 PRNG，其吞吐率为 190 Mbps。

同时，也有学者采用其他非线性变换来产生高斯噪声。如 Lee 等人[81]提出了一种基于 Box Muller 的高斯噪声产生方法，实验显示，FPGA 的计算速度比计算机快 200 倍。合成的高斯噪声已用于美国宇航局深空通信低密度奇偶校验码测试。Malik 等人[82]提出了基于中心极限定理的高斯噪声合成方法，获得了 1.75 Gbps 的吞吐率。Gutierrez 等人[83]以分布函数的反函数为基础，利用多分段线性函数在 FPGA 实现了高斯 PRNs 合成，其吞吐率为 242 Mbps。此外，结合经典的非线性变换方法，如球不变随机过程法和零记忆非线性变换法[84]，可将高斯噪声进一步变换为瑞利分布、对数正态分布、韦布尔分布、K 分布等噪声信号。

直接使用混沌系统作为 PRNG 也是学者们热衷研究的另外一个方向。如 Liu Junxiu 等人[85]设计了一个基于 FPGA 硬件实现的 PRNG，通过增加扰动项，可提升随机性能和降低退化风险，其输出的 PRNs 可通过 TestU01 和 NIST 测试。Yu Fei 等人[86]设计了基于非平衡四翼忆阻超混沌系统和伯努利映射的双熵源 PRNG，在 FPGA 实现了 62.5 Mbps 的吞吐率，输出序列可通过 NIST 800.22、ENT 和 AIS.31 等测试。Tolba 等人[64]分别对基于 Grünwald-Letnikov 定义的 Liu 系统和 V 型多涡流系统进行了 FPGA 实现，其吞吐率分别为 1.986 Gbps 和 2.921 Gbps。Nguyen 等人[87]提出了一个新型五维混沌系统并在 FPGA 中实现，同时设计了数字加扰电路以提高 PRNs 的随机性，结合并串转换技术最终实现了 6.78 Gbps 的吞吐率。Yang Zhen 等人[65]结合 1D-TM 和 1D-LM 构造了一个具有线性交叉耦合的二维离散超混沌映射，输出序列可通过 NIST 和 TestU01 测试，对应吞吐率为 9.26 Gbps。Li Shouliang 等人[8]提出了一种具有嵌入式交叉耦合的离散超混沌映射，并在 FPGA 中获得了 10.284 Gbps 的吞吐率。此外，部分学者也采用专用集成电路实现 PRNG。Garcia-Bosque 等人[88]设计了一个基于倾斜 1D-TM 的新型 PRNG，并在 0.18 μmCMOS 电路中实现，可实现 1 Gbps 的吞吐率。Mebenga 等人[89]提出了一种 M 序列和 Arnold 映射相结合的 PRNG，在 FPGA 和 90 nm CMOS 电路中可分别实现 2.208 Gbps 和 5.46 Gbps 的吞吐率。

为了进一步丰富 PRNG 的类型和性能，学者们还将弱 PRNG 和强 PRNG 进行耦合来产生 PRNs。如 Alhadawi 等人[90]提出了一种基于两个 M 序列和离散空间混沌映射的 PRNs 产生新方法，该方法由两个阶段组成，第一阶段生成 PRNs，第二阶段进行输出位的选择，以产生具有高随机性的序列。结果显示，PRNs 可通过 NIST、TestU01 和 DIEHARD 测试。许栋等人[91]采用 M 序列对 1D-LM 输出 PRNs 施加扰动的方法设计了一个 PRNG，实验显示，输出的 PRNs 可通过 NIST 测试。Dridi 等人[92]将 1D-LM、Skew-Tent 映射、分段线性混沌映射、3D-Chebyshev 映射和 M 序列进行耦合分别设计了三个不同的混合映射，FPGA 实验结果显示吞吐率分别为 1.013 Gbps、1.224 Gbps 和 955 Mbps。Alharbi 等人[93]设计了基于 M 序列和量子混沌映射的 PRNG，其输出的 PRNs 可通过 NIST 测试，并应用于图像加密。Tong Xiaojun 等人[94]提出了一个新的混沌模型，也应用于图像加密。

上述不同 PRNG 的性能比较见表 1-2 所列，可以看到：①仅关注吞吐率时，"CPU + GPU"方案可实现最高 30.72 Gbps 的吞吐率；②FPGA 因其可编程、并行计算、功耗低的优势吸引了大量学者的关注，其最大吞吐率已超过 10 Gbps，但远不足以满足应用需求[18,20]；③固定算法和 DCM 更容易实现高吞吐率的 PRNG，但固定算法的 PRNs 普遍存在周期较低的问题[39,58]。因此，在 FPGA 中实现更高吞吐率和更高随机性能的 PRNG 是一个需要继续研究的方向。此外，基于 FPGA 实现 PRNG 的吞吐率与其系统时钟、逻辑资源等因素密切相关。因此，针对 FPGA 有限资源和性能，持续提升 PRNG 的吞吐率也具有重要的工程意义。

表1-2 不同 PRNG 的性能比较

文献	方法	吞吐率	实验平台	文献	方法	吞吐率	实验平台
[78]	算法	5.84/10.74 Gbps	FPGA	[60]	算法	689.2 Mbps	FPGA
[80]	算法	190 Mbps	FPGA	[82]	算法	1.75 Gbps	FPGA
[83]	算法	242 Mbps	FPGA	[79]	算法	—	FPGA
[7]	算法	25.6/17.066 Mbps	CPU	[71]	算法	35.089 Mbps	CPU
[7]	算法	30.72 Gbps	CPU + GPU	[86]	ICCS + DCM	62.5 Mbps	FPGA
[64]	FCCS	1.986/2.921 Gbps	FPGA	[87]	DCM	6.78 Gbps	FPGA
[65]	DCM	9.26 Gbps	FPGA	[8]	DCM	10.04 Gbps	FPGA
[88]	DCM	1 Gbps	ASIC	[92]	DCM + 算法	1.224 Gbps	FPGA
[89]	DCM	5.46 Gbps	ASIC	[91]	DCM + 算法	—	FPGA
[89]	DCM	2.208 Gbps	FPGA	本书	DCM + 算法	195.2 Gbps	FPGA

高斯噪声和均匀噪声是两种最为常见的噪声，但如电力载波通信[12]、噪声环境评估[13]、专业设备性能评估[10]等部分应用场景也需要其他分布的噪声。因此，学者们也研究了任意分布噪声合成。用 DCM 产生 PRNs 直接作为 PRNG 是常用方法[74,95]，且 PRNG 的吞吐率与模型的复杂度成正比，但无法确定输出 PRNs 的概率质量函数（probability mass function，PMF），如在 2D sinetransform-based memristive model（2D-STBMM）中[95]，固定（x_0，y_0）=（0.1，0.1），取不同 SCPs 时，2D-STBMM 作为 PRNG 的时域波形和 PMF 如图1-5 所示，可以看出，2D-STBMM 也可直接输出类似图1-3（b）中的噪声，且与图1-3（a）相比，避免了周期较短的问题；当 SCPs 变化时，PRNG 的幅值范围和分布特性也随之改变；确定的数学模型和参数，又能实现噪声信号的重复输出。因此，使用 DCM 作为测试信号的 PRNs 既可满足随机性的要求，又可实现测试信号的可溯源。

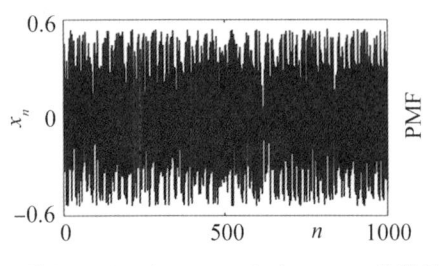
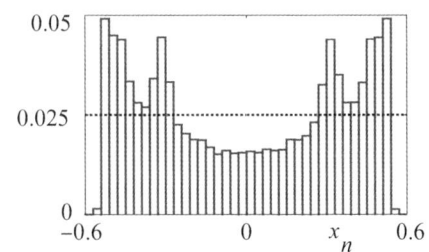

(a) 取(a, b) = (0.8, 1.8)时, PRNG 的波形　　(b) 取(a, b) = (0.8, 1.8)时, PRNG 的 PMF

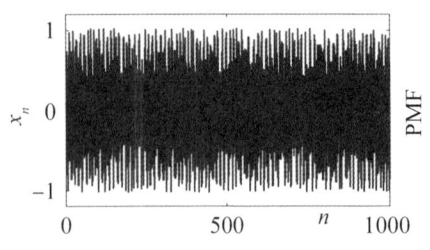
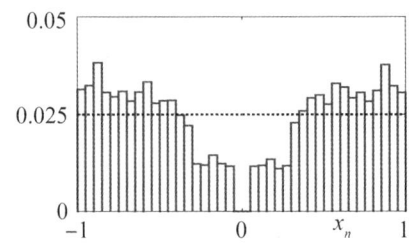

(c) 取(a, b) = (1.6, 0.8)时, PRNG 的波形　　(d) 取(a, b) = (1.6, 0.8)时, PRNG 的 PMF

图 1-5　2D-STBMM 作为 PRNG 的时域波形和 PMF

另外，任意分布噪声合成的主要方法还有反函数法、查表法、变换法和组合法。在反函数法中[36,38]，先产生在区间[0，1]服从均匀分布的随机数，然后计算原分布函数的反函数即可得到服从指定分布的随机数。这种方法具有实现简单、随机性高的特点，但对于某些复杂分布，反函数可能难以求解。拒绝－接收法[38,60,96]是通过在一个简单的包围分布中生成随机数，并根据目标概率密度函数(probability density function，PDF)的值来决定是否接受生成的随机数，该方法对分布函数无限制，随机性高、PDF 固定，但在实际使用时需要平衡 PRNs 的吞吐率和接受率之间的关系。查表法[97]是将满足服从指定分布函数的一组样本存入存储器中，然后使用均匀 PRNs 作为存储器的读地址来产生噪声。该方法通用性强、实现简单、PDF 固定，但需要大容量的存储器，且噪声的吞吐率受存储器的读数据带宽限制。查表法也是目前任意分布噪声合成使用最常用的方法之一。变换法[96,98]是通过对已知分布的随机数进行适当变换，得到符合目标分布的随机数，常见的变换包括线性变换、指数变换、对数变换等。组合法[38,96]是用数个已知分布特性的变量按照一定的比例组合为一个新的变量。该方法实现简单、随机性高、吞吐率高，但新变量的 PDF 不确定。常用任意分布噪声合成方法优缺点对比见表 1-3 所列，由该表可见，已有方法各有优缺点。因此，研究一个具有更多优点的任意分布噪声合成方法也具有重要的现实意义。

表 1-3　常用任意分布噪声合成方法优缺点对比

方法	优点	缺点
离散混沌映射[74,95]	实现简单、随机性高、	PDF 不确定、吞吐率较低
反函数法[38,96]	实现简单、随机性高、PDF 固定	通用性差、吞吐率较高
查表法[97]	通用性强、实现简单、PDF 固定	存储器容量大、吞吐率有限
组合法[38,96]	实现简单、随机性高、吞吐率较高	PDF 不确定、通用性差

综上所述，不同分布噪声信号合成方法的主要研究技术路线如图 1-6 所示。①均匀噪声是合成高斯噪声和任意分布噪声的关键，但目前均匀噪声的合成很难同时兼顾周期长、实现简单和高吞吐率，因此，研究随机性高、吞吐率高且实现简单的均匀噪声合成方法是第一个需要解决的问题。②在基于算法的均匀 PRNG 中，不同的种子可产生不同的 PRNs，能否按照图 1-6 所示的思路通过实时更新种子来扩大周期长度是一个值得研究的方向。③改变 DCM 的 SCPs 或 ISs 可直接合成任意分布噪声，但 SCPs 或 ISs 的变化可能导致混沌退化现象[99-100]。因此，保持 DCM 的混沌性能不变，研究可控分布特性的 PRNs 也同样具有重要意义。

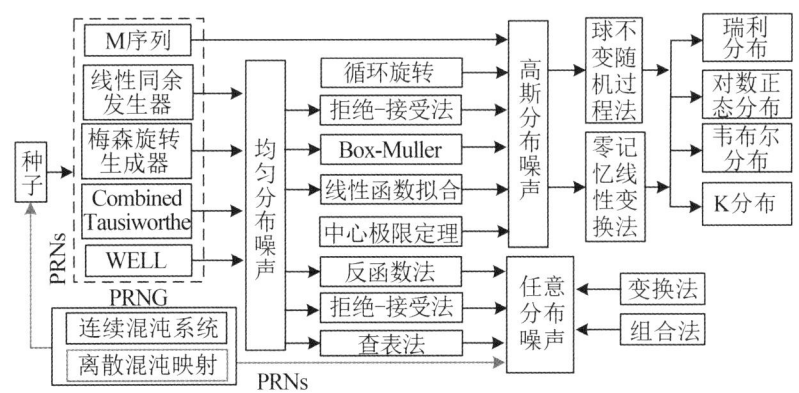

图 1-6　不同分布噪声信号合成方法的主要研究技术路线

1.2.3 离散混沌映射的性能增强

美国数学家香农指出:"熵越大,系统越复杂。"与具有简单数学模型的弱 PRNG 相比,DCM 的随机性能更加突出[78]。因此,用 DCM 直接作为 PRNG 已经成为最近的研究热点[59]。以已有 DCM 为基础,学者们主要采用以下三种方法来提高 DCM 在模型维度、随机性和吸引子分形结构等方面的性能。

1.2.3.1 基于忆阻器的 DCM 性能增强方法

1971 年[101],Chua 教授根据电路完备性定理,首次从理论上提出了第四个基本电路元件——忆阻器,其数学模型为

$$\begin{cases} \varphi(t) = f(q(t)) \\ q(t) = f(\varphi(t)) \end{cases} \quad (1-2)$$

同时对式(1-2)等式两边求关于时间 t 的导数,可得式(1-2)另一种数学模型如下:

$$\begin{cases} u(t) = \dfrac{\mathrm{d}\varphi(t)}{\mathrm{d}t} = \dfrac{\mathrm{d}f(q(t))}{\mathrm{d}t} = \dfrac{\mathrm{d}f(q(t))}{\mathrm{d}q(t)} \dfrac{\mathrm{d}q(t)}{\mathrm{d}t} = M(q)i(t) \\ i(t) = \dfrac{\mathrm{d}q(t)}{\mathrm{d}t} = \dfrac{\mathrm{d}f(\varphi(t))}{\mathrm{d}t} = \dfrac{\mathrm{d}f(\varphi(t))}{\mathrm{d}\varphi(t)} \dfrac{\mathrm{d}\varphi(t)}{\mathrm{d}t} = W(\varphi)u(t) \end{cases} \quad (1-3)$$

式中,$M(q) = R(q) = \dfrac{\mathrm{d}f(q(t))}{\mathrm{d}q}$ 是与 q 相关的电流控制忆阻器,对应的物理单位是欧姆(Ω),$W(\varphi) = G(\varphi) = \dfrac{\mathrm{d}f(\varphi(t))}{\mathrm{d}\varphi}$ 是与 φ 相关的电压控制忆阻器,对应的物理单位是西门子(S)。式(1-3)也表明从物理上讲,忆阻器可分为电压控制忆阻器和电流控制忆阻器两种[102]。四个基本电路元件之间的本构关系如图 1-7 所示[102]。

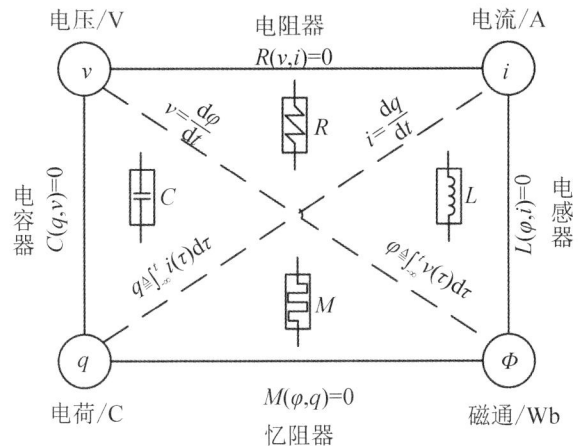

图 1-7 四个基本电路元件之间的本构关系

大多数情况下 $t_0=0$，则式（1-3）可表示为

$$\begin{cases} u(t) = M(q)i(t) = M(q(0)+\int_0^t i(\tau)\mathrm{d}\tau)i(t) \\ i(t) = W(\varphi)u(t) = W(\varphi(0)+\int_0^t u(\tau)\mathrm{d}\tau)u(t) \end{cases} \quad (1-4)$$

从式（1-4）也可以看出，忆阻器的数值与输入变量积分相关，这也是忆阻器具有非线性和记忆特征的主要原因。式（1-4）是连续忆阻器的数学模型，用欧拉差分法代替式（1-4）中的连续积分，则式（1-4）可表示离散忆阻器（discrete memristor，DM）[100,103-104]，其数学模型如下：

$$\begin{cases} u(n) = M(q)i(n) = M(q(0)+T_s\sum_{j=0}^{n-1}i(j))i(n) \\ i(n) = W(\varphi)u(n) = W(\varphi(0)+T_s\sum_{j=0}^{n-1}u(j))u(n) \end{cases} \quad (1-5)$$

式中，T_s 为时间步长。目前，连续忆阻器主要采用商用器件设计等效电路实现[105-107]，而 DM 主要采用单片机[108]、STM32[99,109-110]、DSP[111-113]、FPGA[103,114-115]等可编程处理器实现。一个忆阻器应同时满足以下三个特征[116-117]。

（1）所有磁滞回线都经过坐标原点，且曲线具有周期特性，形成的曲线与具有不同切斜角度和形状的数字"8"类似。

（2）当激励信号的频率增加时，磁滞回路的面积持续减小。

（3）随着激励信号频率的持续增加并超过临界频率，磁滞回路最终会形成一条直线。

2008 年，HP 实验室首次从 TiO_2 材料中发现忆阻现象[118]，使得全世界相关领域掀起了研究忆阻器的热潮。材料科学家致力于研究稳定的纳米材料实现可商用的器件[119]，其他领域的学者则致力于利用忆阻器模型解决具体问题。然而，直到今天，商用忆阻器仍然难以购买[120]。因此，学者们开始根据式(1-3)的定义，建立忆阻器数学模型以扩大基于忆阻器的应用研究，并在多个领域广泛应用，特别是设计忆阻混沌映射和忆阻混沌系统来实现 PRNG。目前广泛使用的忆阻器数学模型及其麦克劳林展开式见表 1-4 所列。

表 1-4 目前广泛使用的忆阻器数学模型及其麦克劳林展开式

文献	编号	内部状态函数	麦克劳林展开式
[121-124]	M1	$a + b \cdot \tan h(x)$	$a + \dfrac{b(-1)^{n-1}(2^{4n}-2^{2n})B_n x^{2n-1}}{(2n)!}$
[125]	M2	$a + \sin(bx) + cx^2$	$a + \sum\limits_{n=0}^{\infty} \dfrac{(-1)^n (bx)^{2n+1}}{(2n+1)!} + cx^2$
[126-127]	M3	$\pm a \pm bx$	$\pm a \pm bx$
[128]	M4	$a + bx + cx^4$	$a + bx + cx^4$
[99,108]	M6	$\cos(ax)$	$\sum\limits_{n=0}^{\infty} \dfrac{(-1)^n}{(2n)!}(ax)^{2n}$
[104]	M7	$\pm a \pm bx^2$	$\pm a \pm bx^2$
[129]	M8	$\pm ax \pm bx^2$	$\pm ax \pm bx^2$
[130]	M9	$\pm a \pm b \cdot \cos(x)$	$a + b \sum\limits_{n=0}^{\infty} \dfrac{(-1)^n}{(2n)!} x^{2n}$

在基于 DM 的 DCM 性能增强方面，包伯成及其团队[95,99,104,108]进行了深入研究。Li Houzhen 等人[108]设计了一个模型为 $\cos(x)$ 的 DM，通过与 1D-LM、1D-SM、1D-TM 的耦合，实现了二维忆阻 logistic 映射(2D menristive logistic map，2D-MLM)、二维忆阻 sine 映射(2D menristive sine map，2D-MSM)、二维忆阻 tent 映射(2D menristive tent map，2D-MTM)、二

维简单忆阻映射。实验显示，四个模型都有与耦合强度和 DM 初值相关的丰富动力学行为。通过耦合 DM，简单映射的混沌性能都得到了提高。最后在单片机 MSP430 中验证了四个模型，并将产生的 PRNs 用于 RM-DCSK 通信。Bao Han 等人[99]则将模型为 $\cos(x)$ 的 DM 与 2D-HM、2D-LM 等二维离散映射耦合，得到了四个三维忆阻 DCM。通过耦合 DM 不仅增加了 DCM 的维度，还丰富了模型的动力学行为特征。此外，还在 STM32 中实现了四个新映射，实验显示，其 PRNs 的时域波形与噪声相似。Bao Han 等人[95]还结合二阶离散忆阻器和正弦变换设计了一个 2D-STBMM，并在 STM32 中进行了硬件实现。实验显示，2D-STBMM 具有与 SCPs 相关的丰富吸引子分形结构和稳定的随机性能。此外，为进一步丰富 DM 的模型和提高已有 DCM 的性能，Bao Han 及其团队先后建立了非线性函数[100,104]、指数函数[104]、绝对值[104]、三角函数[104,122,131]等数学模型，并分别设计对应的硬件平台验证忆阻特性。Lai Qiang 等人[132]通过将模型为 $\sin(x)$ 的 DM 与高斯映射耦合，实现了更大范围的混沌和超混沌区间，并获得了多个不同形状的吸引子分形结构，也在 STM32 进行了模型硬件验证。Shatnawi 等人[133]则设计了一个一阶绝对值 DM 模型用于二维分数阶忆阻混沌映射，数值分析表明该模型具有突出的随机性能和丰富的吸引子分形结构。

可以看到，通过学者们的不断努力，DCM 的模型、性能和维度都得到了提升，但也存在需要进一步研究的以下难题。

（1）研究 DM 的通用模型及其验证方法，设计不同的 DM 模型，并验证其是否满足忆阻器的特性是当前研究 DM 的主要思路，但种类繁多的 DM 模型既不利于快速硬件验证，也给基于 DM 的应用带来了挑战。

（2）研究多离散忆阻器对 DCM 的性能增强方法，离散忆阻器来自物理模型，而电阻器是忆阻器的特例，电阻有串联、并联、混联等多种工作模式，能否借鉴电阻器的工作模式，通过耦合多个离散忆阻器来增加 DCM 中的非线性项和扩展维度，对进一步提高 DCM 的维度和随机性能也具有重要意义。

1.2.3.2　基于非线性函数的 DCM 性能增强方法

从数学模型上看，$\cos(x)$、$\sin(x)$、$\mathrm{sine}(x)$、模运算等函数具有非线性和有界性，这也是产生混沌现象的两个必要条件[134]。因此，学者们也展开了基于上述函数的 DCM 性能增强研究。例如，Hua Zhongyun 等人[135-138]以简单的 1D-SM 为基础，先后提出 2D sine logistic modulation map(2D-SLMM)[135]、2D logistic-adjusted-sine map(2D-LASM)[136]、2D logistic-sine-coupling map(2D-LSCM)[137]、2D sine chaotification system(2D-SCS)[138]等二维 DCM。分析表明，改进后的二维 DCM 的随机性能得到了大幅提升。此外，通过使用模运算，Hua Zhongyun 等人实现了对一维 DCM 的性能提升[139]。此后，Hua Zhongyun 等人[134]又提出了一个通用二维参数多项式混沌映射，实现了李亚普诺夫指数(lyapunov exponents, LEs)自定义和鲁棒混沌行为。Zhang Xiaoqiang 等人[140]以 1D-SM 为基础，结合斐波那契数列的递归性质，构建了一个二维 DCM 用于图像加密。Cao Weijia 等人[141]则使用正弦函数设计了一个 2D infinite collapse map(2D-ICM)，实验结果显示 2D-ICM 具有突出的 LEs 和关联维度。Lai Qiang 等人[142]以 1D-LM、高斯映射和余弦函数为基本模型，提出了一个 2D logistic-gaussian hyperchaotic map(2D-LGHM)。结果显示，与 2D-HM、2D-SLMM、2D-ICM 相比，2D-LGHM 具有更高的 LEs。Bao Han 等人[95]结合二阶离散忆阻器和正弦变换设计了一个 2D-STBMM，并在 STM32 硬件中实现。实验显示，2D-STBMM 具有稳定的随机性能、丰富的吸引子分形结构。Li Yongxin 等人[143]通过引入极性平衡的绝对值函数，设计了一个具有完全控制和条件对称性的超混沌映射。并在 STM32 中验证了理论分析和产生了类似噪声的模拟信号。Li Yongxin 等人[144]通过在一个二维 DCM 中引入三个 $\sin(x)$ 函数，实现了二维 DCM 的吸引子在相空间的自我复制、旋转对称等丰富动力学行为，并用提出的模型设计了 PRNG。Zhang Xi 等人[145]将 $\sin(x)$、$\cos(x)$ 与指数函数结合，提出一种二维指数混沌映射。实验表明，提出的二维映射具有更好的性能指标，并将 PRNG 用于安全通信。

可以看到，因耦合函数的非线性和有界性，使得 DCM 具有更加突出的随机性能[100,137-138,146]。例如，对于 1D-LM 来讲，与使用忆阻器的 2D-MLM 相比[100,146]，使用非线性函数的 2D-LSCM[137]具有更加稳定和连续的超混沌区间。然而，基于非线性函数的 DCM 性能增强方法仍然需要解决以下问题：①提高 DCM 的维度，目前基于非线性函数的 DCM 大多数都是二维 DCM，当使用双精度浮点数计算时，每次迭代也仅能产生 128 bits 的 PRNs，这不能实现高吞吐率的 PRNG；②与 DM 进行耦合，文献[99][108]中研究表明，通过 DM 来提高 DCM 的维度更容易，但构造的新模型易出现无界、周期等非混沌行为，而非线性函数更容易实现超混沌模型[138]。因此，研究基于 DM 和非线性函数的 DCM 建模方法也具有重大意义。

1.2.3.3 吸引子分形结构调控方法

大部分混沌系统的动力学行为与其 SCPs 和 ISs 密切相关，但也有部分混沌系统的动力学行为稳定。当 SCPs 或 ISs 发生变化时，混沌性能不变，仅幅值和吸引子结构发生变化。这吸引了许多学者的关注，特别是 Li 及其团队在这方面做了大量工作。Li Chunbiao 及其团队[147]通过引入三角函数，构造了一个二维超混沌映射，该模型可实现来自 SCPs 的二维吸引子对称控制(two-dimensional attractor symmetry control，2D-ASC)和来自 ISs 的二维吸引子增长控制(two-dimensional attractor growth control，2D-AGC)。最后，在 STM32 中进行了硬件验证，实验结果与数值仿真和理论分析一致，并产生了类似噪声的模拟信号。Li Yongxin 等人[143]通过引入极性平衡的绝对值函数，设计了一个具有二维吸引子幅度控制(2D-attractor amplitude control，2D-AAC)和 2D-ASC 的二维超混沌映射，并在 STM32 进行模型验证和 PRNs 输出。Zhou Xuejia 等人[148]在二维混沌映射中引入绝对值函数，实现了全局幅度控制和部分幅度控制。STM32 电路实现与理论分析高度一致，并在示波器中捕获到了多个共存对称吸引子。Li Yongxin 等人[144]还通过将 $\sin(x)$ 引入二维离散映射，实现了 2D-AGC 和 2D-ASC，且在极性平衡下可控制吸引子生长方向。在 STM32 中硬件实现的结果与数值仿真相似，最后基于提出的二维映射设计了 PRNG。Bao Han 等人[149]提出了用 $\sin(x)$ 作为激活函数的二维离散神经元模型，从理论上研究了初始偏移控制共存动力学行为机制，并从数值上揭示了同质共存行为。实验表明，该模型具有与初值相关的 2D-AGC。Bao Han 等人[150]还提出了一个基于 $\sin(x)$ 的二维映射，该模型不仅随机性能突出，还可以通过切换 ISs 来实现 2D-AGC。Li Houzhen 等人[108]提出了模型为 $\cos(x)$ 的 DM，并与四个已有 DCM 耦合，理论分形和实验结果共同表明，四个忆阻 DCM 都具有与 DM 初值相关的 2D-AGC 行为。此外，在部分连续混沌系统也发现了类似现象。如 Li Chunbiao 等人[151]提出了一种修改控制方程中多项式阶次以调节变量幅度的通用方法，并以 SprottB 系统为例，展示了该方法的灵活性和通用性。Wang Ran 等人[152]通过将连续忆阻器耦合到 Jerk 系统中，设计了一种幅度可控的忆阻 Jerk 混沌系统，并在 FPGA 中对提出的模型进行验证。Zhang Xin 等人[153]将忆阻器耦合到已有三维混沌系统中，构造了一个新的四维混沌系统。实验结果显示，该四维混沌系统具有与连续忆阻器相关的幅度调控行为。

可以看出，对于部分混沌系统，通过改变其 SCPs 或 ISs，且不改变 LEs，可实现全局或局部幅度调控。这不仅直接实现了 PRNs 的改变，也使得吸引子的分形结构同步变化，进一步丰富了 DCM 动力学行为特征。然而，并不是所有 DCM 或者混沌系统都可以实现 2D-ASC、2D-AGC、2D-AAC。在目前的研究工作中，模型中包含 $\sin(x)$、$\cos(x)$ 等周期函数[144,147,149-150]是实现 2D-AGC 的必要条件，当状态变量极性反转时，方程仍然成立[143]是实现 2D-ASC 的必要条件。因此，研究一种通用的吸引子分形结构调控方法对进一步丰富 DCM 的混沌性能也具有重要的意义。

1.3 拟解决的关键问题

以 DDS 技术为基础，结合可编程技术，针对不同测试需求的随机测试信号已被大量合成。这实现了测试信号在频率、幅度、噪声等维度的随机变化。然而，有限随机性能的测试信号难以覆盖实际工况下信道中可能出现的所有信号和噪声,这导致了电子装备测试故障覆盖率难提高,长期稳定工作难保障。以随机周期测试信号、高吞吐率噪声、任意分布噪声实时数字合成为出发点,本书拟解决的关键问题如下。

(1)解决高效率高精度的随机周期测试信号数字合成问题。在雷达探测[154]、智能电表校准[155]、半导体器件测试[156]等场景中,常通过操作界面或软件编程来产生随机周期测试信号。但在实际测试过程中,该方法还存在如下问题:一是测试信号的随机性有待提高,PRNs 作为 DDS 波形参数的一部分,其随机性直接关系到合成信号的随机性,但目前多是通过固定算法来产生 PRNs[4];二是随机测试信号合成效率低,无论是接口编程还是界面操作,本质上都无法直接控制 DDS 的波形参数,更新波形参数流程复杂,导致信号合成效率低;三是随机周期测试信号溯源难,基于当前的技术仅能控制合成信号的起始参数,而无法准确地控制结束相位、结束时间等参数,难以重复产生相同参数的随机测试信号,导致难以根据测试信号快速定位故障。因此,需要进一步研究如何同时满足随机周期测试信号的随机性、准确性以及高效率合成。

(2)解决实时可控高吞吐率噪声数字合成问题,特别是高斯噪声和均匀噪声。在诸如接收机灵敏度测试[14]、微弱信号检测[16]、ADC/DAC 量化[157]等领域中,高斯噪声和均匀噪声是使用最频繁的噪声模型。当前主要是通过 Matlab 等软件产生噪声数据,再导入信号源的波形存储器中实现噪声实时输出,或是直接使用物理熵源[20]。但在实际应用中,该方法还存在如下不足:一是输出信号随机性较低,Matlab 等软件多采用具有较低随机性能的固定算法实现 PRNG[5],且有限存储容量和波形回放模式进一步导致噪声仅在周期内随机,长时间输出时,仍为周期信号;二是 PRNG 的吞吐率较低,随着 5G/6G 通信技术的飞速发展,各领域都对高吞吐率的噪声源提出了更高的需求,但从表 1-1 和表 1-2 可以看出,目前 PRNG 的吞吐率远不能满足 DAC 的数据带宽[19,20];三是噪声信号控制难,结合具体的测试场景,对高吞吐率噪声的统计特性会有差异化的需求,但目前无论物理熵源,还是 PRNG,都很难与 DDS 技术深入融合。因此,结合 DDS 技术的突出优势，进一步研究实时可控高吞吐率噪声数字合成方法具有重要的现实意义。

(3) 解决实时可控任意分布噪声数字合成问题。由于设备自身工作状态、外部环境干扰，以及人为因素的存在，常见干扰信号除高斯噪声和均匀噪声外，还存在其他分布的噪声干扰。比如在雷达[25,28]、潜艇[26]、水雷目标识别[10]、通信设备[158]、电力载波通信[12]、半导体器件[32]等场景中，其主要干扰噪声都不再服从高斯或均匀分布。目前，不同分布噪声信号的合成也主要采用 DDS 技术，首先通过软件合成[25,28]或现场采集[12]等方法获得噪声数据，再导入信号源的波形存储器中，最后通过 DAC 输出模拟噪声信号。受波形存储容量和波形回放原理限制，如图 1-3(a) 所示，输出的噪声仅在周期内具有随机性，长时间输出时，仍为周期信号，难以更加真实地模拟实际工作中噪号的实变过程。因此，需要解决实时可控任意分布噪声的数字合成问题。

(4) 如何实现 DCM 的性能进一步提升。提高测试信号的随机性，关键在于提高 PRNG 的随机性和吞吐率。目前，基于 DCM 设计 PRNG 是解决 PRNs 随机性和吞吐率的重要途径之一。但 PRNG 的随机性和吞吐率都与 DCM 的数学模型、SCPs 和 ISs 密切相关，且建立一个新的 DCM 并非一件容易的工作[99,108]。因此，研究通用化的 DCM 性能提升方法，是提高测试信号随机性需要解决的又一个关键问题。

1.4 主要研究内容

针对雷达、复杂电磁环境模拟、集成电路、电力能源等对随机测试信号的共性需求，围绕如何提高测试信号随机性能这一目标，本书开展了基于离散混沌映射的随机测试信号数字合成方法研究，给出了随机测试信号模型及其与 PRNG 的映射关系，建立了多个 DCM 新模型，以 DCM 作为随机种子，重点研究了随机周期信号、高吞吐率噪声、任意分布噪声等测试信号的实时数字合成方法。本书研究思路及创新点如图 1-8 所示。

```
             基于离散混沌映射的随机测试信号数字合成方法研究
第一章                           绪论
研究      ┌─────────────┬──────────────┬──────────────┐
现状      │测试信号     │随机测试信号  │随机测试信号  │
          │随机性不高   │  合成效率低  │  合成精度低  │
          └─────────────┴──────────────┴──────────────┘

第二章   ┌───────────────────┐      (1)信号随机性与随机数映射关系
         │随机测试信号建模与 │创新点 (2)基于离散忆阻器的混沌映射建模
         │离散混沌映射通用模型│      (3)基于模运算的混沌映射建模
         └───────────────────┘
              s(t) 信号方面      n(t) 噪声方面      n(t) 噪声方面
解决     ┌──────────────┬──────────────┬──────────────┐
问题     │随机周期测试信号│实时可控高吞吐率│实时可控任意分布│
         │的高效率、高精度│   噪声合成    │   噪声合成    │
         │   合成       │              │              │
         └──────────────┴──────────────┴──────────────┘
              第三章   随机信号  第四章   高斯噪声  第五章
         ┌──────────────┐合成    ┌──────────────┐硬件    ┌──────────────┐
         │基于三维忆阻Logistic│   │基于四维忆阻混沌│实现    │基于n维超混沌映射│
         │映射的随机周期测│吞吐率硬│映射的高吞吐率噪│       │的任意分布噪声数│
         │试信号数字合成方│件实现 │声数字合成方法 │       │字合成方法     │
         │法            │       │              │       │              │
         └──────────────┘       └──────────────┘       └──────────────┘

创新     (1) 3D-PMLM新模型，   (1) 4D-TBMHM新模型，   (1) nD-HDM通用模
点       PRNs随机性能突出      多样化吸引子调控      型，PRNs均匀分布
         (2) 高精度高效率的周  (2) 高吞吐率均匀PRNs产生(2) 指定分布噪声合成
         期测试信号合成        (3) 可控高吞吐率噪声合成(3) 随机分布噪声合成
         (3) 方法通过硬件实现  (4) 方法通过硬件实现   (4) 方法通过硬件实现

           在信号合成中的创新         在噪声合成中的创新
```

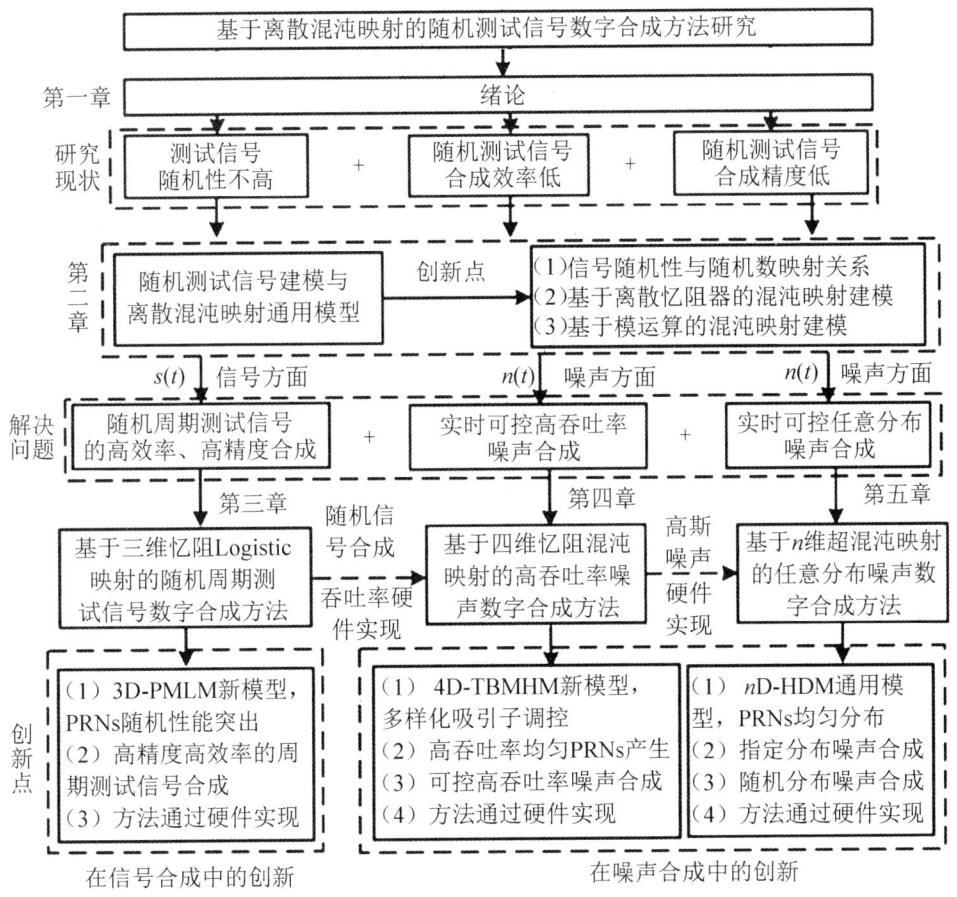

图 1-8　本书研究思路及创新点

全书章节安排如下。

第一章阐述了本书的研究背景与意义，分析了现有随机测试信号数字合成方法和研究现状。提出了本书拟解决的关键问题，以及对应的工作安排。

第二章针对基于 DCM 的随机测试信号合成问题，建立了随机测试信号与 PRNG 的映射关系，将测试信号的随机性转换为 PRNG 的随机性。在此基础上，提出了两种 DCM 通用建模方法以实现高性能的 PRNG。一是基于离散忆阻器的 DCM 建模方法，首先提出了通用离散忆阻器模型（generalised discrete memristor model，GDMM）及其工作频率搬移方法，然后给出基于 GDMM 的混沌映射模型；二是以混沌系统理论推导为依据，给出了基于模运算和三角矩阵的 DCM 建模方法，为后续研究提供理论支撑与方法指引。

第三章针对随机周期测试信号的高精度高效率合成问题，首先，构建一个三维忆阻并联 Logistic 映射（three-dimensional parallel memristor logistic map，3D-PMLM）新模型，并采用理论推导、数值仿真、标准测试等多种方法分析 3D-PMLM 的动力学行为和随机性能；其次，提出基于 3D-PMLM 和 DDS 相结合的随机周期测试信号数字合成架构，给出了以 PRNs 作为部分控制参数的随机周期测试信号合成方法；最后，通过数值仿真、FPGA 硬件实现等方法验证合成信号在波形参数、波形类型、持续时间等维度的随机性、准确性及重复性。

第四章针对实时可控高吞吐率噪声合成问题，特别是高斯噪声和均匀噪声，首先，建立一个四维三角函数忆阻超混沌映射（four-dimensional trigonometric-based memristor ghyperchaotic map，4D-TBMHM）新模型，并分析该模型的动力学行为、随机性能，给出吸引子分形结构调控方法；其次，给出了 PRNs 吞吐率提升及均匀化方法，在此基础上，提出以均匀 PRNs 作为种子的高吞吐率高斯噪声和高吞吐率均匀噪声数字合成方法，并用数字仿真和硬件验证相结合的方式对提出的方法进行验证；最后，进行工程化应用验证。

第五章针对实时可控任意分布噪声合成问题，首先，提出基于模运算和三角矩阵的 n 维离散超混沌映射（n-dimensional discrete hyperchaotic map，D-DHM）新模型，并分析该模型的动力学行为，PRNs 的随机性能和分布特性；其次，对于已知分布模型噪声，提出了基于等概率高斯混合模型的数字合成方法，对于随机分布模型噪声，提出了基于反函数的噪声合成算法，并通过数值仿真和硬件实现等方法验证两种噪声合成方法的有效性和可行性；最后，将合成的三种测试信号用于模拟功率测试信号。

第六章对全书的研究内容和创新点进行总结，并对下一步工作进行展望。

第二章

随机测试信号建模与离散混沌映射通用模型

2.1 引言

在实际工作中,因电磁辐射、电源波动、设计缺陷等客观因素的存在,信道中传输的信号可能出现畸变、衰减。而这些不可预测的信号可能导致装备功能失效、死机,甚至发生事故[1]。因此,在装备的研发与生产中,需要建立随机测试信号模型以模拟实际工作中可能出现的所有情况以确保装备稳定工作。

当已知随机测试信号的模型后,以固定算法作为 PRNG 是当前合成随机测试信号的主要方法。如在 Maltab 中,其默认 PRNG 由梅森旋转生成器实现[4],PRNG 有限随机性使得合成信号难以覆盖实际工作中所有情况。目前,以 DCM 作为 PRNG 是提高随机性的主要方法之一,但 DCM 建模困难。因此,建立高性能的 DCM 对提出随机测试信号的随机性能至关重要。

基于 DCM 的随机测试信号合成问题,本章给出了基于 PRNG 的随机测试信号合成模型,并提出两种通用 DCM 建模方法。本章后续主要内容安排如下:第 2.2 节进行了随机测试信号的空间分解与建模;第 2.3 节给出了基于离散混沌映射的随机测试信号产生原理;第 2.4 节提出了两种离散混沌映射建模方法；第2.5节对提出的方法进行验证与分析；第2.6节对本章研究内容进行了总结。

2.2 随机测试信号的空间分解与建模

在本节中，首先对随机测试信号进行解耦与重构，然后基于分解模型分别建立了随机周期测试信号模型和噪声模型。

2.2.1 随机测试信号的空间分解与重构

通过随机测试信号有限拓扑空间进行正交子空间分解，构建随机测试信号的参数空间[19,155]。在实际应用中，随机测试信号是一个平均功率有限的模拟信号。当负载电阻为 1 Ω 时，定义平均功率有限拓扑函数空间为

$$P^2(R) = \left\{ f(t) \;\middle|\; \forall t \in \mathbf{R}, \lim_{t \to \infty} \frac{1}{T} \int_{-\frac{T}{2}}^{\frac{T}{2}} |f(t)|^2 \, dt < \infty \right\} \quad (2-1)$$

式中，$\mathbf{R}$ 为实数域。则随机测试信号的子空间 $U_{\text{RTS}}(R) = \{U_{\text{RTS}}(t)\} \in P^2(R)$。根据 $P^2(R)$ 中随机测试信号样本特征，可将空间 $P^2(R)$ 分解为五维两两正交的子空间：周期稳态函数空间 $S(R)$、幅度函数空间 $U_1(R)$、频率函数空间 $U_2(R)$、相位函数空间 $U_3(R)$、干扰函数空间 $U_4(R)$。利用子空间映射方法，建立随机测试信号的子空间 $U_{\text{RTS}}(R)$，在子空间 $U_{\text{RTS}}(R)$ 中根据测试需求和先验信息构建随机测试信号的空间及其函数模型。

(1) 周期稳态函数空间 $S(R)$。

对 $P^2(R)$ 进行分解，将所有与周期连续函数(周期为 T)相关的子空间分解为周期稳态函数空间 $S(R)$，即 $S(R) = \{s(t) \;|\; \forall t \in \mathbf{R}, s(t) = s(t + T), T \in \mathbf{R}\}$。由于随机测试信号普遍具有平稳性和周期性[17]，因此

$U_{\text{RTS}}(R) \in S(R)$。即可用周期函数 $s(t)$ 为基本模型建立随机测试信号模型。

(2) 随机序列函数空间 $U_1(R) - U_4(R)$。

首先，假设 $G(t)$ 是由若干个周期为 T、幅度为 1 的脉冲函数 $g_i(t)$ 组成的脉冲序列函数，其数学模型为

$$G(t) = \sum_{i=0}^{\infty} g_i(t) \tag{2-2}$$

$$g_i(t) = \begin{cases} 1, & t \in [t_{si}\, t_{ei}], \ T_{hi} = t_{ei} - t_{si} \leqslant T \\ 0, & t \notin [t_{si}\, t_{ei}] \end{cases} \tag{2-3}$$

式中，t_{si} 和 t_{ei} 分别为第 i 个脉冲的起始时间和结束时间；T_{hi} 为矩形脉冲的持续时间。

对 $P^2(R)$ 进行分解，将所有具有随机特征的连续函数对应函数空间分解为两两不相关的四个函数子空间 $U_j(R)(j \in [1, 4])$，$U_j(R) = \{u_j(t), \forall t \in \mathbf{R}\}$，且有

$$u_j(t) = m_j(A_j, t) G_j(t) = m_j(A_j, t) = \sum_{i=0}^{\infty} g_{ij}(t) \tag{2-4}$$

式中，$m_j(A_j, t)$ 为 t 时刻的幅度增益系数 A_j；$u_i(t)$ 为幅度和持续时间均可变的随机脉冲序列，$u_i(t)$ 的典型波形如图 2-1 所示。

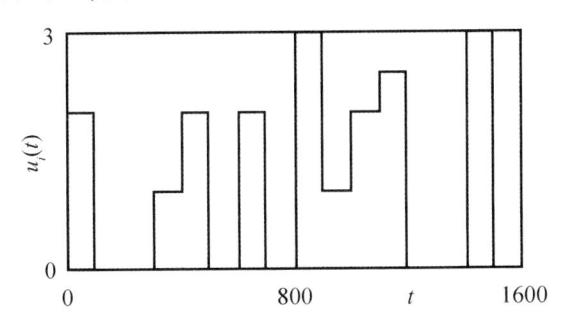

图 2-1 $u_i(t)$ 随时间 t 变化的波形

此时，$U_j(R)$ 空间包含多个幅度和持续时间各不相同的矩阵脉冲。典型的随机测试信号通常在幅度、相位和干扰等维度上具有随机特性。因此，$U_1(R) - U_4(R)$ 分别对应幅度函数空间、频率函数空间、相位函数空间和干扰函数空间。

(3)随机测试信号函数空间($U_{\text{RTS}}(R)$)。

根据是否具有随机性,可将空间 $P^2(R)$ 分解为稳态空间 $S(R)$ 和随机空间 $U_1(R) - U_4(R)$。采用空间映射方法,建立映射模型:$f(u_1(t), u_2(t), u_3(t), u_4(t), s(t)) \to u_{\text{RTS}}(t)$,即用四维随机序列 $u_i(t)$ 和周期稳态信号 $s(t)$ 产生随机测试信号 $u_{\text{RTS}}(t)$。在空间 $P^2(R)$ 中构建随机测试信号函数空间 $U_{\text{RTS}}(R)$。$\forall t \in \mathbf{R}$,$u_{\text{RTS}}(t) \in U_{\text{RTS}}(R)$,有

$$u_{\text{RTS}}(t) = u_s(t) + n_i(t)$$
$$= k_1 u_1(t) \cdot s\{[\omega_s + k_2 u_2(t)]t + \theta_0 + k_3 u_3(t)\} + k_4 u_4(t)$$

$(2-5)$

式中,$u_s(t)$ 为稳态信号;$n_i(t)$ 为干扰信号;ω_s 和 θ_0 分别为 $u_s(t)$ 的频率和初始相位;$u_1(t) - u_4(t)$ 是正交空间 $U_1(R) - U_4(R)$ 中的函数,且 $u_1(t) - u_4(t)$ 分别为随机幅度调控序列、随机频率调控序列、随机相位调控序列、随机干扰序列;$k_1 - k_4$ 分别是每个序列的增益系数。

根据序列 $u_4(t)$ 保持相同参数的时间,可将随机干扰进一步区分为直流偏置干扰和加性噪声干扰,直流偏置干扰是指信号中的恒定偏置电压(电流),不会随时间的推移而发生变化,噪声是指信号中不期望出现的干扰信号,会随着时间的变化而变化。因此,直流偏置也是噪声的特例。综上所述,可在子空间 $U_{\text{RTS}}(R)$ 中构建随机测试信号。

设稳态周期信号 $u_s(t)$ 的模型为

$$u_s(t) = A_s \cos(\omega_s t + \theta_0) \quad (2-6)$$

式中,A_s、ω_s 和 θ_0 分别为 $u_s(t)$ 的幅度、角频率和起始相位;$f_s = \dfrac{\omega_s}{2\pi}$ 和 $T_c = \dfrac{2\pi}{\omega_s}$ 分别为 $u_s(t)$ 的频率和周期。当使用 $u_1(t) - u_4(t)$ 对 $u_s(t)$ 进行随机调控时,有

$$u_{\text{RTS}}(t) = A_s \cdot k_1 u_1(t) \cdot \cos\{[\omega_s + k_2 u_2(t)]t + \theta_0 + k_3 u_3(t)\} + k_4 u_4(t)$$
$$= B_{h1} \cdot A_s \cos\{(\omega_s + B_{h2})t + \theta_0 + B_{h3}\} + B_{h4} \quad (2-7)$$

式中，$B_h = K_h \odot U_h$，$\odot$ 表示 Hadamard 点乘运算；向量 $K_h = (k_1 \ k_2 \ k_3 \ k_4)$，$U_h = u_1(t) u_2(t) u_3(t) u_4(t)$。

2.2.2 随机周期测试信号建模

随机周期测试信号的随机性主要体现在幅度、频率、相位、直流偏置、持续时间等维度[36]。根据式(2-7)中的模型，可通过 K_h 和 U_h 对不同类型的随机周期测试信号建模表征。按随机周期测试信号包含随机变量的维度，可进一步分为一维随机周期测试信号和多维随机周期测试信号，其中一维随机周期测试信号可分别建模如下。

(1) 当 $K_h = (k_1, 0, 0, 0)$，$U_h = [u_1(t), 0, 0, 0]$ 时，式(2-7)可实现随机幅度调制(stochastic amplitude modulation, SAM)，其数学模型为

$$u_{am}(t) = k_1 \cdot u_1(t) \cdot u_s(t)$$
$$= k_1 m_1(A_1 t) G_1(t) \cdot A_s \cos(\omega_s t + \theta_0) \quad (2-8)$$

式中，k_1 是幅度调制深度，且 $k_1 \in \mathbf{R}$。

(2) 当 $K_h = (1, k_2, 0, 0)$，$U_h = [1, u_2(t), 0, 0]$ 时，式(2-7)可实现随机频率调制(stochastic frequency modulation, SFM)，其数学模型为

$$u_{fm}(t) = A_s \cos\{[\omega_s + k_2 u_2(t)] t + \theta_0\}$$
$$= A_s \cos\left\{2\pi \left[f_s + \frac{k_2 m_2(A_2 t) G_2(t)}{2\pi}\right] t + \theta_0\right\} \quad (2-9)$$

式中，k_2 是频率调制深度，且 $k_2 \in \mathbf{R}$。因此，随机频率 f_{fm} 可表示为

$$f_{fm} = f_s + \frac{k_2 u_2(t)}{2\pi} = f_s + \frac{k_2 m_2(A_2, t) G_2(t)}{2\pi} \quad (2-10)$$

(3) 当 $K_h = (1, 0, k_3, 0)$，$U_h = [1, 0, u_3(t), 0]$ 时，式(2-7)可实现随机相位调制(stochastic phase modulation, SPM)，其数学模型为

$$u_{fm}(t) = A_s \cos[\omega_s t + \theta_0 + k_3 u_3(t)]$$
$$= A_s \cos[\omega_s t + \theta_0 + k_3 m_3(A_3 t) G_3(t)] \quad (2-11)$$

式中，k_3 为相位调制深度，且 $k_3 \in \mathbf{R}$。因此，归一化后的随机相位 θ_{pm} 可表示为

$$\theta_{\mathrm{pm}} = \{\theta_0 + k_3 m_3(A_3 t) G_3(t)\} \% 2\pi \tag{2-12}$$

（4）当 $K_h = (1, 0, 0, k_4)$，$U_h = [1, 0, 0, u_4(t)]$ 时，式（2-7）可实现随机加性干扰（random additive interference，RAI），其数学模型为

$$u_{\mathrm{bm}}(t) = u_{\mathrm{s}}(t) + k_4 u_4(t) = A_{\mathrm{s}} \cos(\omega_{\mathrm{s}} t + \theta_0) + k_4 m_4(A_4 t) G_4(t)$$

$$\tag{2-13}$$

式中，k_4 是 RAI 耦合强度，且 $k_4 \in \mathbf{R}$。类似地，见表 2-1 所到，当随机周期测试信号包含更多维度的随机参数时，可产生多维随机周期测试信号。需要注意的是，如果 $u_{\mathrm{RTS}}(t)$ 中不包含 SAM，须固定 $B_{\mathrm{h1}} = 1$。

综上所述，从式（2-8）～式（2-13）中可以看到，参数 k_i 和 G_i 分别对应随机序列 $u_i(t)$ 的幅值和持续时间。根据表 2-1，选择对应的 K_h 和 U_h 可实现 $u_{\mathrm{RTS}}(t)$ 在指定维度随机变化。

表 2-1 随机测试信号 $u_{\mathrm{RTS}}(t)$ 的类型

序号	调制深度 K_h	随机序列 U_h	信号类型
1	$K_h = (k_1, 0, 0, 0)$	$U_h = [u_1(t), 0, 0, 0]$	SAM
2	$K_h = (1, k_2, 0, 0)$	$U_h = [1, u_2(t), 0, 06]$	SFM
3	$K_h = (1, 0, k_3, 0)$	$U_h = [1, 0, u_3(t), 0]$	SPM
4	$K_h = (1, 0, 0, k_4)$	$U_h = [1, 0, 0, u_4(t)]$	RAI
5	$K_h = (k_1, k_2, 0, 0)$	$U_h = [u_1(t), u_2(t), 0, 0]$	SAM&SFM
6	$K_h = (k_1, 0, k_3, 0)$	$U_h = [u_1(t), 0, u_3(t), 0]$	SAM&SPM
7	$K_h = (k_1, 0, 0, k_4)$	$U_h = [u_1(t), 0, 0, u_4(t)]$	SAM&RAI
8	$K_h = (1, k_2, k_3, 0)$	$U_h = [1, u_2(t), u_3(t), 0]$	SFM&SPM
9	$K_h = (1, k_2, 0, k_4)$	$U_h = [1, u_2(t), 0, u_4(t)]$	SFM&RAI

续表

序号	调制深度 K_h	随机序列 U_h	信号类型
10	$K_h = (1, 0, k_3, k_4)$	$U_h = [1, 0, u_3(t), u_4(t)]$	SPM&RAI
11	$K_h = (k_1, k_2, k_3, 0)$	$U_h = [u_1(t), u_2(t), u_3(t), 0]$	SAM&SFM&SPM
12	$K_h = (k_1, k_2, 0, k_4)$	$U_h = [u_1(t), u_2(t), 0, u_4(t)]$	SAM&SFM&RAI
13	$K_h = (k_1, 0, k_3, k_4)$	$U_h = [u_1(t), 0, u_3(t), u_4(t)]$	SAM&SPM&RAI
14	$K_h = (1, k_2, k_3, k_4)$	$U_h = [1, u_2(t), u_3(t), u_4(t)]$	SFM&SPM&RAI
15	$K_h = (k_1, k_2, k_3, k_4)$	$U_h = [u_1(t), u_2(t), u_3(t), u_4(t)]$	SAM&SFM&SPM&RAI
16	$K_h = (0, 0, 0, 0)$	$U_h = [u_1(t), u_2(t), u_3(t), u_4(t)]$	输出 0

2.2.3 噪声信号建模

理论研究表明，物体温度高于绝对零度即可对外发射热噪声。1927 年，约翰逊研究了导体热噪声产生的物理机理，并由奈奎斯特进行了理论推导，形成了电路系统中完备的热噪声理论[14]。根据叠加在有用信号上的噪声来源，可将噪声分为内部噪声和外部噪声[159]。

2.2.3.1 内部噪声信号建模

物质的普朗克热辐射定律和电子布朗运动是电子元器件内部噪声产生的主要机理。电路中的器件主要有电阻、电容、电感、二极管、三极管、MOS 管，以及基于 MOS 管的集成电路。这些器件参数的噪声可划分为热噪声、散粒噪声和闪烁噪声[14]。各噪声的产生相互独立，在电路中满足叠加关系。根据中心极限定理，电路中的总噪声 $x(t)$ 近似服从高斯分布（正态分布）[14,38,160]，其 PDF 为

$$f(x) = \frac{1}{\sigma\sqrt{2\pi}} \exp\left(-\frac{(x-\mu)^2}{2\sigma^2}\right) \quad (2-14)$$

式中，μ 和 σ^2 分别为噪声的均值和方差。式(2-14)可简写为

$$n(t) = \{x(t) \mid \forall t \in \mathbf{R}, x(t) = N(\mu, \sigma^2)\} \quad (2-15)$$

高斯噪声时域波形与 PDF 的对应关系如图 2-2(a)所示，其中左边是 PDF 随 $x(t)$ 幅度变化的曲线，右边是 $x(t)$ 的时域波形。

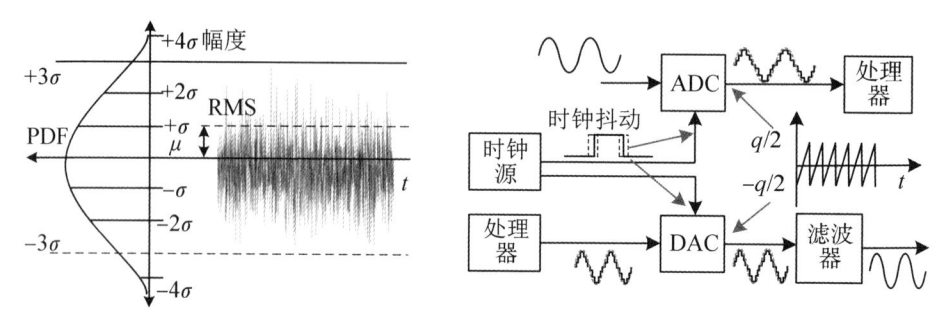

(a) 高斯噪声时域波形与概率密度函数的对应关系　　(b) 数字电路中的典型噪声来源

图 2-2　典型噪声模型及来源

根据正态分布的性质，高斯噪声也具有如下性质。

(1) 可加性，若 $Y = aX_n + b$，a 和 b 是实数，则 $Y \sim N(a\mu + b, a^2 + \sigma^2)$，这表明当高斯噪声经过放大、衰减、偏置等处理后仍然是高斯噪声。

(2) 齐次性，若 $X_{n1} \sim N(\mu_1, \sigma_1^2)$，$X_{n2} \sim N(\mu_2, \sigma_2^2)$，则 $Y = X_{n1} \pm X_{n2} \sim N(\mu_1 \pm \mu_2, \sigma_1^2 + \sigma_2^2)$，这表明当系统中多个相互独立的高斯噪声源加性耦合时，耦合后的噪声仍然是高斯噪声。

(3) 有界性，高斯噪声的幅度越大，概率越低。式(2-14)表明，当不考虑电路工作电压的限制，高斯噪声的幅度 A_n 理论上可取无穷大值，但幅度越大，概率越低。对于高斯噪声 X_n，有

$$P(|A_n - \mu| > x_0) = 1 - \frac{1}{\sigma\sqrt{2\pi}} \int_{\mu-x_0}^{\mu+x_0} \exp\left(-\frac{(x-\mu)^2}{2\sigma^2}\right) dx \quad (2-16)$$

当 x_0 取不同值时，$|x-\mu|$ 的值落入指定区间的概率见表 2-2 所列，约 99.73% 的噪声幅值都在区间 $[\mu, 3\sigma)$，但高斯噪声仍然以不等于零的概率落在大幅值区域。实际电路中，因电压、带宽等客观因素限制，电路中的高斯噪声幅值往往是有界的。

表2-2 x_n 的幅值落入指定区间的概率

x_0	$[\mu, 3\sigma)$	$[3\sigma, 4\sigma)$	$[4\sigma, 5\sigma)$	$[5\sigma, 6\sigma)$	$[6\sigma, 7\sigma)$
$P(\|x\sim b\|>x_0)$	0.9973	2.64×10^{-3}	6.28×10^{-5}	5.71×10^{-7}	1.97×10^{-9}

如图2-2(b)所示,在模拟数字混合电路中,还主要存在时钟随机抖动噪声、ADC 和 DAC 的量化噪声,其中时钟随机抖动噪声的 PDF 近似为高斯分布,也可使用式(2-14)建模,而 ADC 和 DAC 的量化误差近似服从均匀分布[157,161],其数学模型为

$$f(x)=\begin{cases}\dfrac{1}{q}, & -\dfrac{q}{2}\leqslant x\leqslant\dfrac{q}{2}\\ 0, & 其他\end{cases} \quad (2-17)$$

式中,$q=2^{-N}$,N 为 ADC 或 DAC 的分辨率。进一步有:$x\sim U\left(-\dfrac{q}{2},\dfrac{q}{2}\right)$,$E(x)=0$,方差 $D(x)=\dfrac{q^2}{12}$。实际电路中 ADC 量化后的数字信号会经过偏置和增益校正,DAC 输出模拟信号也会经放大或偏置调节。因此,通用均匀噪声模型为

$$y=ax+b\sim U\left(\dfrac{2b-aq}{2},\dfrac{2b+aq}{2}\right) \quad (2-18)$$

式中,a 为增益系数;b 为偏置系数;均值 $E(y)=b$;方差 $D(y)=\dfrac{a^2q^2}{12}$。

2.2.3.2 外部噪声建模

常见外部噪声的来源有三种[14]:一是天线效应和电磁信号骚扰导致的辐射噪声,二是由供电电源引入串模干扰和共模干扰,三是人为干扰(如工频干扰、机械振动、电子对抗等)。与内部噪声相比,电路系统中的外部噪声具有来源复杂、波动大、随机性强等特点,直接通过噪声产生机理建立数学模型已变得非常困难。外部噪声通常具有有界性和宽平稳性,采集大量噪声数据进行统计分析并建立近似模型是外部噪声建模的主要思路。例如,多数信道中的干扰噪声可近似建模为均匀噪声和高斯噪声[162,163],常见

反射面对发射信号的反射电磁噪声可用瑞利模型、对数-正态模型、韦布尔模型和 K 分布模型近似表征[25,164]。

2.3 基于离散混沌映射的随机测试信号产生原理

2.3.1 离散混沌映射的基本模型

通常，nD-DHM 的模型可表示为

$$\begin{cases} x_{1,k+1} = F_1(x_{1,k}, x_{2,k}, \cdots, x_{n,k}) \\ x_{2,k+1} = F_2(x_{1,k}, x_{2,k}, \cdots, x_{n,k}) \\ \cdots\cdots \\ x_{n,k+1} = F_n(x_{1,k}, x_{2,k}, \cdots, x_{n,k}) \end{cases} \quad (2-19)$$

式中，向量 $X_k = (x_{1,k}, x_{2,k}, \cdots, x_{n,k})$；$F_k(\cdot)$ 是第 k 个非线性函数。式(2-19)的雅可比矩阵为

$$J_k = \frac{\partial(F_1, F_2, \cdots, F_n)}{\partial(x_{1,k}, x_{2,k}, \cdots, x_{n,k})} = \begin{pmatrix} \frac{\partial F_1}{\partial x_{1,k}} & \frac{\partial F_1}{\partial x_{2,k}} & \cdots & \frac{\partial F_1}{\partial x_{n,k}} \\ \frac{\partial F_2}{\partial x_{1,k}} & \frac{\partial F_2}{\partial x_{2,k}} & \cdots & \frac{\partial F_2}{\partial x_{n,k}} \\ \vdots & \vdots & & \vdots \\ \frac{\partial F_n}{\partial x_{1,k}} & \frac{\partial F_n}{\partial x_{2,k}} & \cdots & \frac{\partial F_n}{\partial x_{n,k}} \end{pmatrix} \quad (2-20)$$

用向量 $\Delta X_k = (\Delta x_{1,k}, \Delta x_{2,k}, \cdots, \Delta x_{n,k})^T$ 表示状态变量 Y_k 相对于状态 X_k 的偏移量，即有

$$Y_k = X_k + \Delta X_k = (x_{1,k} + \Delta x_{1,k} + x_{2,k} + \Delta x_{2,k} + \cdots + x_{n,k} + \Delta x_{n,k})^T$$
$$(2-21)$$

式中，$y_{i,k+1} = x_{i,k+1} + \Delta x_{i,k+1}$。在式(2-19)中，也有

$$\begin{cases} y_{1,k+1} = F_1(y_{1,k}, y_{2,k}, \cdots, y_{n,k}) \\ y_{2,k+1} = F_2(y_{1,k}, y_{2,k}, \cdots, y_{n,k}) \\ \cdots\cdots \\ y_{n,k+1} = F_n(y_{1,k}, y_{2,k}, \cdots, y_{n,k}) \end{cases} \quad (2-22)$$

结合式(2-21)，在$y_{i,k} = x_{i,k}(i \in [1, n])$处对式(2-22)进行泰勒展开，并忽略二阶及以上的高阶项，有

$$\begin{cases} y_{1,k+1} = F_1(y_{1,k}, y_{2,k}, \cdots, y_{n,k}) = F_1(x_{1,k}, x_{2,k}, \cdots, x_{n,k}) + \sum_{j=1}^{n} \frac{\partial F_1}{\partial x_{j,k}} \Delta x_{j,k} \\ y_{2,k+1} = F_2(y_{1,k}, y_{2,k}, \cdots, y_{n,k}) = F_2(x_{1,k}, x_{2,k}, \cdots, x_{n,k}) + \sum_{j=1}^{n} \frac{\partial F_2}{\partial x_{j,k}} \Delta x_{j,k} \\ \cdots\cdots \\ y_{n,k+1} = F_n(y_{1,k}, y_{2,k}, \cdots, y_{n,k}) = F_n(x_{1,k}, x_{2,k}, \cdots, x_{n,k}) + \sum_{j=1}^{n} \frac{\partial F_n}{\partial x_{j,k}} \Delta x_{j,k} \end{cases}$$
$$(2-23)$$

结合式(2-21)，用式(2-23)减去式(2-19)，有

$$\begin{cases} \Delta x_{1,k+1} = y_{1,k+1} - x_{1,k+1} = \sum_{j=1}^{n} \frac{\partial F_1}{\partial x_{j,k}} \Delta x_{j,k} \\ \Delta x_{2,k+1} = y_{2,k+1} - x_{2,k+1} = \sum_{j=1}^{n} \frac{\partial F_2}{\partial x_{j,k}} \Delta x_{j,k} \\ \cdots\cdots \\ \Delta x_{n,k+1} = y_{n,k+1} - x_{n,k+1} = \sum_{j=1}^{n} \frac{\partial F_n}{\partial x_{j,k}} \Delta x_{j,k} \end{cases} \quad (2-24)$$

式(2-24)也可以写为如下矩阵形式

$$\Delta X_{k+1} = J_k \Delta X_k \qquad (2-25)$$

设 $X_0 = (x_{1,0}, x_{2,0}, \cdots, x_{n,0})^T$，$\Delta X_i = (\Delta x_{1,i}, \Delta x_{2,i}, \cdots, \Delta x_{n,i})^T$，则经过 p 次迭代后的偏移为

$$\begin{pmatrix} \Delta x_{1,p} \\ \Delta x_{2,p} \\ \vdots \\ \Delta x_{n,p} \end{pmatrix} = J_{p-1} \begin{pmatrix} \Delta x_{1,p-1} \\ \Delta x_{2,p-1} \\ \vdots \\ \Delta x_{n,p-1} \end{pmatrix} = J_{p-1} J_{p-2} \begin{pmatrix} \Delta x_{1,p-2} \\ \Delta x_{2,p-2} \\ \vdots \\ \Delta x_{n,p-2} \end{pmatrix}$$

$$= \cdots = J_{p-1} J_{p-2} \cdots J_0 \begin{pmatrix} \Delta x_{1,0} \\ \Delta x_{2,0} \\ \vdots \\ \Delta x_{n,0} \end{pmatrix} = J(p) \begin{pmatrix} \Delta x_{1,0} \\ \Delta x_{2,0} \\ \vdots \\ \Delta x_{n,0} \end{pmatrix} \qquad (2-26)$$

式中，$J(p) = J_{p-1} J_{p-2} \cdots J_0$ 为 n 阶矩阵。设 $J(p)$ 的 n 个特征值分别为 $\lambda_1(p), \lambda_2(p), \cdots, \lambda_n(p)$。当迭代 p 次后，nD-DHM 的 n 个 LEs 计算如下[165]：

$$\begin{cases} \mathrm{LE}_1 = \dfrac{1}{p} \ln |\lambda_1(p)| \\ \mathrm{LE}_2 = \dfrac{1}{p} \ln |\lambda_2(p)| \\ \quad \cdots \cdots \\ \mathrm{LE}_n = \dfrac{1}{p} \ln |\lambda_n(p)| \end{cases} \qquad (2-27)$$

因此，当 $\lambda_i(p) > 1$ 时，有 $\mathrm{LE}_i > 0$。根据式(2-27)中正 LE 的数量可判断 nD-DHM 的动力学行为状态：当至少有两个正 LEs 时，nD-DHM 处于超混沌状态；当只有一个正 LE 时，nD-DHM 处于混沌状态；当所有 LEs 都小于零时，nD-DHM 处于周期状态，且系统的混沌性能与正 LEs 的数量成正比。

nD-DHM 的固定点(也称为平衡点或不动点)是其映射到自身的一类特殊的点，借助离散非线性系统的稳定性判断方法，可有效分析 nD-DHM 在

固定点处的稳定性。nD-DHM 的固定点 $P_0 = (\bar{x}_{1,0}, \bar{x}_{2,0}, \cdots, \bar{x}_{n,0})^T$ 是如下方程的解。

$$\begin{cases} \bar{x}_{1,0} = F_1(\bar{x}_{1,0}, \bar{x}_{2,0}, \cdots, \bar{x}_{n,0}) \\ \bar{x}_{2,0} = F_2(\bar{x}_{1,0}, \bar{x}_{2,0}, \cdots, \bar{x}_{n,0}) \\ \cdots\cdots \\ \bar{x}_{n,0} = F_n(\bar{x}_{1,0}, \bar{x}_{2,0}, \cdots, \bar{x}_{n,0}) \end{cases} \quad (2-28)$$

将 $X_0 = P_0$ 带入式(2-20)，并计算固定点处雅可比矩阵及其对应的特征根值。当固定的所有特征根均位于单位圆内时，nD-DHM 在固定点处是稳定的，P_0 为吸引不动点；当固定点处的所有特征根均位于单位圆外时，nD-DHM 在平衡点处是不稳定的，P_0 为排斥不动点；当固定点的特征根同时存在于单位圆内和单位圆外时，nD-DHM 在平衡点处可能稳定也可能不稳定，P_0 为鞍点或鞍焦平衡点。

2.3.2 随机测试信号合成原理

1D-LM 是最简单的 PRNG 之一，其数学模型如下：

$$x_{n+1} = ax_n(1 - x_n) \quad (2-29)$$

式中，x_n 为状态变量，当 $a \in [3.57, 4]$ 时，1D-LM 处于混沌状态。

从数学上看，处理器计算一次 1D-LM 需要进行一次减法和两次乘法运算。令其最小计算周期为 T_{p0}，图 2-3 中展示了 1D-LM 在不同参数和迭代周期下的时域波形，当 1D-LM 快速迭代时，PRNs 与噪声信号类似，控制 1D-LM 的参数和迭代周期可产生不同的 PRNs。

图 2-4 中展示了 PRNG 与随机控制序列 $u_1(t) - u_4(t)$ 的映射关系，用互不相关的 PRNs 分别作为稳态周期信号的幅度、频率、相位、偏置及使能调控参数，即可合成随机周期测试信号，当 PRNs 吞吐率足够高时，可直接合成噪声信号。DCM 是最适合实现 PRNG 的方法之一，但 DCM 有限维度、

有限随机性能、有限迭代速度分别限制了 PRNs 的位宽、随机性、吞吐率。因此，提高 DCM 的维度、随机性能和吞吐率是需要解决的首要问题。接下来将提出两种离散混沌映射建模方法，并在此基础上，研究 DCM 的维度、随机性能和吞吐率等性能指标提升方法。

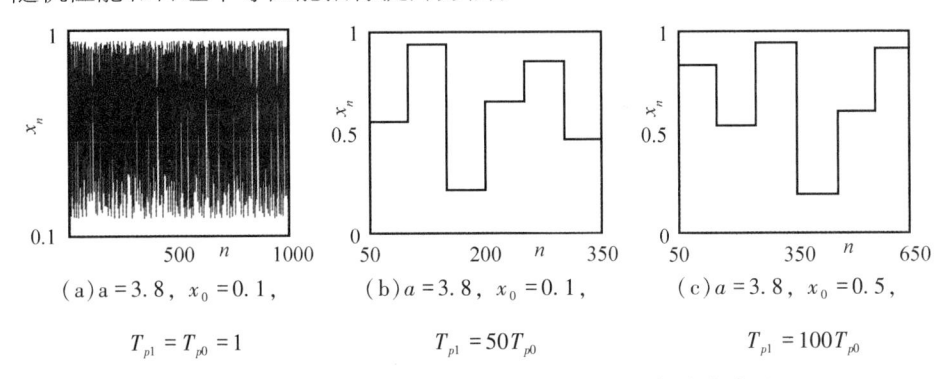

图 2-3　1D-LM 在不同参数和迭代周期下的时域波形

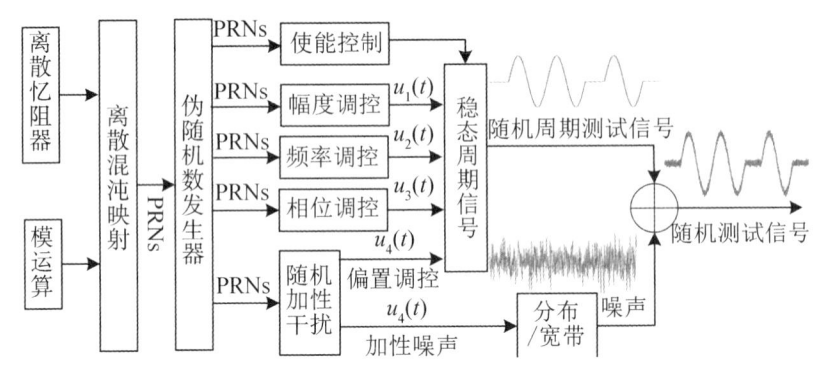

图 2-4　PRNG-5 与随机控制序列 $u_1(t) - u_4(t)$ 的映射关系

2.4　两种离散混沌映射建模方法

一般情况下，DCM 输出 PRNs 的随机性能与其维度成正比[99,108]，且维度越高，吞吐率越高。如图 2-4 所示，因忆阻器独有的记忆和非线性特征，以及模运算的非线性和有界性，基于离散忆阻器的 DCM 和基于模运算的

DCM 分别是本书提出的两种混沌映射建模方法。

2.4.1 基于离散忆阻器的混沌映射建模

2.4.1.1 n 阶通用离散忆阻器建模

2015 年，Chua 教授将电压控制忆阻器分为见表 2-3 所列的四种类型：广义忆阻器、通用忆阻器、理想通用忆阻器、理想忆阻器[166]。

表 2-3 忆阻器的四种类型

忆阻器类型	电压控制忆阻器	电流控制忆阻器
广义忆阻器	$\begin{cases} i(t) = W(x, u(t))u(t) \\ dx/dt = g(x, u(t)) \\ W(x, 0) \neq \infty \end{cases}$	$\begin{cases} u(t) = M(x, i(t))i(t) \\ dx/dt = g(x, i(t)) \\ M(x, 0) \neq \infty \end{cases}$
通用忆阻器	$\begin{cases} i(t) = W(x)u(t) \\ dx/dt = g(x, u(t)) \end{cases}$	$\begin{cases} u(t) = M(x)i(t) \\ dx/dt = g(x, i(t)) \end{cases}$
理想通用忆阻器	$\begin{cases} i(t) = W(x)u(t) \\ dx/dt = g(x)u(t) \end{cases}$	$\begin{cases} u(t) = M(x)i(t) \\ dx/dt = g(x)i(t) \end{cases}$
理想忆阻器	$\begin{cases} i(t) = W(\varphi)u(t) \\ d\varphi/dt = u(t) \end{cases}$	$\begin{cases} u(t) = M(q)i(t) \\ dq/dt = i(t) \end{cases}$

在表 2-3 中，$u(t)$ 表示忆阻器的输入电压，$i(t)$ 表示忆阻器的输出电流，x 是忆阻器内部的状态变量。当做变量替换：$\varphi \to q$，$u(t) \to i(t)$，$i(t) \to u(t)$ 和 $W(x) \to M(x)$，也可得到四种电流控制忆阻器的数学模型。四种忆阻器之间的关系是：理想忆阻器⊂理想通用忆阻器⊂通用忆阻器⊂广义忆阻器。因此，理想忆阻器是最重要的模型，本书也重点分析理想忆阻器模型。显然，式(1-4)就是理想忆阻器模型。

当使用 $x(t)$、$g(t)$ 和 $z(t)$ 分别表示忆阻器的输入、输出及其内部状态变量时，则式(1-4)具有如下通用数学模型：

$$\begin{cases} y(t) = f(z(t))x(t) \\ \dfrac{\mathrm{d}z(t)}{\mathrm{d}t} = x(t) \end{cases} \quad (2-30)$$

式中，$z(t)$ 的初值为 $z(0)$。不同的内部状态函数 $z(t)$ 可使忆阻器表现出不同的特征，如紧缩磁滞回线、局部有源性和非易失性。

当 $f(z(t))$ 是关于 $z(t)$ 的连续函数，且存在 $m+1$ 阶导数。则 $f[z(t)]$ 的 m 阶麦克劳林展开式为

$$f(z(t)) = \sum_{i=0}^{m} k_i (z(t))^i \quad (2-31)$$

式中，k_i 为已知系数，且 k_i 可通过如下公式计算：

$$k_i = \frac{f^{(i)}(0)}{i!} \quad (2-32)$$

根据式(2-31)对表1-4中进行麦克劳林展开后的表达式见表1-4中第四列所列。根据电路理论，通过 RC 有源积分电路即可实现对 $u(t)$ 的积分，积分电路中的参数误差是导致积分结果 $\varphi(t)$ 精度较低的主要原因，而数值积分方法具有较高的精度。在实际电路中，使用 ADC 量化是将连续信号转换为对应离散信号的唯一有效方法。

ADC 量化过程如图2-5(a)所示，外部采样时钟用于触发其内部的采样保持器中的开关 S。当 S 闭合时，信号对电容 C 充电，当 S 断开时，后端的量化编码器对电容上的电压依次进行量化和编码。ADC 的输入输出波形如图2-5(b)所示，其中 $u(t)$ 和 $u(n)$ 分别是 ADC 的输入和输出信号。

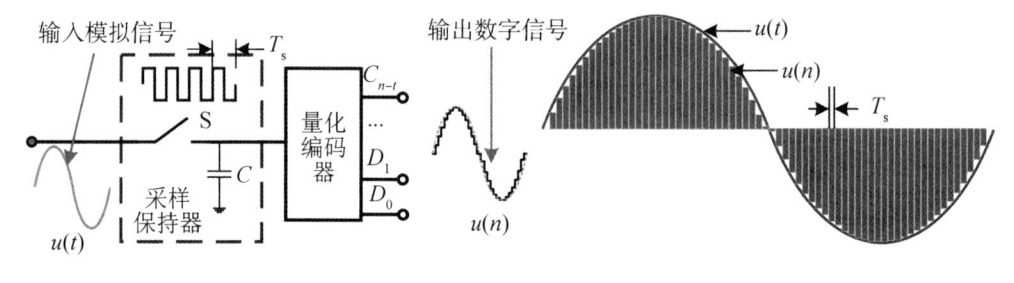

(a) ADC 量化原理　　　　　　　　(b) ADC 量化示意图

图2-5　ADC 量化过程

在数学上，ADC 量化过程可写为

$$u(n) = u(t)p(t) = u(t)\sum_{n=-\infty}^{\infty}\delta(t - nT_s) = \sum_{n=-\infty}^{\infty}u(t - nT_s) \quad (2-33)$$

式中，$p(t)\sum_{n=-\infty}^{\infty}\delta(t-nT_s)$ 是 ADC 对应的数学模型，T_s 是 ADC 的采样周期。$u(n)$ 的值与 $u(t)$ 在 $t = nT_s$ 时刻的值相等，这意味着模拟信号可使用 ADC 对其进行离散化处理。设模拟信号开始激励系统的时刻为 $t_0 = 0$，根据黎曼积分定理，图 2-5(b) 中 $u(t)$ 的积分 $\varphi(t)$ 可表示为

$$\varphi(t) = \int_0^t u(\tau)\mathrm{d}\tau = T_s\sum_{j=0}^{\lfloor\frac{t}{T_s}\rfloor-1}u(j) = T_s\sum_{j=0}^{n-1}u(j) + \varphi(0) \quad (2-34)$$

式中，$t \approx nT_s$。将 $t = t + T_s$ 带入式(2-34)，有

$$\varphi(t + T_s) = T_s\sum_{j=0}^{n}u(j) + \varphi(0) \quad (2-35)$$

令 $T_s = 1$，则有 $t = nT_s = n$，$t + T_s = n + 1$。因此，用式(2-35)减式(2-34)，有

$$\begin{cases}\varphi(t + T_s) = \varphi(t) + T_s u(t) \\ \varphi(n+1) = \varphi(n) + T_s u(n)\end{cases} \quad (2-36)$$

式(2-36)证明了基于 ADC 采样的连续忆阻器离散化与目前广泛使用欧拉差分模型是等价的[100,104]。且 T_s 越小，精度越高。结合奈奎斯特采样定理，图 2-5(a) 中的方波信号（采样时钟）的频率越高，电压信号 $u(t)$ 的频率越高。

对于电压控制忆阻器，当考虑不同的 $\varphi(0)$ 和 T_s 时，将式(2-34)带入式(2-31)，有

$$f(\varphi(t)) = \sum_{j=0}^{m}k_j\left(T_s\sum_{p=1}^{n}u(p) + \varphi(0)\right)^j$$

$$= \sum_{j=0}^{m}k_j\sum_{p=0}^{j}\left\{\left[T_s\sum_{i=1}^{n}u(i)\right]^q \varphi^{q-p}(0)\binom{p}{q}\right\} = \sum_{j=0}^{m}c_j\left(\sum_{p=1}^{n}u(p)\right)^j$$

$$(2-37)$$

式中，$c_0 = T_s^j \sum_{j=0}^{m} k_j (\varphi(0))^j$；$c_j = T_s^j \sum_{i=j}^{m} k_i (\varphi(0))^{i-j} \binom{p}{q}$。因此，$\varphi(0)$ 和 T_s 仅会改变系数 c_j，而不会改变阶次 m。显然，当 $\varphi(0) = 0$ 和 $T_s = 1$ 时，式(2-31)是式(2-37)的一个特例。

综上所述，调整式(2-37)中 k_i 即可实现对任意忆阻器内部状态函数的高阶逼近，$\varphi(0)$ 和 T_s 对忆阻器模型影响也可根据式(2-37)映射到系数 k_i 中。因此，基于泰勒展开和 ADC 量化的 GDMM 为

$$\begin{cases} y(n) = \alpha f_m(z(n)) x(n) \\ f_m(z(n)) = \sum_{i=0}^{m} k_i (z(n))^i \\ z(n) = T_s \sum_{j=0}^{n-1} x(j) + z(0) \end{cases} \quad (2-38)$$

式中，$K = (k_0, k_1, \cdots, k_n) \neq 0$ 为系数矩阵；$f_m(\cdot)$ 为 m 阶泰勒展开式；α 为忆阻器输出尺度系数；$x(n)$ 为 $x(t)$ 量化后的离散序列；T_s 为步长。特别地，当 $T_s = 1$ 时，结合式(2-36)和式(2-38)，有

$$\begin{cases} y_n = \alpha f_m(z_n) x_n \\ f_m(z_n) = \sum_{i=0}^{m} k_i (z_n)^i \\ z_{n+1} = z_n + T_s x_n \end{cases} \quad (2-39)$$

式(2-39)即为本书主要研究的 GDMM。为了简化分析，在本书后续研究中，固定 $\alpha = 1$ 和 $T_s = 1$。

通常，有界的双极性周期信号被作为激励信号研究忆阻器的特性，可用如下方法确定式(2-39)中的阶次 m。

设第 j 个输入信号模型为 $x_j(t) = A_j \cos(\omega_j t)$，其中 A_j 和 ω_j 分别是 $x_j(t)$ 的幅度和频率。则 $z_j(t)$ 可表示为

$$z_j(t) = \int_0^t A_j \cos(\omega_j \tau) d\tau = \frac{A_j}{\omega_j} \sin(\omega_j t) \in \left[-\frac{A_j}{\omega_j}, \frac{A_j}{\omega_j} \right] \quad (2-40)$$

因此，对于第 j 个输入信号，$z(t)$ 有最大值 $z_{mj}(t) = \frac{A_j}{\omega_j}$。设共有 N 组激励信

号，则 $z(t)$ 的最大值为

$$z_m = \max(z_1(t)z_2(t), \cdots, z_N(t)) \quad (2-41)$$

设 ε_0 为允许的最大相对误差阈值，则 m 需要满足如下约束条件：

$$\left|\frac{f_m(z_m) - f(z_m)}{f(z_m)}\right| \leq \varepsilon_0 \quad (2-42)$$

式中，$f(\cdot)$ 是被拟合函数。

2.4.1.2 GDMM 的最大工作频率

为了简化理论分析，本节使用电压信号来分析 GDMM 的最大工作频率。取 $u(t) = x(t) = A\cos(2\pi f_{in} t)$，且 $z(0) = \varphi(0) = 0$，则有

$$\begin{cases} x(n) = u(n) = A\cos(\omega_d n) \\ z(n) = \varphi(n) = \dfrac{A}{\omega}\sin(\omega_d n) \end{cases} \quad (2-43)$$

式中，$\omega_d = \dfrac{2\pi f_{in}}{f_s}$ 为归一化数字角频率。将 $z(n)$ 带入式 (2-39) 有

$$\begin{aligned} y(n) &= \left[k_0 + k_1 \frac{A}{\omega}\sin(\omega_d n) + \cdots + k_m \frac{A^m}{\omega^m}\sin^m(\omega_d n) \right] x(n) \\ &= k_0 x(n) + \sum_{i=1}^{m} k_i (-1)^i \frac{[A^2 - x^2(n)]^{\frac{i}{2}}}{\omega^i} x(n) \\ &= y_1(n) + y_2(n) \end{aligned} \quad (2-44)$$

根据式 (2-44)，$y(n)$ 由关于 $x(n)$ 的线性项 $y_1(n)$ 和非线性项 $y_2(n)$ 两部分组成。当 $k_0 \neq 0$ 时，随着 $\omega \to 0$，$y_2(n) \to +\infty$，$y_2(n) \geq y_1(n)$，此时 $y(n) \approx y_2(n)$，$y(n)$ 的值主要由 $y_2(n)$ 决定。相反地，随着 $\omega \to +\infty$，$y_2(n) \to 0$，$y(n) \approx y_1(n)$，$y(n)$ 的值主要由 $y_1(n)$ 决定，此时 $y(n)$ 可近似为一个标准线性电阻。

在式 (2-44) 中，若 $y(n)$ 是一个忆阻器，则需要满足约束条件：$l(\cdot) = \dfrac{y_2(n)}{y_1(n)} \geq \delta$，其中 δ 是一个常数[125]。δ 的推导公式如下：

$$l(\cdot) = \frac{x(n)}{k_0 x(n)} \sum_{i=1}^{m} k_i (-1)^i \frac{[A^2 - x^2(n)]^{\frac{i}{2}}}{\omega^i}$$

$$= \sum_{i=1}^{m} \frac{k_i}{k_0} (-1)^i \frac{[A^2 - x^2(n)]^{\frac{i}{2}}}{\omega^i} < \sum_{i=1}^{m} \left|\frac{k_i}{k_0}\right| \frac{[A^2 - x^2(n)]^i}{\omega^i} \leq \sum_{i=1}^{m} \left|\frac{k_i}{k_0}\right| \frac{A^i}{\omega^i}$$

(2-45)

因此，当使用式(2-39)建立忆阻器模型时，为了满足忆阻器的三个典型特征[116]，式(2-39)中的 k_i 需要满足：

$$\sum_{i=1}^{m} \frac{|k_i| A^i}{|k_0| \omega^i} > l \geq \delta \tag{2-46}$$

综上所述，首先，当信号固定时，减小 $|k_0|$ 或增大 $|k_1|$，式(2-39)更容易满足忆阻器的非线性特性；其次，当忆阻器模型固定时，为了使式(2-39)中的数学模型表现出忆阻器特征，可增大输入信号的幅度 A 或减小频率 ω。

例如，在式(2-39)中，取 $m=4$，$T_s=10$ ns，$f_s=100$ MSa/s，$K_1=(0.4, 4e6, -1500, -1.25e-6, -3.125e-9)$，$x(n) = A\cos(w_d n)$。当设置不同的 A 和 f_{in}，在 Matlab 中得到的数值仿真结果如图 2-6 所示，提出的四阶忆阻器模型满足忆阻器的三个典型特征[116]。

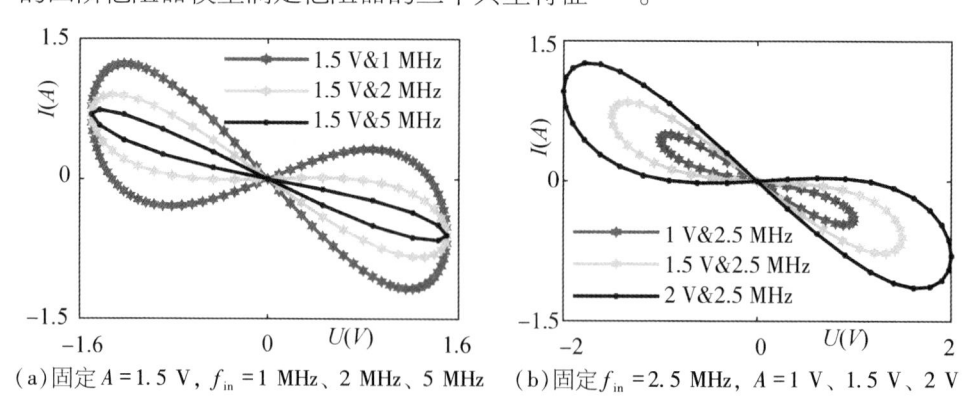

图 2-6　四阶忆阻器模型在不同 A 和 f_{in} 下的磁滞回线

取 $m=9$，$T_s=10$ ns，$f_s=100$ MSa/s，$K_2=(1, 5e6, 5e6, 7, 100, 500, 0, -10, 0, 1)$，$x(t) = \sin(\omega n)$，$f_{in}=5$ MHz，图 2-7(a)展示了对应

的磁滞回线, 当分别设置参数 k_0、k_1 和 k_2 扩大 10 倍时, 图 2-7 (b) ～ 图 2-7 (d) 分别显示了对应的磁滞回线。在图 2-7 (b) 中, k_0 增加导致了式 (2 - 44) 中 $y_0(t)$ 的增加, 所以 $y(t)$ 呈现出更多线性特征。而在图 2-7 (c) 中, k_1 增加导致了式 (2 - 44) 中 $y_1(t)$ 的增加, 所以 $y(t)$ 呈现出更多非线性特征, 磁滞回线面积也进一步增加。如图 2-7 (d) 所示, 因 $\frac{A}{\omega} = \frac{1}{5e6} \leqslant 1$, 所以扩大相同倍数的 k_2, 对磁滞回线面积几乎无影响。因此, 与式 (2 - 46) 中的理论分析一致, 系数 k_0 和 k_1 对忆阻器的磁滞回线面积影响最大。

(a) $K_2 = (1, 5e6, 5e6, 5e6, 7, 100, 500, 0, -10, 0, 1)$

(b) $K_2 = (10, 5e6, 5e6, 5e6, 7, 100, 500, 0, -10, 0, 1)$

(c) $K_2 = (1, 5e7, 5e6, 5e6, 7, 100, 500, 0, -10, 0, 1)$

(d) $K_2 = (1, 5e6, 5e7, 5e6, 7, 100, 500, 0, -10, 0, 1)$

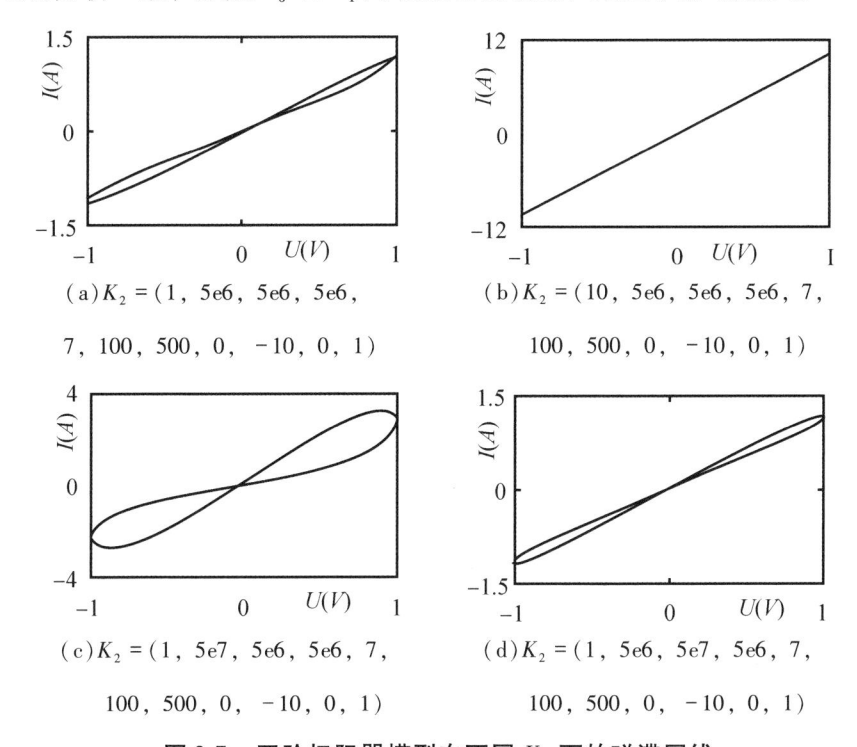

图 2-7 四阶忆阻器模型在不同 K_2 下的磁滞回线

2.4.1.3 基于采样的 GDMM 工作频率搬移方法

在式 (2 - 43) 中, 当相同幅度的低频信号 f_{inL} 和高频信号 f_{inH} 分别使用采样率为 $f_{sL} \left(T_{sL} = \frac{1}{f_{sL}} \right)$ 和 $f_{sH} \left(T_{sH} = \frac{1}{f_{sH}} \right)$ 的同分辨率 ADC 进行量化, 且满足条件:

$$\frac{f_{sL}}{f_{inL}} = \frac{f_{sH}}{f_{inH}} \qquad (2-47)$$

则有低采样率量化序列$u_L(n)$和高采样率量化序列$u_H(n)$满足：$u_L(n) = u_H(n)$。令$z(0) = \varphi(0) = 0$，如果低采样系数矩阵$\boldsymbol{K}_L$和高采样系数矩阵$\boldsymbol{K}_H$满足条件：

$$k_{iH} = r^i \cdot k_{iL} \qquad (2-48)$$

式中，$r = \frac{f_{sH}}{f_{sL}}$，$i \in [1, m]$。则两种情况下获得的磁滞回线相同。证明过程如下。

证明：将$T_{sL} = r T_{sH}$带入式(2-38)的第三个方程有

$$\varphi_L(n) = r \cdot \varphi_H(n) \qquad (2-49)$$

将$\varphi_L(n)$和$\varphi_H(n)$分别带入式(2-38)的第二个方程有

$$f_L(\varphi, m, n) = k_{0L} + k_{1L} \cdot \varphi_L(n) + \cdots + \\ k_{iL} \cdot [\varphi_L(n)]^i + k_{mL} \cdot [\varphi_L(n)]^m \qquad (2-50)$$

和

$$f_H(\varphi, m, n) = k_{0H} + k_{1H} \cdot \varphi_H(n) + \cdots + \\ k_{iH} \cdot [\varphi_H(n)]^i + k_{mH} \cdot [\varphi_H(n)]^m \qquad (2-51)$$

结合式(2-48)，将式(2-49)带入式(2-50)并化简，有

$$f_L(\varphi, m, n) = k_{0H} + r^{-1} \cdot k_{1H} \cdot r \cdot \varphi_{1H}(n) + \cdots + r^{-i} \cdot k_{iH} \cdot [r \cdot \varphi_H(n)]^i + \\ r^{-m} \cdot k_{mH} \cdot [r \cdot \varphi_H(n)]^m \\ = k_{0H} + k_{1H} \cdot \varphi_H(n) + \cdots + k_{iH} \cdot [\varphi_H(n)]^i + k_{mH} \cdot [\varphi_H(n)]^m \qquad (2-52)$$

显然，式(2-51)和式(2-52)等号右端相等，也就是

$$f_L(\varphi_L(n)) = f_H(\varphi_H(n)) \qquad (2-53)$$

最后，将$u_L(n) = u_H(n)$和式(2-53)带入式(2-38)的第一个方程有

$$\begin{cases} u_L(n) = u_H(n) \\ i_L(n) = i_H(n) \end{cases} \qquad (2-54)$$

从式(2-54)可以看出，不同输入信号和采样率可获得相同的忆阻器端口信号，所以在 $U-I$ 平面具有相同的形状。

因此，在工程应用时，当硬件实验平台的性能不足时(如 ADC 的采样率，模拟通道的带宽)，可根据式(2-47)~式(2-48)重新计算等价参数 f_{inL}、K_L、f_{sL}，以获得相同的磁滞回线。而结合采样定理，更高的采样率有利于获得更多数据和形成更光滑的曲线，所以应根据实际情况选择最合适的参数。

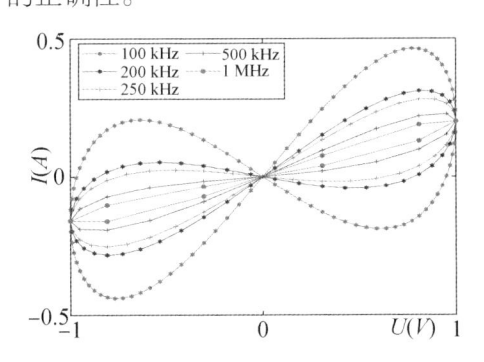

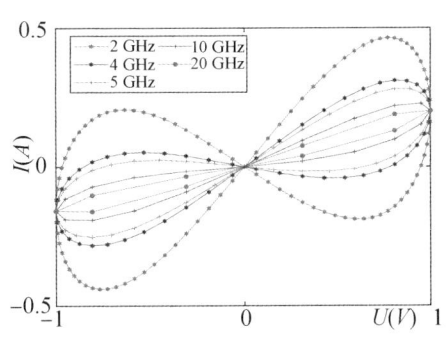

取 $m=10$，$T_{sL}=100$ ns，$T_{sH}=5$ ps，$f_{sL}=10$ MSa/s，$f_{sH}=200$ GSa/s，$K_L=K_3=(0.2, 4e5, -15, -1.25e-9, -3.125e-13, 0, 0, 0, 0, 0)$，$K_H=K_4=(0.2, 8e9, -6e9, -1e4, -5e4, 0, 0, 0, 0, 0)$，$u(n)=\cos(\omega_d n)$，图 2-8 展示了 10 阶 GDMM 在不同信号频率下的磁滞回线。从图 2-8 中可以看出，在不同的激励频率下，式(2-38)中的模型均可以表现出磁滞特性。当 $f_{in}=20$ GHz 时，输出电流幅度约 0.20 A，与文献[126]中模型相比，忆阻器的仿真带宽和幅度分别提高了约 10 倍和 3e5 倍。同时，系数 K_L 和 K_H 满足式(2-48)中的约束关系，所以图 2-8 中相同标记的磁滞回线具有相同的面积和形状，这也证明了 GDMM 工作频率搬移方法的正确性。

(a) 低频参数：$f_{sL}=10$ MSa/s，$K=K_L$，$f_{inL}=$ 100 kHz，200 kHz，250 kHz，500 kHz，1 MHz

(b) 高频参数：$f_{sH}=200$ GSa/s，$K=K_H$，$f_{inH}=2$ GHz，4 GHz，5 GHz，10 GHz，20 GHz

图 2-8　10 阶 GDMM 在不同信号频率下的滋滞回线

2.4.1.4 模型的局部有源性

根据忆阻器对能量的消耗情况,忆阻器可分为无源忆阻器、有源忆阻器、局部有源忆阻器三种。无源忆阻器的磁滞回线只分布在一、三象限,表现为对能量的消耗(吸收)特征,也就是功率 $P(t) > 0^{[166]}$;有源忆阻器的磁滞回线仅分布在二、四象限,等价为具有负忆导 $W(x, u(t)) < 0$(或负忆阻 $M(x, i(t)) < 0$)的无源忆阻器,也就是 $P(t) < 0^{[128,167]}$;局部有源忆阻器是一种至少在一个电压值 $u(t)$(或电流值 $i(t)$)表现出 $W(x, u(t)) < 0$(或 $M(x, i(t)) < 0$)特性的忆阻器[117,168]。忆阻器局部有源特性可用瞬态功率进行判断[125],$P(t)$ 大于 0、$P(t)$ 小于 0 和 $P(t)$ 双极性分别对应无源忆阻器、有源忆阻器和局部有源忆阻器。GDMM 的瞬态功率计算如下:

$$P(t) = f(t)u^2(t) = f_m(n)u^2(n)$$
$$= \left[k_0 + \sum_{i=1}^{m} k_i \frac{A^i}{\omega_d^i} \sin^i(w_d n) \right] (A\cos(w_d n))^2 \quad (2-55)$$

式中,$u^2(n) \geq 0$,$\sin(\omega_d n) \in [-1, 1]$,$P(t)$ 与 $f(n)$ 同极性。因此,当输入信号固定时,可通过参数 k_i 和 m 来实现 $f(t)$ 极性的改变,并实现忆阻器类型的改变。例如,当 $m=2$ 时,改变参数 k_0、k_1 和 k_2 可产生 24 种不同类型的忆阻器。

取 $m=2$,$T_s = 1$ ms,$f_s = 1$ kSa/s,$f_{in} = 10$ Hz,$x(n) = \sin(\omega_d n)$,图 2-9 展示了式(2-39)中忆阻器在系数矩阵分别为 $\boldsymbol{K}_5$、$\boldsymbol{K}_6$、$\boldsymbol{K}_7$ 和 $\boldsymbol{K}_8$ 的迟滞回线。从图 2-9(a)~图 2-9(b)或图 2-9(c)~图 2-9(d)中可以看出,随着 k_1 绝对值的增加,磁滞回路的面积也在增加,忆阻器也从无源忆阻器转换为局部有源忆阻器。在图 2-9(a)和图 2-9(c)中,系数 k_0 和 k_1 的极性改变导致了 GDMM 可在无源和有源忆阻器间自由转换。而在图 2-9(b)和图 2-9(d)中,当同时改变系数 k_0 和 k_1 的极性,GDMM 仍是局部有源忆阻器。由此可见,通过设置适当的参数 k_i,GDMM 可在无源忆阻器、有源忆阻器、局部有源忆阻器间转换。

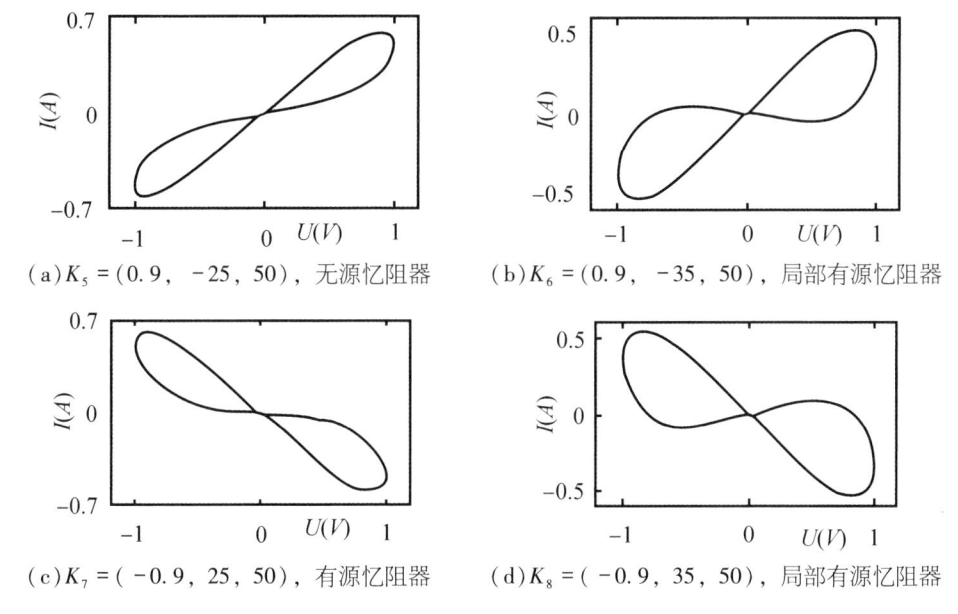

(a) $K_5 = (0.9, -25, 50)$，无源忆阻器 (b) $K_6 = (0.9, -35, 50)$，局部有源忆阻器

(c) $K_7 = (-0.9, 25, 50)$，有源忆阻器 (d) $K_8 = (-0.9, 35, 50)$，局部有源忆阻器

图 2-9　式(2-39)中模型与系数矩阵 K 相关的局部有源性

综上所述，GDMM 满足 DM 的非线性、记忆特性及局部有源性，且其良好兼容性和超高的工作频率有利于 DM 在各领域应用，特别是应用于基于 DM 的混沌映射中。

2.4.1.5　耦合离散忆阻器混沌映射模型

表 2-4 中常用 DCM 的数学模型可写为如下通用形式[99,108,169,170]：

$$\begin{cases} x_{1,k+1} = F_1(x_{1,k} x_{2,k}) \\ x_{2,k+1} = F_2(x_{1,k} x_{2,k}) \end{cases} \quad (2-56)$$

式中，x_1,k 和 x_2,k 为映射模型第 $k+1$ 次迭代的输入变量。将式(2-56)的状态变量分别作为三个 DM 的输入，可获得耦合 DM 的通用混沌映射如下：

$$\begin{cases} x_{1,k+1} = F_1(x_{1,k} x_{2,k}) + K_1 f_{m1}(x_{3,k}) x_{1,k} + K_2 f_{m2}(x_{4,k}) x_{1,k} \\ x_{2,k+1} = F_2(x_{1,k} x_{2,k}) + K_3 f_{m3}(x_{5,k}) x_{2,k} \\ x_{3,k+1} = T_s x_{1,k} + x_{3,k} \\ x_{4,k+1} = T_s x_{1,k} + x_{4,k} \\ x_{5,k+1} = T_s x_{2,k} + x_{5,k} \end{cases} \quad (2-57)$$

式中，K_i 为 DM 的耦合系数；f_{m1}、f_{m2} 和 f_{m3} 分别表示 DM1、DM2 和 DM3 的内部状态模型，其定义与式(2-39)相同。与电阻的串并联结构相似，DM1 与 DM2 属于忆阻器的并联形式，DM1（或 DM2）与 DM3 属于忆阻器的混联形式。在实际应用中，由于混沌映射对初值和参数较为敏感，应选择适当的参数以确保式(2-57)中的模型处于混沌状态。

以耦合 1 个 DM 为例，表 2-4 中展示了常见一维映射和二维映射耦合 DM 后的数学模型，1D-LM 可变换为 2D-MLM[100]，1D-SM 可变换为二维忆阻 Sine 映射（two-dimensional memristor sinemap, 2D-MSM）[104]，2D-HM 可变换为三维忆阻 Hénon 映射（three-dimensional memristor hénon map, 3D-MHM）[99]，2D-LM 可变换为三维忆阻 Lozi 映射（three-dimensional memristor lozi map, 3D-MLM）[171]。

表 2-4　常见一维映射和二维映射耦合 DM 后的数学模型

模型名称	数学模型	耦合 DM 的新模型	模型名称
1D-LM	$x_{n+1} = ax_n(1-x_n)$	$\begin{cases} x_{n+1} = ax_n(1-x_n) + K_1 f_1(\varphi_n)x_n \\ \varphi_{n+1} = \varphi_n + T_s x_n \end{cases}$	2D-MLM
1D-SM	$x_{n+1} = \dfrac{a}{4}\sin(\pi x_n)$	$\begin{cases} x_{n+1} = \dfrac{a}{4}\sin(\pi x_n) + K_1 f_1(\varphi_n)x_n \\ \varphi_{n+1} = \varphi_n + T_s x_n \end{cases}$	2D-MSM
2D-MLM	$\begin{cases} x_{n+1} = 1 - ax_n^2 + y_n \\ y_{n+1} = bx_n \end{cases}$	$\begin{cases} x_{n+1} = 1 - ax_n^2 + y_n \\ \varphi_{n+1} = \varphi_n + T_s x_n \end{cases}$	3D-MHM
2D-MSM	$\begin{cases} x_{n+1} = 1 - a\|x_n\| + y_n \\ y_{n+1} = bx_n \end{cases}$	$\begin{cases} x_{n+1} = 1 - a\|x_n\| + y_n \\ y_{n+1} = bx_n + K_3 f_3(\varphi_n)y_n \\ \varphi_{n+1} = \varphi_n + T_s x_n \end{cases}$	3D-MLM

2.4.2　基于模运算的混沌映射建模

本节首先分析了模运算和三角矩阵的基本理论，在此基础上，提出了基于模运算和三角矩阵的混沌映射模型。

2.4.2.1 相关基本理论

定理1：设 $f_i(\cdot)=f_i(x_{1,k},x_{2,k},\cdots,x_{i,k},\cdots,x_{n,k})$ 和 $m_i(m_i\neq 0)$ 为任意实数，则 m_i 对 $f_i(\cdot)$ 的模运算可表示为

$$\begin{aligned}f_i(\cdot)'&=\mathrm{mod}(f_i(\cdot)m_i)\\&=f_i(x_{1,k},x_{2,k},\cdots,x_{i,k},\cdots,x_{n,k})-\lfloor\frac{f_i(x_{1,k},x_{2,k},\cdots,x_{i,k},\cdots,x_{n,k})}{m_i}\rfloor m_i\\&=f_i(x_{1,k},x_{2,k},\cdots,x_{i,k},\cdots,x_{n,k})-Mm_i\end{aligned} \quad (2-58)$$

式中，f_i' 与 f_i 同号；$M=\lfloor\dfrac{f_i(x_{1,k},x_{2,k},\cdots,x_{i,k},\cdots,x_{n,k})}{m_i}\rfloor$ 为常数；$f_i'\in[0,m_i)$，f_i' 在区间 $[0,m_i)$ 服从均匀分布，且模运算不改变函数 $f_i(\cdot)$ 的一阶导数。证明如下。

证明：同时对式 (2-58) 中等号两边求关于自变量 x_i,k 的一阶导数，有

$$\frac{\partial f_i'}{\partial x_{i,k}}=\frac{\partial\mathrm{mod}(f_i(\cdot)m_i)}{\partial x_{i,k}}=\frac{\partial f_i(\cdot)}{\partial x_{i,k}}-\frac{\partial Mm_i}{\partial x_{i,k}}=\frac{\partial f_i}{\partial x_{i,k}} \quad (2-59)$$

式 (2-59) 表明 $\dfrac{\partial f_i'}{\partial x_{i,k}}=\dfrac{\partial f_i}{\partial x_{i,k}}$，即模运算不改变函数 $f_i(\cdot)$ 的一阶导数。

同时，模运算的基本运算规则如下：

$$\begin{cases}\mathrm{mod}(f_i(\cdot)+f_j(\cdot)m_i)=\mathrm{mod}(\mathrm{mod}(f_i(\cdot)m_i)+\mathrm{mod}(f_j(\cdot)m_i)m_i)\\\mathrm{mod}(f_i(\cdot)-f_j(\cdot)m_i)=\mathrm{mod}(\mathrm{mod}(f_i(\cdot)m_i)-\mathrm{mod}(f_j(\cdot)m_i)m_i)\\\mathrm{mod}(f_i(\cdot)\times f_j(\cdot)m_i)=\mathrm{mod}(\mathrm{mod}(f_i(\cdot)m_i)\times\mathrm{mod}(f_j(\cdot)m_i)m_i)\\\mathrm{mod}(f_i^a(\cdot)m_i)=\mathrm{mod}([\mathrm{mod}(f_i(\cdot)m_i)]^a m_i)\end{cases}$$

$$(2-60)$$

因此，模运算是一种有界可控的非线性数学变换，变换后的序列在区间 $[0,m_i)$ 服从均匀分布。

定理2：设 $\boldsymbol{A}=(a_{ij}\in F^{n\times n})$ 和 $\boldsymbol{B}=(b_{ij}\in F^{n\times n})$ 都是 $n\times n$ 的矩阵，若 $\boldsymbol{A}$

和 B 都是 n 阶上(下)三角矩阵,则 $C = (c_{ij} \in F^{n \times n}) = AB$ 也是 n 阶上(下)三角矩阵。证明如下。

证明:首先,设 A 和 B 是 n 阶上三角矩阵,则当 $i > j$ 时,有

$$a_{ij} = b_{ij} = 0 \qquad (2-61)$$

则矩阵 C 中的元素 c_{ij} 可表示为

$$c_{ij} = a_{i1}b_{1j} + a_{i2}b_{2j} + \cdots + a_{in}b_{nj} = \sum_{k=1}^{n} a_{ik}b_{kj} = \sum_{k=1}^{i-1} a_{ik}b_{kj} + \sum_{k=i}^{n} a_{ik}b_{kj} \qquad (2-62)$$

根据式(2-61),在式(2-62)最后一个等式的第一部分中,当 $i > k$ 时,有 $a_{ik} = 0$,在式(2-62)最后一个等式的第二部分中,当 $k > j$ 时,有 $b_{kj} = 0$。综上,当 $i > j$ 时,有 $c_{ij} = 0$,即有矩阵 C 是上三角矩阵。

因矩阵 A,B 和 C 都是 n 阶上三角矩阵,则 A^T,B^T 和 C^T 都是 n 阶下三角矩阵。进一步有

$$B^T A^T = (AB)^T = C^T \qquad (2-63)$$

式(2-63)表明两个 n 阶下三角矩阵的乘积也是 n 阶下三角矩阵。

2.4.2.2 模运算混沌映射模型

定义 1:当一个非线性系统同时满足如下两个条件:①它至少有一个正 LE;②它具有全局有界的相平面,则该非线性系统具有 LE 上的混沌行为[134]。

根据定义 1,结合式(2-26),对式(2-56)进行模运算,有

$$\begin{cases} x_{1,k+1} = \mathrm{mod}(F_1(x_{1,k}, x_{2,k}), m_1) \\ x_{2,k+1} = \mathrm{mod}(F_2(x_{1,k}, x_{2,k}), m_2) \end{cases} \qquad (2-64)$$

式中,x_i,k 为内部状态变量;m_i 是模值(modulus values,MVs);$x_{1,k} \in [0, m_1)$,$x_{2,k} \in [0, m_2)$。根据式(2-20)有

$$J(x_{1,k}, x_{2,k}) = \begin{pmatrix} \dfrac{\partial F_1(x_{1,k}, x_{2,k})}{\partial x_{1,k}} & \dfrac{\partial F_1(x_{1,k}, x_{2,k})}{\partial x_{2,k}} \\ \dfrac{\partial F_2(x_{1,k}, x_{2,k})}{\partial x_{1,k}} & \dfrac{\partial F_2(x_{1,k}, x_{2,k})}{\partial x_{2,k}} \end{pmatrix} \qquad (2-65)$$

则式(2-64)迭代 n 次后,其雅可比矩阵为

$$J(n) = J(x_{1,0}, x_{2,0})J(x_{1,1}, x_{2,1})\cdots J(x_{1,n-1}, x_{2,n-1}) \quad (2-66)$$

设 λ_1 和 λ_2 为二阶矩阵 $J(n)$ 的特征值,根据式(2-27):当 $|\lambda_1|>1$ 或 $|\lambda_2|>1$ 时,式(2-64)处于混沌状态;当 $|\lambda_1|>1$ 且 $|\lambda_2|>1$ 时,式(2-64)处于超混沌状态。此外,式(2-64)中的模运算属于有界非线性变换。因此,根据定义1,式(2-64)中的DCM属于混沌系统。

另外,结合定理2,式(2-65)中无非零元素是导致式(2-66)计算复杂和特征值难计算的根本原因。因此,为了简化计算和分析,对式(2-64)中的模型做如下改进。

$$\begin{cases} x_{1,k+1} = \mathrm{mod}(F_1(x_{1,k}, x_{2,k}), m_1) \\ x_{2,k+1} = \mathrm{mod}(F_2(x_{2,k}), m_2) \end{cases} \quad (2-67)$$

则式(2-67)的雅可比矩阵为

$$J(x_{1,k}, x_{2,k}) = \begin{pmatrix} \dfrac{\partial F_1(x_{1,k}, x_{2,k})}{\partial x_{1,k}} & \dfrac{\partial F_1(x_{1,k}, x_{2,k})}{\partial x_{2,k}} \\ 0 & \dfrac{\partial F_2(x_{2,k})}{\partial x_{2,k}} \end{pmatrix} \quad (2-68)$$

式(2-68)为上三角雅可比矩阵。结合式(2-27),若有:① $\forall x_{1,k} \in [0, m_1)$,$x_{2,k} \in [0, m_2)$,$\left|\dfrac{\partial F_1(x_{1,k}, x_{2,k})}{\partial x_{1,k}}\right| > 1$;② $\forall x_{2,k} \in [0, m_2)$,$\left|\dfrac{\partial F_2(x_{2,k})}{\partial x_{2,k}}\right| > 1$。当条件①或条件②对 $k \in [0, +\infty)$ 成立时,则式(2-68)处于混沌状态;当条件①和条件②对 $k \in [0, +\infty)$ 同时成立时,则式(2-67)处于超混沌状态。

同理,对式(2-64)中做另一种改进,有

$$\begin{cases} x_{1,k+1} = \mathrm{mol}(F_1(x_{1,k}), m_1) \\ x_{2,k+1} = \mathrm{mol}(F_2(x_{1,k}, x_{2,k}), m_2) \end{cases} \quad (2-69)$$

其对应的二阶雅可比矩阵为

$$J(x_{1,k}, x_{2,k}) = \begin{pmatrix} \dfrac{\partial F_1(x_{1,k})}{\partial x_{1,k}} & 0 \\ \dfrac{\partial F_2(x_{1,k}, x_{2,k})}{\partial x_{1,k}} & \dfrac{\partial F_2(x_{1,k}, x_{2,k})}{\partial x_{2,k}} \end{pmatrix} \quad (2-70)$$

式(2-70)为下三角雅可比矩阵。同理，若有：① $\forall x_{1,k} \in [0, m_1)$，$\left|\dfrac{\partial F_1(x_{1,k})}{\partial x_{1,k}}\right| > 1$；② $\forall x_{1,k} \in [0, m_1)$，$x_{2,k} \in [0, m_2)$，$\left|\dfrac{\partial F_2(x_{1,k}, x_{2,k})}{\partial x_{2,k}}\right| > 1$。当条件①或条件②对 $k \in [0, +\infty)$ 成立时，则式(2-70)处于混沌状态；当条件①和条件②对 $k \in [0, +\infty)$ 同时成立时，则式(2-70)处于超混沌状态。

综上所述，对于给定的二维混沌模型，可分别根据式(2-67)或式(2-69)构建两种不同模型，且为了快速构造 DCM，可根据式(2-68)或式(2-70)选择参数。当至少确保一个对角线系数的绝对值大于1，即可快速建立一个二维混沌映射新模型。

2.5 方法验证与分析

在本节中，首先在基于 FPGA 的硬件平台上验证 GDMM 的典型特征，然后验证提出的两种 DCM 建模方法。

2.5.1 通用离散忆阻模型验证与分析

本小节首先设计了 GDMM 硬件验证平台，并在该平台上验证了提出忆阻模型的通用性和高工作频率。

2.5.1.1 硬件实验平台设计

本书设计的基于 ADC 采样和 FPGA 的 DM 硬件验证平台如图 2-10 所示，其中图 2-10(a)是 GDMM 的原理框图，图 2-10(b)是基于 FPGA 逻辑资源的 PE 实现框图，图 2-10(c)是完整硬件验证平台。

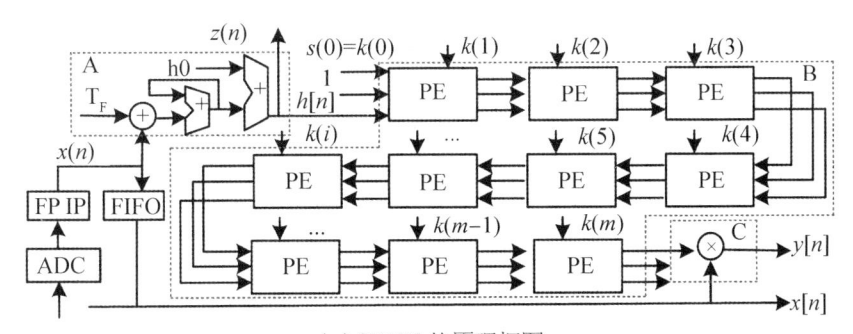

(a) GDMM 的原理框图

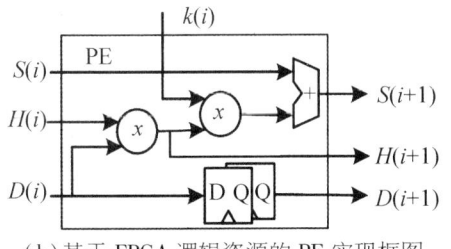

(b) 基于 FPGA 逻辑资源的 PE 实现框图　　(c) 完整硬件验证平台

图 2-10　基于 ADC 采样和 FPGA 的 DM 硬件

在图 2-10(a)中，$x(n)$、$z(n)$ 和 $y(n)$ 分别是式(2-39)中忆阻器模型的离散输入电压、内部磁通量和输出电流，系数 $k(i)$ 是可编程多项式系数，T_F 是步进长度，T_F 与时基挡位 T_h 的关系如下：

$$\frac{1}{f_d} = T_F = \begin{cases} \dfrac{T_h}{100}, & T_h > 1\mu s/div \\ 10ns, & T_h \leq 1\mu s/div \end{cases} \quad (2-71)$$

式中，波形显示区为 100 像素/格；f_d 为显示采样率。每个 PE 实现 $f_m(z(n))$ 中的一个多项式，m 个 PE 工作于串行流水线模型中。每个 PE 单元包括 2 个乘法器、1 个加法器和 1 个 D 触发器，其中输入信号包括 $k(i)$、$s(i)$、$h(i)$ 和 $d(i)$，输出信号包括 $s(i+1)$、$h(i+1)$ 和 $d(i+1)$。PE 单元

对应的数学模型为

$$\begin{cases} D(i+1) = D(i) \\ H(i+1) = H(i) \cdot D(i) \\ S(i+1) = S(i) + k(i+1) \cdot H(i+1) \end{cases} \quad (2-72)$$

式中，$i \in [0, m-1]$；$H(0) = 1$；$S(0) = k(0)$；$D(0) = z(n)$。也就是说，$d(i)$是$z(n)$的延时，因此$H(i+1) = z^n(n)$。$S(i+1)$表示式(2-39)中第一个方程前i个多项式之和。当使用m个 PE 串联时，则最多可实现m阶忆阻器模型。而对应$p(p<m)$阶忆阻器模型，只需要置系数$k_{p+1} = k_{p+2} = \cdots = k_m = 0$即可。通过更新可编程系数$z(0)$和$k(i)$可实现任意 DM 模型的硬件验证。在实验平台中，信号源用于产生 DM 两端的激励信号，计算机用于发送控制指令，显示器用于显示磁滞回线，自研 FPGA 板卡用于实现模拟信号的采集和忆阻模型的实时计算。FPGA 板卡的硬件实物如图 2-11 所示，其中 ADC（2 通道，100 MSa/s，16 位）用于对模拟信号（最大幅度 2 V，带宽 20 MHz）进行量化，FPGA 用于实现 DM、DCM 和随机测试信号数字合成，PCIe 接口用于 FPGA 与计算机间的通信。

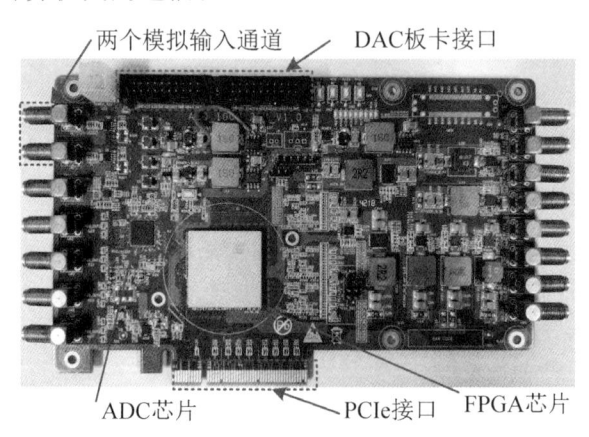

图 2-11　FPGA 板卡的硬件实物

在硬件实验中固定 $m = 10$。取 $K = K_1$，$x(t) = \cos(2\pi f_{in} t)$，$f_{in} = 1$ MHz，$T_h = 1$ μs/div，U3 = 500 mV/div，I3 = 200 mA/div。如图 2-12(a)所

示为当 f_{in} = 1 MHz 时，使用 FIA 获得的忆阻器时域波形和磁滞回线，其中电压和电流的峰值分别是 1.967 V 和 1.25 A。采用相同的参数，分别使用 FPGA 实现方法（FPGA implementation approach，FIA）、FPGA 仿真方法（FPGA simulation approach，FSA）和 Matlab 仿真方法（Matlab simulation approach，MSA）得到的曲线如图 2-12(b) 所示，提出的基于 FPGA 的硬件实现方法能够高精度的实现磁滞回线。

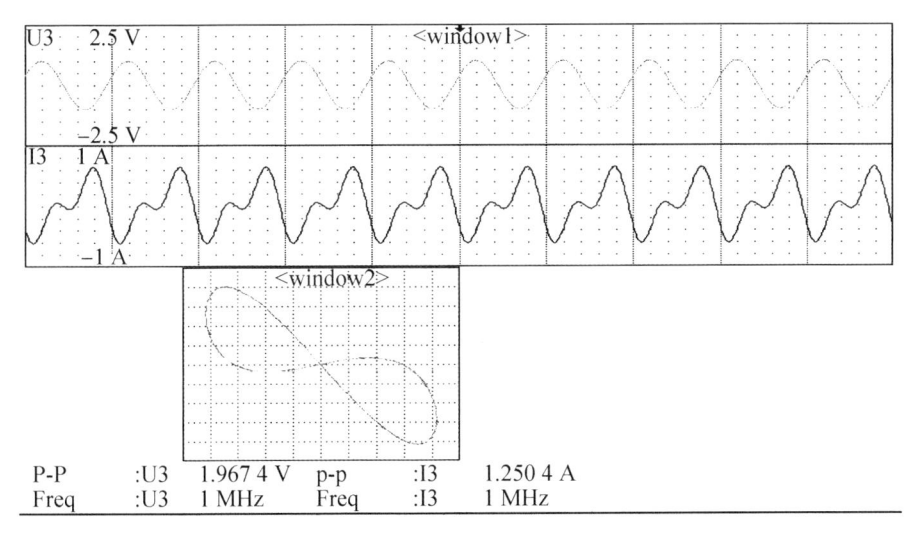

(a) f_{in} = 1 MHz 时，使用 FIA 获得的忆阻器时域波形和磁滞回线

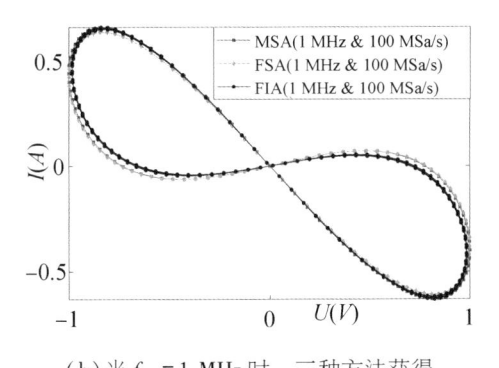

(b) 当 f_{in} = 1 MHz 时，三种方法获得

磁滞回线的精度比较

图 2-12 基于 FPGA 实现忆阻器仿真器的精度比较

当取 $K = K_4$，f_{sH} = 200 GSa/s，$x(t) = \cos(2\pi f_{inH} t)$，$f_{inH}$ = 10 GHz 时，

显然，图 2-11 中 FPGA 板卡的带宽和采样率无法满足测试需求。因此，根据式(2-47)～式(2-48)的约束关系，重新设置低频参数：$K = K_3$，$f_{sL} = 10$ MSa/s，$T_h = 10$ μs/div，$x(t) = \cos(2\pi f_{inL} t)$，$f_{inL} = 500$ kHz，得到的实验结果如图 2-13 所示，通过低性能指标的硬件平台获取的磁滞回线与高采样率下的磁滞回线几乎完全重合。因此，在低性能的硬件平台中，可等效验证高频激励信号对应的磁滞回线。在图 2-13 中，等效工作频率提高 20 000 倍，这进一步凸显了本书所提出方法的重要工程意义：解决了 ADC 带宽和采样率对高工作频率忆阻模型的限制。

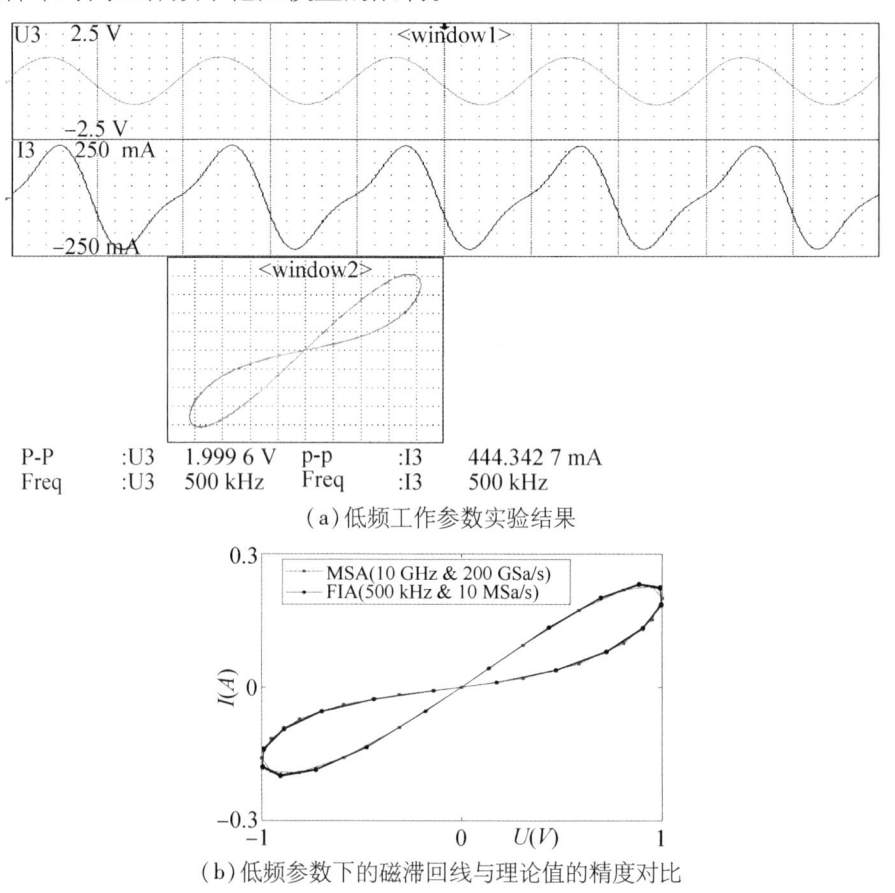

(a) 低频工作参数实验结果

(b) 低频参数下的磁滞回线与理论值的精度对比

图 2-13 忆阻仿真器工作频率搬移方法验证

2.5.1.2 对已有忆阻模型的兼容性验证

为验证提出模型的通用性，本小节对表 1-4 中的部分模型(M1 - M4)进行通用性验证。设置四个已有模型的参数及其泰勒展开系数分别见表2-5中的第二列和第三列所列。当$f_{sH}=200$ GSa/s，$x(t)=A\sin(2\pi f_{inH}t)$时，其中$A=0.5$ V，1.0 V；$f_{inH}=2$ GHz，4 GHz，10 GHz，20 GHz。使用MSA得到的曲线如图2-14所示，所有的曲线都满足忆阻器三个典型特征[116]。

表2-5 提出的忆阻模型对已有模型的性能提升对比

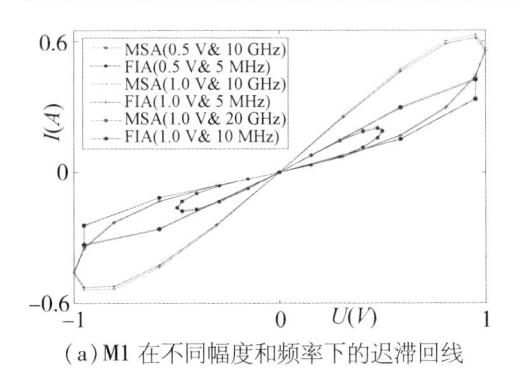

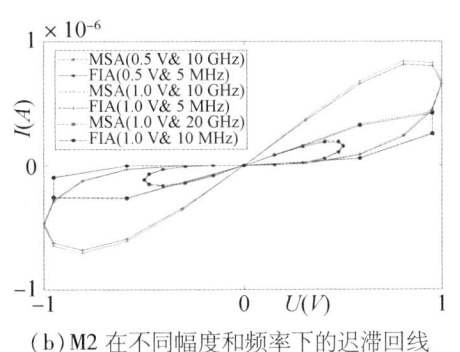

模型	参数	系数矩阵 K_H	OOF	IOF	MRT	FRT
M1	$a=0.2$, $b=2e10$	(0.2, 2e10, 0, 2.67e22, 0, 4.27e34, 0, −6.91e46, 0, 1.12e59)	10 kHz	20 GHz	0.3 s	105 us
M2	$a=7e3$, $b=5$, $c=1.2e14$	(0, 3.5e4, 1.2e14, −5.83e11, 0, 2.92e18, 0, −6.94e24, 0, 9.65e30, 0)	5 GHz	20 GHz	2.3 s	105 us
M3	$a=1e3$, $b=2e13$	(1e3, 6.4e13, 0, 0, 0, 0, 0, 0, 0, 0,)	860 kHz	20 GHz	0.4 s	105 us
M4	$a=-0.4$, $b=6.4e20$, $c=-4.01e21$	(−0.4, 0, 6.4e20, 0, −4.1e21, 0, 0, 0, 0, 0, 0,)	1.7 kHz	20 GHz	1.1 s	105 us

(a) M1在不同幅度和频率下的迟滞回线

(b) M2在不同幅度和频率下的迟滞回线

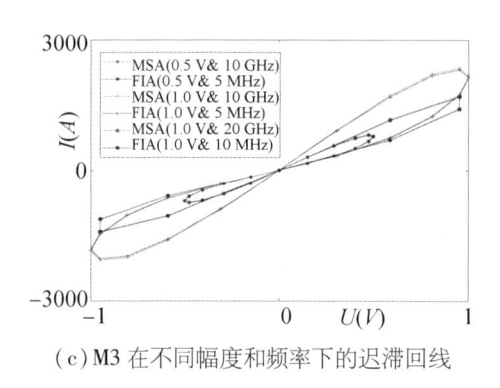

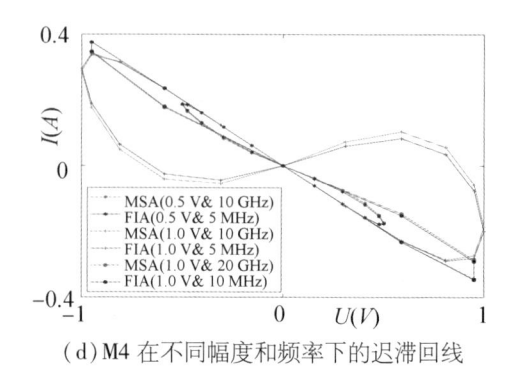

(c) M3 在不同幅度和频率下的迟滞回线　　(d) M4 在不同幅度和频率下的迟滞回线

图 2-14　通用忆阻器模型对已有模型的兼容性测试

为了在硬件上验证上述四个模型的磁滞回线，并重新设置参数如下：$f_{sL}=100$ MSa/s（$T_h=1$ μs/div），$x(t)=A\sin(2\pi f_{inL}t)$，$A=0.5$ V，1.0 V，$f_{inL}=1$ MHz，2 MHz，5 MHz，10 MHz。系数 $K_L(i)=K_H(i)\cdot(2\cdot 10^3)^{(-i)}$，例如，对于 M1，有 $K_L=(0.21e7, 0, -3.33e12, 0, 1.33e18, 0, -5.40e23, 0, 2.19e29, 0)$。根据提出的工作频率搬移方法重新设置忆阻器系数，并设置信号源产生对应的激励信号，得到的迟滞回线如图 2-14 所示，FPGA 硬件产生的迟滞回线仍然与理论曲线高度重复。见表 2-5 中的第四列和第五列所列，与原始工作频率（original operating frequency，OOF）相比，改进工作频率（improved operating frequency，IOF）远大于 OOF，这有利于扩大基于忆阻器模型的高速应用，如高速逻辑电路、高频振荡电路和高速信号处理。此外，当数据长度为 1000 时，四个模型的 Matlab 运行时间（Matlab run time，MRT）和 FPGA 运行时间（FPGA run time，FRT）分别见表 2-5 中的最后两列所列。Matlab 的计算时间与模型的复杂度相关，而 FPGA 具有固定的计算时间，且 FPGA 的计算速度远大于 Matlab。因此，基于 FPGA 的 GDMM 具有较高的精度和较快的计算速度，这有利于快速验证复杂忆阻器模型的三个典型特征[116]。

综上所述，基于 FPGA 的 GDMM 快速硬件实现方法，不仅解决了忆阻器物理实现难题，也加快了基于忆阻器的工程化应用，特别是基于忆阻器的 DCM 实现。

2.5.2 离散忆阻混沌模型验证与分析

在式(2-39)中，当 $m=3$ 时，有

$$\begin{cases} y_{n+1} = x_n(k_0 + k_1 z_n + k_2 z_n^2 + k_3 z_n^3) \\ z_{n+1} = \varphi_n + T_s x_n \end{cases} \quad (2-73)$$

根据表2-4，则2D-MLM的模型为

$$\begin{cases} x_{n+1} = a x_n(1 - x_n) + b x_n(k_0 + k_1 y_n + k_2 y_n^2 + k_3 y_n^3) \\ y_{n+1} = c x_n + y_n \end{cases} \quad (2-74)$$

式中，$b = k_m$；c 是步进长度；k_i 是忆阻器内部系数。

离散映射的性能与其系统控制参数 SCPs 和 ISs 密切相关。为了简化分析，取 SCPs 为：$a=0.1$，$b=1.1$，$c=1$，$k_0=-1.7$，$k_1=0.01$，$k_2=5$，$k_3=0.1$，ISs 为：$(x_0, y_0) = (0.3, 0.45)$。图2-15(a)显示了当参数 k_1 在区间[-1.2, 1.2]内递增时，经过1e5次迭代后 x_n 和 y_n 的分岔图(上半部分)和相应的 LEs(下半部分)。可以观察到，随着 k_1 的增加，2D-MLM 可分别表现出具有两个正 LEs 的超混沌行为、具有一个正 LE 的混沌行为和负 LEs 的周期性行为。显然，在大部分区间，2D-MLM 都处于超混沌状态。图2-15(b)展示了当参数 $k_2 \in [1, 8]$ 时，2D-MLM 对应的一维分岔图，显然，忆阻器参数的变化会导致2D-MLM 出现超混沌、混沌、周期等复杂动力学现象。

在图2-15中随机选取 $k_2=1$ 和 $k_2=7$，状态变量 x_n 的时域波形分别如图2-16(a)及图2-16(b)所示。当2D-MLM 处于混沌或超混沌状态时，x_n 的时域波形与噪声信号较为相似，且与混沌状态相比，在超混沌状态下的 x_n 的时域波形随机性更好。另外，x_n 的幅值与系数 k_i 相关。

(a) $k_1 \in [-1.2, 1.2]$ (b) $k_2 \in [1, 8]$

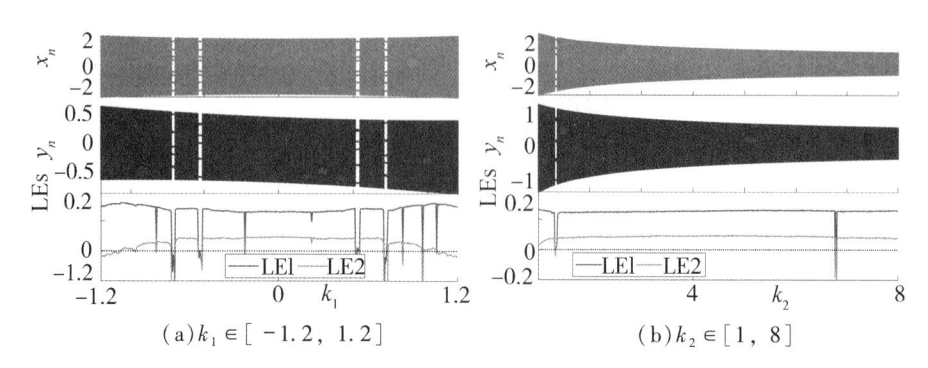

图 2-15　2D-MLM 与忆阻器参数 k_i 相关的一维分岔图

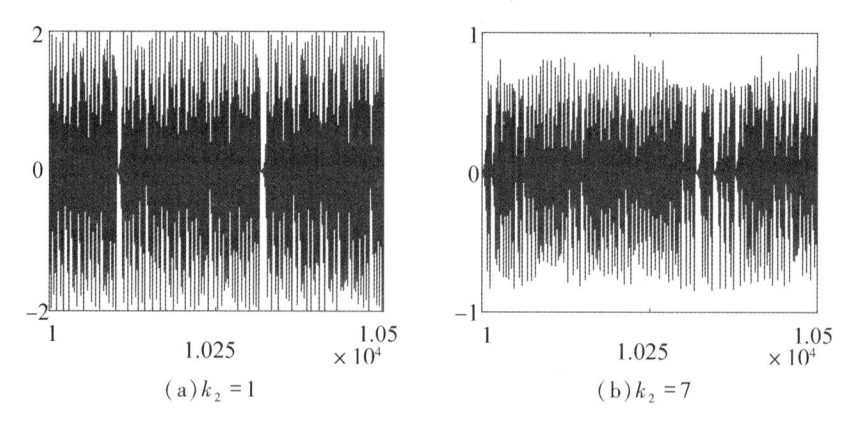

(a) $k_2 = 1$ (b) $k_2 = 7$

图 2-16　状态变量 x_n 与忆阻器参数 k_2 相关的时域波形

对于固定的 SCPs 和 ISs，通过迭代式(2-76)的方程可获得 2D-MLM 在 x_n-y_n 平面的相轨图。取与图 2-15(a)中相同的 SCPs 和 ISs，迭代长度 $n = 10^5$，当参数 k_1 分别取不同的值时，得到的相轨图如图 2-17 所示，忆阻器参数的改变丰富了 2D-MLM 吸引子分形结构。

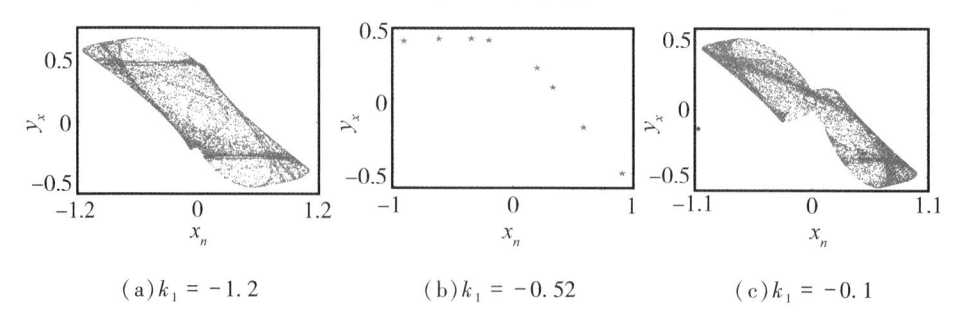

(a) $k_1 = -1.2$　　(b) $k_1 = -0.52$　　(c) $k_1 = -0.1$

图 2-17　2D-MLM 与参数 k_1 相关的相轨图

当系统参数 a 分别在区间 $[0,0.4]$ 和 $[3.5,4]$ 内增加时，2D-MLM 和 1D-LM 的一维分岔图如图 2-18 所示，随着 a 的增加，2D-MLM 可在周期、混沌和超混沌等状态间随机多次切换，最终进入周期性状态。相反，1D-LM 的内部状态则在周期和混沌行为之间反复震荡，并最终进入混沌状态。显然，耦合忆阻器模型的 2D-MLM 可表现出超混沌、混沌和周期行为，而简单的 1D-LM 仅表现出混沌和周期行为。因此，DM 可增强 1D-LM 的动力学行为特征。

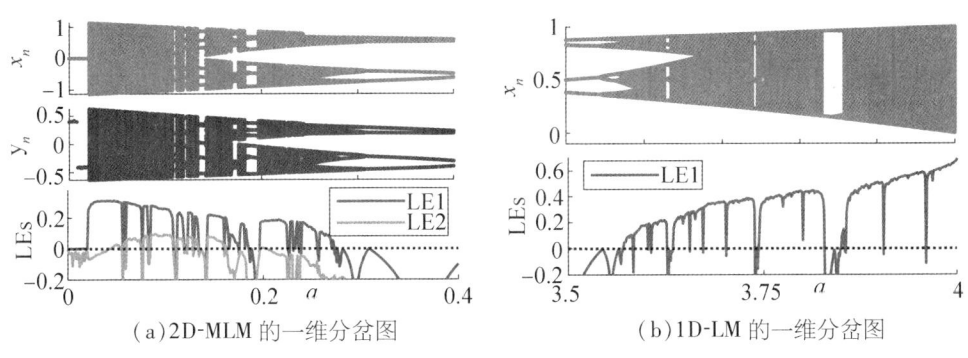

(a) 2D-MLM 的一维分岔图

(b) 1D-LM 的一维分岔图

图 2-18　与参数 a 相关的一维分岔图

2.5.3　基于模运算的混沌模型验证与分析

根据式（2-67），基于 1D-LM 的二维模运算 Logsitic 映射（two-dimensional modular-based logsitic map，2D-MBLM）如下：

$$\begin{cases} x_{n+1} = \mathrm{mol}(a\, x_n(1-x_n) + y_n^3 + 0.1,\ m_1) \\ y_{n+1} = \mathrm{mol}(y_n^2 - b\, y_n + 0.3,\ m_2) \end{cases} \quad (2-75)$$

式中，$x_n \in [0, m_1]$；$y_n \in [0, m_2]$。式（2-77）对应的雅可比矩阵如下：

$$J(n) = \begin{pmatrix} a(1-2x_n) & 3y_n^2 \\ 0 & 2y_n - b \end{pmatrix} \quad (2-76)$$

显然，2D-MBLM 的两个特征根为 $\lambda_1 = a(1-2x_n)$ 和 $\lambda_2 = 2y_n - b$。因此，当参

数 a 和 b 至少满足①$x_n \in [0, m_1]$，$|\lambda_1| > 1$ 或②$y_n \in [0, m_2]$，$|\lambda_2| > 1$ 时，2D-MBLM 处于混沌状态；如果同时满足条件①和②，则 2D-MBLM 处于超混沌状态。

取 $x_0 = y_0 = 0.1$，$m_1 = m_2 = 2$，当 $a \in [1, 5]$，$b = -1$ 时，2D-MBLM 的一维分岔图如图 2-19(a)所示，随着 a 的增加，2D-MBLM 由混沌状态进入超混沌状态。当 $a = 2$，$b \in [-4, 2]$ 时，2D-MBLM 的一维分岔图如图 2-19(b)所示，随着 b 的增加，2D-MBLM 由超混沌状态最终进入周期状态。与图 2-15 和图 2-18 中的一维分岔图相比，2D-MBLM 具有更加连续的混沌区间，其输出序列对参数变化不敏感。

(a) 当 $a \in [1, 5]$，$b = -1$ 时，2D-MBLM 的一维分岔图

(b) 当 $a = 2$，$b \in [-4, 2]$ 时，2D-MBLM 的一维分岔图

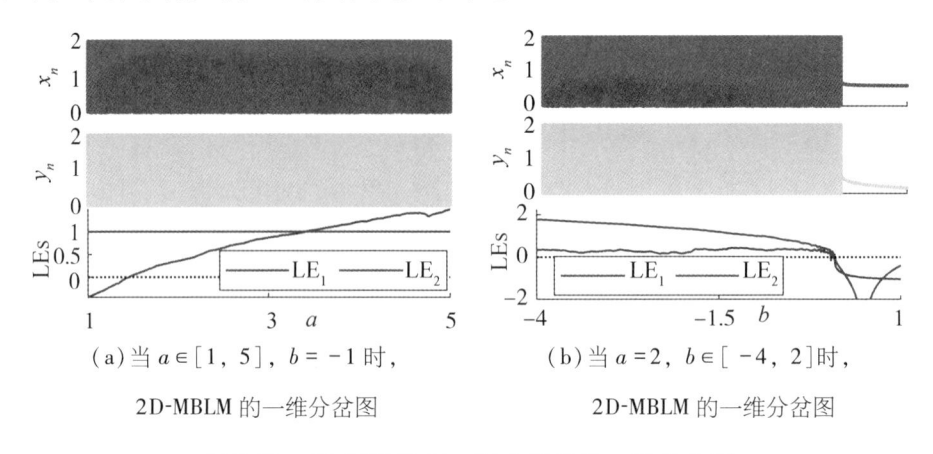

图 2-19 2D-MBLM 与 a 和 b 相关的一维分岔图

在图 2-19 中随机选取两组参数：$(a, b) = (1, -1)$，$(a, b) = (5, -1)$。当迭代 50 000 次时，x_n-y_n 平面的相轨图和波形如图 2-20 所示，对于选取的两组参数，x_n-y_n 的取值都固定在区间 $[0, 2)$，吸引子的分型结构均为矩形。状态变量 x_n 的波形分别如图 2-20(b)和图 2-20(d)所示，可以发现，超混沌下的状态变量随机性更强，时域波形与噪声较为相似，但与 2D-MLM 不同，2D-MBLM 的状态变量具有稳定的幅值区间，这也与前面的理论推导一致。

(a) $(a, b) = (2, -4)$的相轨图

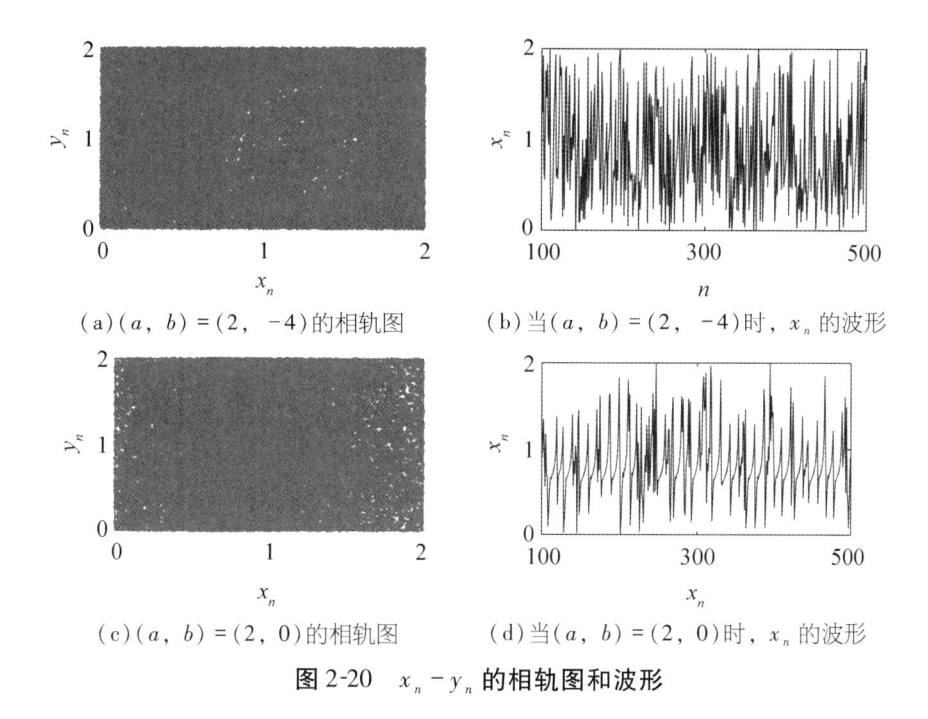

(b) 当$(a, b) = (2, -4)$时，x_n的波形

(c) $(a, b) = (2, 0)$的相轨图

(d) 当$(a, b) = (2, 0)$时，x_n的波形

图 2-20 $x_n - y_n$ 的相轨图和波形

2.6 本章小结

围绕不同测试场景中随机测试信号的共性特征，本章首先建立了随机测试信号的拓扑函数空间，将随机测试信号分解为稳态周期函数、幅度、频率、相位、干扰(偏置干扰、噪声干扰)等五维正交子空间，给出了随机测试信号与 PRNG 的映射关系，将测试信号的随机性转换为 PRNG 的随机性问题，然后给出了两种 DCM 建模方法以实现高随机性能的 PRNG：一是基于离散忆阻器的 DCM 建模方法，首先结合泰勒展开和 ADC 量化建立了 GDMM 及其工作频率搬移方法，然后给出了基于 GDMM 的通用混沌映射模型；二是以混沌系统理论推导为依据，结合模运算的有界性和非线性，给出了基于模运算和三角矩阵的 DCM 建模方法。

在方法验证中，首先，搭建了基于 FPGA 的 GDMM 实验平台，结合工作频率搬移方法，用 500 kHz 的激励信号在 20 MHz 带宽的硬件平台中获得了工作频率为 10 GHz 的磁滞回线，等效工作频率提高 20 000 倍。其次，将已有模型的工作频率拓宽至 20 GHz，且高精度硬件实现。最后，以三阶 GDMM 为例对 1D-LM 进行扩维和性能提升，实验显示，2D-MLM 具有超混沌、混沌、单周期、多周期等丰富动力学行为。而基于模运算的 2D-MBLM 具有稳定连续的动力学行为。因此，笔者提出的两种方法都可以提升混沌性能。这为后续章节的研究奠定了理论基础。

第三章

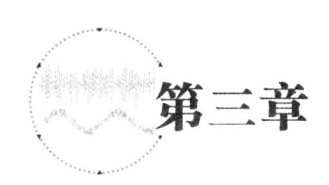

基于三维忆阻 Logistic 映射的随机周期测试信号数字合成方法

3.1 引言

随机周期测试信号已被许多领域使用。如在芯片接口测试中,需要幅度、频率等参数可变的信号来验证器件的电气特性[32];在量子比特控制中,需要不断地切换量子类波形,且对波形的类型和输出时间均有限制[172];在智能电表测试中,需要功率矢量信号在相位、持续时间、频率等多个维度进行随机变化[34]。上述不同场景中的测试信号可都用第二章中的式(2-7)表征。目前,主要通过人工操作或固定算法来产生随机控制参数,并结合 DDS 技术实现式(2-7)中信号的数字合成。然而,随着对更高测试效率和更高故障覆盖率的急迫需求,现有的低随机性、低效率和低精度的随机测试信号合成方法已无法满足测试需求。

针对不同测试场合对随机周期测试信号的共性需求,以第二章建立的随机测试信号模型和 DCM 模型为基本理论,本章开展基于 3D-PMLM 的随机周期测试信号数字合成方法研究。后续主要内容安排如下:第 3.2 节进行三维忆阻 Logistic 映射建模,并分析该模型的动力学行为特征及随机性能；第 3.3 节提出基于和 DDS 的随机周期测试信号合成方法；第 3.4 节对提出的方法进行数值仿真分析和方法硬件验证；第 3.5 节对本章研究内容进行总结。

3.2 三维忆阻 Logistic 映射建模

在本节中，首先建立 3D-PMLM 新模型，然后分析该模型的动力学行为，最后分析输出 PRNs 的随机性能。

3.2.1 并联双忆阻器的三维混沌映射模型

首先，根据第二章 GDMM 模型，给出两个 DM 新模型如下：

$$\begin{cases} i_n = W_1(\varphi_n)u_n = (k_0 + k_1\varphi_n + k_2\varphi_n^2)u_n \\ \varphi_{n+1} = \varphi_n + T_s u_n \end{cases} \quad (3-1)$$

和

$$\begin{cases} i_n = W_2(\varphi_n)u_n = (h_1\varphi_n + h_2\varphi_n^2)u_n \\ \varphi_{n+1} = \varphi_n + T_s u_n \end{cases} \quad (3-2)$$

设置 $\varphi_0 = 0$，$T_s = 1$，$k_0 = -1.2$，$k_1 = -3$，$k_2 = 2$，$h_1 = -2$ 和 $h_2 = 0.5$。当使用离散电压源 $u(n) = A\sin(2\pi fn)$ 施加到忆阻器 $W_1(\cdot)$ 和 $W_2(\cdot)$ 的两端，$W_1(\cdot)$ 和 $W_2(\cdot)$ 的磁滞回线如图 3-1 所示，提出的模型 $W_1(\cdot)$ 和 $W_2(\cdot)$ 满足忆阻器的三个特征[116]。

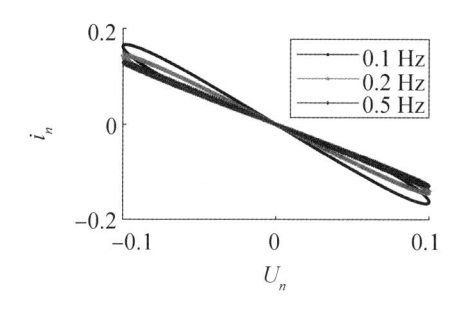

(a) 当 $A=0.1$ V, $f=0.1$ Hz, 0.2 Hz, 0.5 Hz 时, $W_1(\cdot)$ 的磁滞曲线

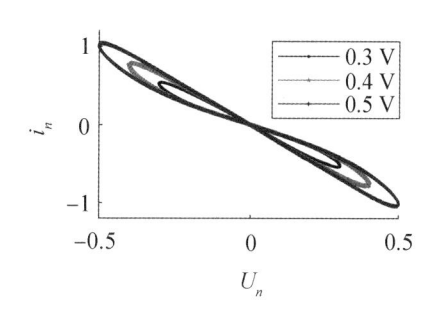

(b) 当 $A=0.3$ V, 0.4 V, 0.5 V, $f=0.2$ Hz 时, $W_1(\cdot)$ 的磁滞曲线

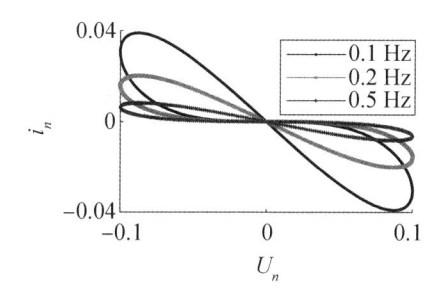

(c) 当 $A=0.1$ V, $f=0.1$ Hz, 0.2 Hz, 0.5 Hz 时, $W_2(\cdot)$ 的磁滞曲线

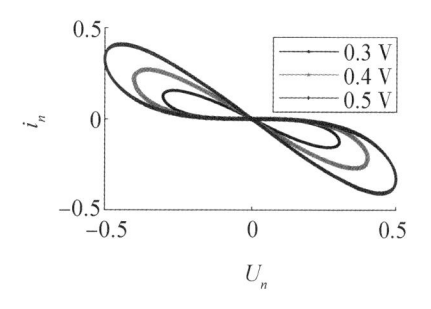

(d) 当 $A=0.3$ V, 0.4 V, 0.5 V, $f=0.22$ Hz 时, $W_2(\cdot)$ 的磁滞曲线

图 3-1 两个 DM 的磁滞回线

为增强 1D-LM 的混沌行为, 当 $T_s=1$ 时, 提出 3D-PMLM 新模型为

$$\begin{cases} x_{n+1} = ax_n(1-x_n) + bx_n(k_0 + k_1 y_n + k_2 y_n^2) + cx_n(h_1 z_n + h_2 z_n^2) \\ y_{n+1} = x_n + y_n \\ z_{n+1} = x_n + z_n \end{cases} \quad (3-3)$$

式中, b 和 c 是两个 DM 与 1D-LM 间的耦合系数。两个非线性 DM 的增加, 导致了 1D-LM 由一维映射变为三维映射, 如式(3-3)所示, 其复杂的数学模型导致了复杂动力学行为的出现。

一个离散系统的稳定性可以通过其不动点进行分析。根据式(2-28)的定义, 3D-PMLM 的不动点 $P=(x^*, y^*, z^*)$ 可通过求解式(3-4)获得

$$\begin{cases} x^* = ax^*(1-x^*) + bx^*(k_0 + k_1 y^* + k_2 y^{*2}) + cx^*(h_1 z^* + h_2 z^{*2}) \\ y^* = x^* + y^* \\ z^* = x^* + z^* \end{cases} \quad (3-4)$$

通过求解式(3-4)中的第 2 个方程和第 3 个方程,可得到 $x^* = 0$, $z^* = \alpha$ 和 $y^* = \beta$。将 $x^* = 0$, $z^* = \alpha$ 和 $y^* = \beta$ 带入式(3-4)的第 1 个方程可得到:0 = 0。因此,3D-PMLM 的不动点是 $P = (0, \alpha, \beta)$,其中 α 和 β 是与两个 DM 初值 φ_0 相关的常数,整个 $y_n - z_n$ 平面都是 3D-PMLM 的不动点。式(3-3)在不动点 P 处的雅可比矩阵为

$$J = \begin{pmatrix} a + b(k_0 + k_1\alpha + k_2\alpha^2) + c(h_1\beta + h_2\beta^2) & 0 & 0 \\ 1 & 1 & 0 \\ 1 & 0 & 1 \end{pmatrix} \quad (3-5)$$

对应的特征方程为

$$|J - \lambda E| = 0 \quad (3-6)$$

求解式(3-6)可得

$$\begin{cases} \lambda_1 = \lambda_2 = 1 \\ \lambda_3 = a + b(k_0 + k_1\alpha + k_2\alpha^2) + c(h_1\beta + h_2\beta^2) \end{cases} \quad (3-7)$$

因 λ_1 和 λ_2 总是在单位圆上,所以 3D-PMLM 的稳定性与 λ_3 相关。则由 λ_3 确定的不稳定区域为

$$a + b(k_0 + k_1\alpha + k_2\alpha^2) + c(h_1\beta + h_2\beta^2) > 1 \quad (3-8)$$

因此,3D-PMLM 的稳定性与其 SCPs 和 ISs 紧密相关。

3.2.2 动力学行为分析

在本节中,利用多种数值计算方法研究 3D-PMLM 的复杂动力学行为和多稳定性。为简化分析,默认 SCPs 取 $a = 0.2$, $b = 0.9$, $c = -0.2$, $k_0 = -1.2$, $k_1 = -3$, $k_2 = 2$, $h_1 = -2$ 和 $h_2 = 0.5$,默认 ISs 取 $(x_0, y_0, z_0) = (0.5, 0.5, 0)$。

3.2.2.1 系统参数相关的分叉行为分析

保持 3D-PMLM 的 ISs 和 k_i 不变,当部分 SCPs 的可调节范围分别为:a

$\in [0.15, 0.55]$ 和 $b \in [0.7, 0.9]$，$b \in [0.7, 0.9]$ 和 $c \in [-0.7, -0.1]$，以及 $a \in [0.15, 0.55]$ 和 $c \in [-0.7, -0.1]$，得到的二维混沌图分别如图 3-2(a)～图 3-2(c) 所示。随着两个 SCPs 的同时变化，3D-PMLM 表现出多种复杂动力学行为，如周期、多周期、混沌、超混沌和无界等行为。也可以发现，图 3-2 中的二维混沌图有效地展示了忆阻器对 3D-PMLM 动力学行为的影响，即 DM 可以进一步增强 1D-LM 的混沌性能和动力学行为。图 3-2(d) 展示了当 $b=0$，$a \in [0, 0.4]$ 和 $c \in [-0.8, 0]$ 时，3D-PMLM 的二维混沌图，对比图 3-2(c)、图 3-2(d) 可以发现，3D-PMLM 具有更加复杂的动力学行为。

(a) $a \in [0.15, 0.55]$，$b \in [0.7, 0.9]$

(b) $b \in [0.7, 0.9]$，$c \in [-0.7, -0.1]$

(c) $a \in [0.15, 0.55]$，$c \in [-0.7, -0.1]$

(d) $b=0$，$a \in [0.15, 0.55]$，$c \in [-0.7, -0.1]$

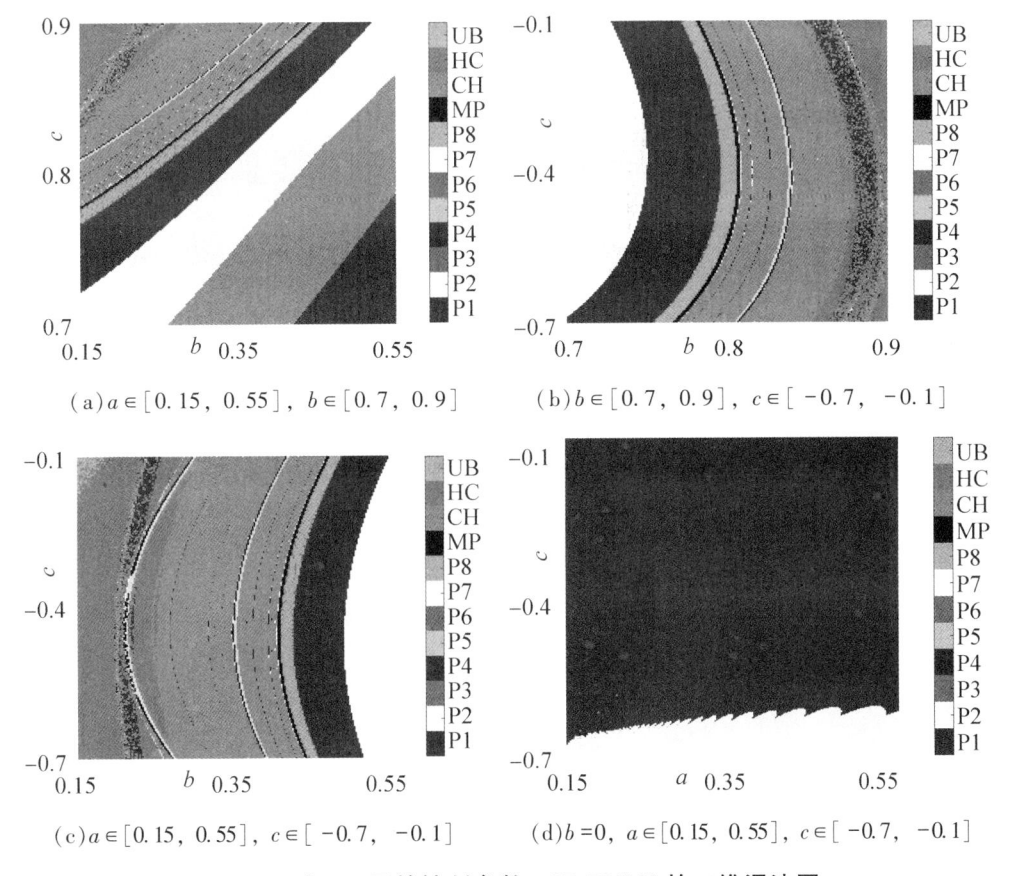

图 3-2　对于不同的控制参数，3D-PMLM 的二维混沌图

在一维分岔图中，首先，分析两个忆阻器耦合系数 b 和 c 对 3D-PMLM

的动力学行为影响。当 $a=0.2$，$c=-0.2$，$b\in[0.7,0.9]$ 时，与参数 b 相关的(上)一维分岔图和对应的 LEs(下)如图 3-3(a)所示，随着控制参数 b 的增加，3D-PMLM 可表现出单周期、2 周期、4 周期、多周期、混沌和超混沌等行为。具体来讲，当 $b\in[0.888,0.9]$ 时，3D-PMLM 处于超混沌状态；当 $b\in[0.8,0.802]\cup[0.804,0.824]\cup[0.829,0.857]\cup[0.859,0.863]$ 时，3D-PMLM 处于混沌状态；当 b 属于其他区域时，3D-PMLM 处于周期状态。当 $a=0.2$，$b=0.9$，$c\in[-0.7,-0.2]$ 时，得到与参数 c 相关的一维分岔图如图 3-3(b)所示，当 $c\in[-0.7,-0.65]\cup[-0.3,-0.1]$ 时，3D-PMLM 处于超混沌状态，在其他区域，3D-PMLM 处于周期状态或混沌状态。

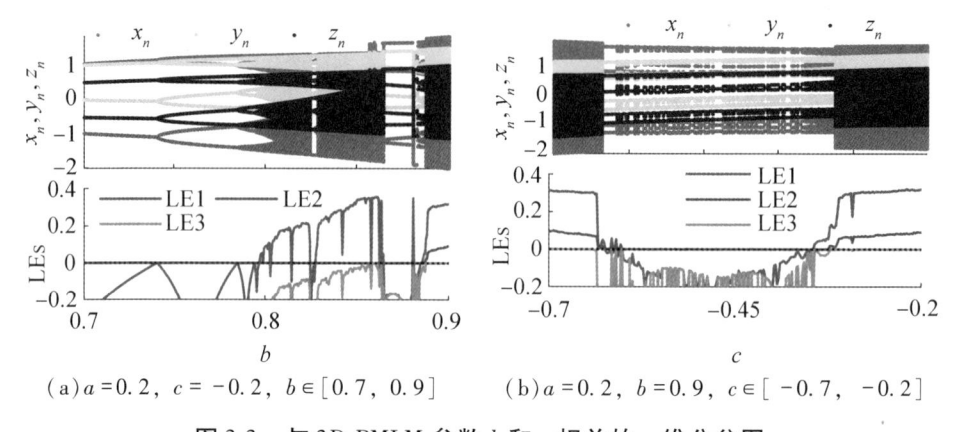

图 3-3 与 3D-PMLM 参数 b 和 c 相关的一维分岔图

其次，为验证忆阻器对 1D-LM 混沌性能的提升，接下来分析与参数 a 相关的动力学行为。在 3D-PMLM 中，取 $a\in[0.15,0.55]$，在 1D-LM 中，当 $x_0=0.1$，$a\in[3.5,4.0]$ 时，得到的一维分岔图如图 3-4 所示，在图 3-4(a)中，随着 a 的增加，3D-PMLM 在周期、混沌和超混沌状态之间多次切换，最终进入周期状态，在图 3-4(b)所示，1D-LM 的状态变量 x_n 仅能在周期和混沌状态之间来回切换，最终进入混沌状态。另外，与图 2-18(a)相比，耦合两个 DM 的 3D-PMLM 具有更多的混沌和超混沌区间。因此，选择适当的参数，耦合忆阻器可提高 1D-LM 的混沌性能。

(a) 当 $b=0.9$, $c=-0.2$, $a\in[0.15, 0.55]$ 时，
3D-PMLM 的一维分岔图

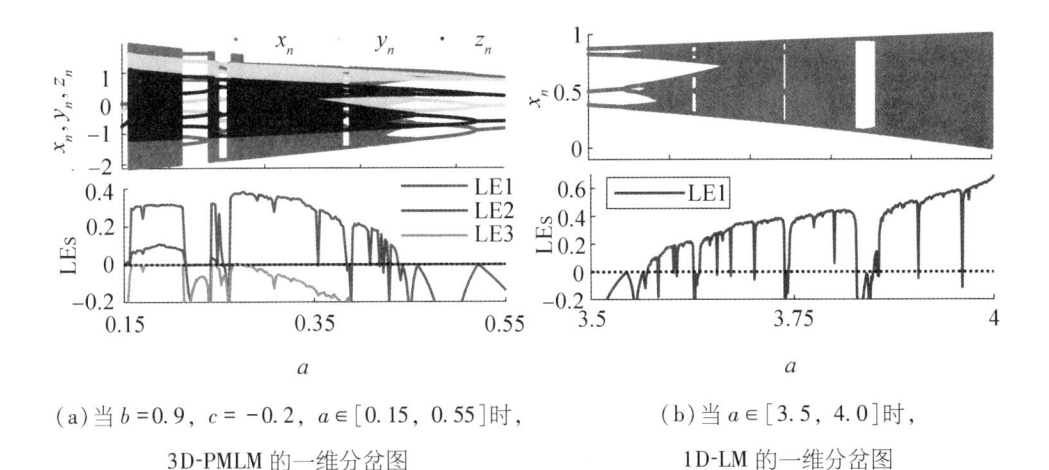

(b) 当 $a\in[3.5, 4.0]$ 时，
1D-LM 的一维分岔图

图 3-4　与参数 a 相关的一维分岔图

3.2.2.2　系统初值相关的多稳定性分析

保持混沌系统参数不变，当仅改变其初始条件时，可以观察到周期、N 周期、准周期、混沌和超混沌等多种稳定状态[173]，这种现象被称为多稳定性。当初值 $z_0\in[-0.1, 1.5]$ 时，将 3D-PMLM 迭代 1e5 次后得到的一维分岔图如图 3-5 所示，随着初值 z_0 的递增，3D-PMLM 可在周期、混沌和超混沌状态间多次切换，并最终进入周期状态，这表明了 3D-PMLM 具有复杂的多稳定性。

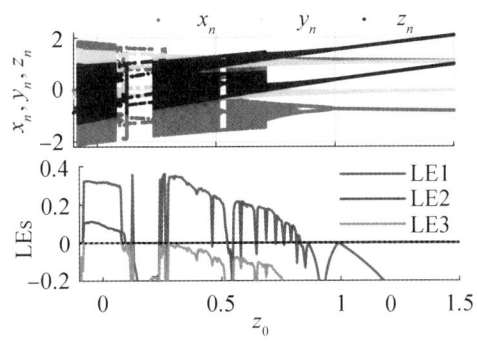

图 3-5　在 3D-PMLM 中，与初值 z_0 相关的一维分岔图

从图 3-5 中随机选择 6 个不同的初值 z_0，在 x_n-y_n 平面得到的相轨图如图 3-6 所示，3D-PMLM 的状态与 z_0 密切相关，随着 z_0 的不同，3D-PMLM 可表现出超混沌、混沌、周期等动力学行为特征。这证明了 3D-PMLM 具有与 z_0 相关的多稳定性。

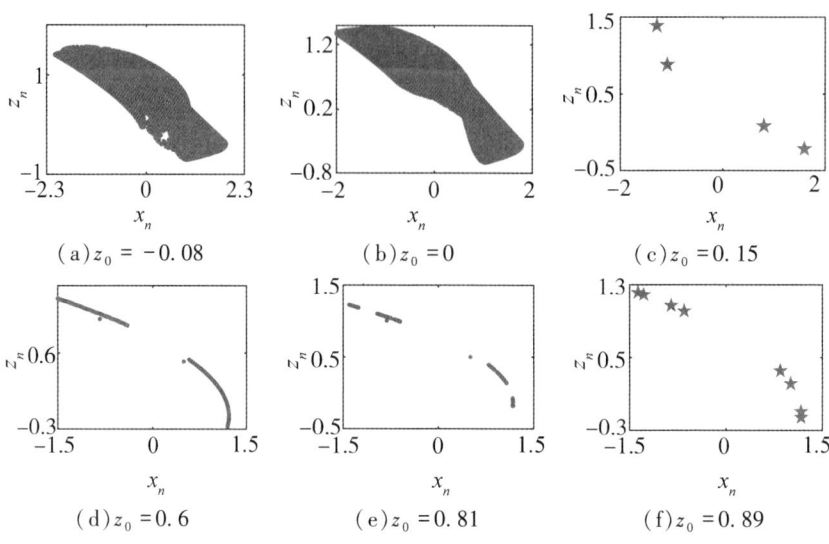

(a) $z_0 = -0.08$ (b) $z_0 = 0$ (c) $z_0 = 0.15$
(d) $z_0 = 0.6$ (e) $z_0 = 0.81$ (f) $z_0 = 0.89$

图 3-6 在 3D-PMLM 中，与初值 z_0 相关的相轨图

根据不同参数 z_0 得到的 LEs 和卡普兰-约克维度（Kaplan-Yorke Dimension, DKY）见表 3-1 所列，其中 DKY 的计算方法为[174]

$$\text{DKY} = j + \frac{1}{|\lambda_{j+1}|} \sum_{i=1}^{j} \lambda_i \quad (3-9)$$

式中，j 是同时满足 $\sum_{i=1}^{j} \lambda_i \geq 0$ 和 $\sum_{i=1}^{j+1} \lambda_i < 0$ 的最大整数，且 $\lambda_1 \geq \lambda_2 \geq \cdots \geq \lambda_j$。

表 3-1 和图 3-6 只是 3D-PMLM 与初值 z_0 相关多稳定性的几个特殊参数。显然，当 z_0 取其他参数时，还可以在 x_n-y_n 平面获得更多奇异吸引子。

表 3-1 根据不同参数 z_0 得到的 LEs 和卡谱兰-约克维度

z_0	吸引子类型	LEs	卡普兰-约克维度
-0.080	超混沌	(0.322, 0.101, 0.000)	3.000
0.000	超混沌	(0.319, 0.093, 0.000)	3.000
0.150	周期 4	(0.000, -0.273, -0.665)	1.000
0.600	混沌	(0.204, 0.000, -0.090)	3.000
0.810	混沌	(0.056, 0.000, -0.251)	2.223
0.890	周期 8	(0.000, -0.086, -0.343)	0.000

3.2.3 随机性能分析

在本节中，首先使用标准测试套件 NIST 和 TestU01 对 3D-PMLM 输出 PRNs 进行随机性能分析，然后对比了 3D-PMLM 与其他模型的熵值、复杂度，最后分析了不同 ISs 输出 PRNs 的相关性。

3.2.3.1 基于测试套件的性能分析

对于 PRNs 随机性能的评估，目前普遍使用的标准测试套件主要有 NIST 和 TestU01[95,108]。NIST 包括 15 个子测试，每个子测试使用不同方法评估二进制序列中的随机性能。当通过率(pass rate，PR)和 P_valueT(PT) 都通过时，则 PRNs 可通过 NIST 测试。当给定样本数量 m 和 α 时，PR 可接受比例的范围如下：

$$\mathrm{PR} \in \left[\hat{p} - 3\sqrt{\frac{\hat{p}(1-\hat{p})}{m}}, \hat{p} + 3\sqrt{\frac{\hat{p}(1-\hat{p})}{m}} \right] \quad (3-10)$$

式中，$\hat{p} = 1 - \alpha$。例如，当 $m = 1000$ 和 $\alpha = 0.01$ 时，PR $\in$ [0.980 56, 0.999 44]。PT > 0.01 意味着序列通过测试，且 PT 越大，PRNs 的随机性越强。此外，NIST 测试只接收 0-1 序列。因此，首先将 3D-PMLM 的输出序列 x_n 转换为 0-1 序列，其转换公式如下：

$$x_{n\_new} = \mathrm{mod}(\lfloor (x_n + 3) \cdot 10^{10} \rfloor, 2^{16}) \quad (3-11)$$

式中，$\mathrm{mod}(m, n)$ 表示对 m 进行模 n 运算；$\lfloor n \rfloor$ 表示对变量 n 进行向下取整运算。迭代 4e8 次后，区间 [1e8, 4e8] 的序列根据式 (3-11) 被转化为 4.8e9 位的 0-1 序列。从式 (3-4) 中可以看出，序列 y_n 和 z_n 只是相差常数 $|y_0 - z_0|$，所以仅对序列 x_n 和 y_n 进行测试。在 NIST 测试中，相关参数配置如下[175]：比特长度为 1e6，样本数为 1000，ASCII 编码格式，组内频数测试的块长度为 128，非重叠模板匹配测试的块长度为 9，重叠模板匹配测试的块长度为 9，近似熵测试的块长度为 10，串行测试的块长度为 16，线性复杂度测试分块长度为 500。当两组参数分别与图 3-6(a)、图 3-6(b)

相同时，得到的 NIST 测试结果见表 3-2 所列，其中标记星号("＊")的非重叠模块匹配、随机游动和随机游动状态频数分别由 148、8 和 18 个子测试项目组成，每个测试子项目都通过了阈值，表 3-2 中仅显示了平均值，所有的子测试项目都通过了最小阈值，这表明 3D-PMLM 输出 PRNs 可通过 NIST 测试。

表 3-2　3D-PMLM 输出序列 NIST 测试结果

序号	测试内容	参数 1 的 x_n PR	参数 1 的 x_n PT	参数 1 的 y_n PR	参数 1 的 y_n PT	参数 2 的 x_n PR	参数 2 的 x_n PT	参数 2 的 y_n PR	参数 2 的 y_n PT
1	单比特频数	0.989	0.330	0.994	0.807	0.994	0.597	0.994	0.145
2	块内频数	0.991	0.510	0.994	0.737	0.996	0.396	0.988	0.677
3	累加和(F)	0.989	0.445	0.996	0.981	0.993	0.697	0.991	0.291
3	累加和(R)	0.989	0.195	0.994	0.985	0.993	0.606	0.994	0.310
4	游程	0.993	0.149	0.993	0.104	0.988	0.856	0.989	0.483
5	块内最长游程	0.991	0.189	0.989	0.570	0.991	0.419	0.989	0.652
6	二元矩阵秩	0.990	0.068	0.989	0.944	0.989	0.976	0.993	0.016
7	离散傅里叶变换	0.991	0.654	0.995	0.018	0.982	0.392	0.985	0.204
8	非重叠模块匹配＊	0.990	0.467	0.990	0.505	0.990	0.495	0.990	0.521
9	重叠模块匹配	0.989	0.234	0.991	0.054	0.982	0.064	0.990	0.098
10	Maurer 的通用统计	0.989	0.268	0.991	0.554	0.990	0.608	0.987	0.542
11	近似熵	0.986	0.766	0.999	0.715	0.991	0.550	0.990	0.520
12	随机游动＊	0.988	0.536	0.986	0.488	0.988	0.856	0.989	0.483
13	随机游动状态频数＊	0.992	0.542	0.990	0.650	0.989	0.976	0.993	0.016
14	序列(1st subtest)	0.994	0.382	0.989	0.256	0.987	0.050	0.988	0.620
14	序列(2nd subtest)	0.990	0.917	0.990	0.286	0.992	0.641	0.992	0.443
15	线性复杂度	0.993	0.871	0.989	0.910	0.992	0.319	0.991	0.341

TestU01 是一个比 NIST 更为严格的测试套件，一些序列可能很容易满

足 NIST 的测试要求，但不一定能满足 TestU01 的测试要求[95]。TestU01 主要包括 6 个测试套件，其中测试套件 SmallCrush、Crush、BigCrush 用于对 [0，1) 区间的浮点数进行测试，测试套件 Rabbit，Alphabit 和 BlockAlphabit 用于对 32 位二进制数进行测试。此外，TestU01 测试对其他测试方法也具有良好的兼容性，如 PseudoDIEHAR 套件与 DIEHARD 中的大多数测试项目是相似的，FIPS-140-2 套件实现了 NIST FIPS-140-2 中的 Monobit 测试、poker 测试、运行测试、块内最长运行时间等四项测试。使用 TestU01 的测试结果见表 3-3 所列，对于测试标准更严格（$\alpha = 0.001$）和更大测试数据量（最大约 10.6 TB）的测试，3D-PMLM 产生的 PRNs 也可通过所有测试项目。另外，在 TestU01 测试中，PRNs 的转换公式为

$$x_{n\_new} = \text{mol}((x_n + 4) \cdot 10^{10}, 2^{16}) \quad (3-12)$$

式中，x_n 为 3D-PMLM 的状态变量；x_{n_new} 为输入 TestU01 测试套件的序列。

表 3-3　3D-PMLM 输出序列的 TestU01 测试结果

测试套件	数据容量	测试项目	测试结果
SmallCrush	6.8 Gb	15	通过
Crush	1008.7 Gb	144	通过
BigCrush	10.4 Tb	160	通过
Alphabit	8.4 Gb	17	通过
BlockAlphabit	50.3 Gb	17	通过
Rabbit	20.8 Gb	40	通过
PseudoDIEHARD	5.9 Gb	126	通过
FIPS-140-2	18.6 Kb	16	通过

综上所述，3D-PMLM 产生的 PRNs 具有突出的随机性能。

3.2.3.2　与已有模型的性能比较

为了比较不同混沌模型的随机性能，将 3D-PMLM 与五个已有映射在香农熵、样本熵、频谱熵、排列熵、关联维度和卡普兰-约克维度等指标进行对比。当每个模型迭代 105 次后，得到的性能测试指标见表 3-4 所列，其中黑色加粗数字为该列最好性能指标，数值越大，意味着随机性能越好。

表 3-4 3D-PMLM 与已有离散映射的性能对比

模型	香农熵	样本熵	频谱熵	排列熵	关联维度	卡普兰-约克维度
1D-LM	9.538	0.553	0.413	3.151	0.940	1.000
2D-DMLM[146]	9.889	0.931	0.844	3.864	1.518	2.000
2D-MLM[100]	9.755	**1.265**	**0.872**	3.558	1.522	2.000
3D-MLM[171]	9.908	0.824	0.743	3.444	**1.793**	2.544
3D-MHM[99]	9.861	0.718	0.493	3.241	1.742	2.248
3D-PMLM	**9.923**	1.003	0.854	**3.903**	1.599	**3.000**

在表 3-4 中，五个已有映射的参数分别设置如下：在 1D-LM 中，设置 $a = 3.8$，$x_0 = 0.1$；在二维离散忆阻耦合 Logistic 模型（two-dimensional discrete memristor coupled-logistic model，2D-DMLM）[146]中，设置 $\mu = 0.2$，$R_1 = -2$，$R_2 = 1$，$k = 1.99$，$(x_0, y_0) = (0.3, 0.2)$；在 2D-MLM[100]中，设置 $\mu = 0.1$，$a = -1$，$b = 1$，$k = 1.87$，$(x_0, y_0) = (0.5, 0.5)$；在 3D-MLM[171]中，设置 $a = 0.6$，$b = -0.1$，$k = 1.9$，$(x_0, y_0, z_0) = (0, 0, 0)$；在 3D-MHM[99]中，$a = 0.3$，$b = 0.1$，$k = 1.55$，$(x_0, y_0, z_0) = (0.5, 0.5, 0.1)$。从表 3-4 中的测试结果可以发现，与只耦合一个 DM 的 1D-LM（如 2D-DMLM、2D-MLM）相比，3D-PMLM 在香农熵、排列熵、关联维度和卡普兰-约克维度四个指标上具有优势，而与所有耦合 DM 的映射相比，3D-PMLM 在香农熵、排列熵和卡普兰-约克维度具有更大数值。因此，综合对比，3D-PMLM 的随机性能更好。

3.2.3.3 序列间的相关性分析

序列 x_n 和 y_n 间的相关性可用相关系数（correlation coefficient，CC）进行分析。CC 的定义如下：

$$CC = \frac{\sum_{i=1}^{M}\sum_{j=1}^{N}\{[x_i - E(x_n)] \cdot [y_j - E(y_n)]\}}{MN\sqrt{D(x_n) \cdot D(y_n)}} \quad (3-13)$$

式中，$E(x_n)$ 和 $D(x_n)$ 是序列 x_n 的均值和方差；$CC \in [-1, 1]$，CC 的绝

对值越大，序列 x_n 和 y_n 之间的相关性越大。若 CC 大于 0，表示 x_n 和 y_n 为正相关，反之，为负相关。使用默认的 SCPs，当 ISs 分别取 $(x_0, y_0, z_0) = (0.5, 0.5, -0.08)$ 和 $(x_0, y_0, z_0) = (0.5, 0.5, 0)$ 时，3D-PMLM 输出 PRNs 的相关性分析见表 3-5 所列，四组序列之间的互相关系数均非常接近 0，对应的 PT 也全部大于 0.05，这表明不同序列间具有弱关联性。

表 3-5　四组控制参数序列的相关性分析结果

序列	(x_{n1}, x_{y1})	(x_{n1}, x_{n2})	(x_{n1}, x_{y2})	(y_{n1}, x_{n2})	(y_{n1}, y_{n2})	(x_{n2}, y_{n2})
CC	-6e-3	-2.6e-3	-3.2e-3	-1.1e-3	-5.1e-3	-1.38e-2
PT	0.4396	0.7421	0.6795	0.8913	0.5169	0.078

3.3　基于 DDS 的随机周期测试信号合成方法

当前，基于 DDS 技术是合成测试信号的主要方法。如图 3-7 所示，DDS 主要由锁相环、相位累加器、波形存储器、DAC、低通滤波器和幅度控制等模块组成。在系统时钟 f_{sys} 的驱动下，M 位的相位累加器每个系统时钟自加 K_f，累加器的输出与初始相位控制字 K_{p0} 相加后作为波形存储器的读地址（取最高 N 位），波形存储器每 1 个时钟输出 1 个波形数据 D_w，D_w 直接送入 DAC 中，并转换为模拟信号输出。DAC 后端的低通滤波器用于滤除各类谐波分量，幅度控制模块用于对信号进行幅度变换。

输出频率 f_{out} 与 K_f 之间的关系为

$$K_f = \left\lfloor \frac{f_{\text{out}}}{f_{\text{sys}}} \cdot 2^M \right\rfloor \tag{3-14}$$

根据奈奎斯特采样定理，有 $2f_{\text{out}} \leq f_{\text{sys}}$。因此，在式 (3-14) 中，有 $K_f \in [0, 2^{M-1}]$。波形存储器的读地址 Raddr 为

$$\text{Raddr} = \text{dec2bin}\left(\sum_{i=0}^{\infty}(K_f + K_{p0})\right)[M: M-N+1] \qquad (3-15)$$

式中，dec2bin(x)表示将十进制数 x 转为二进制数 x；$K_{p0} = \left\lfloor \dfrac{\theta_0}{2\pi} \cdot 2^M \right\rfloor$ 分别控制 K_f 和 K_{p0}，即可改变信号的频率和起始相位，更新波形存储器中的波形数据，即可产生不同类型的周期测试信号。

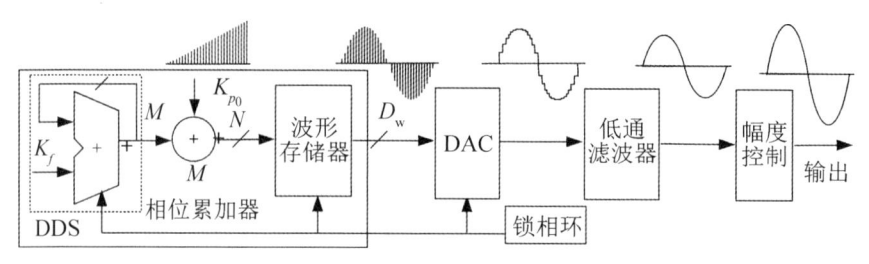

图 3-7 DDS 原理框图

结合式(2-9)，波形存储器的随机频率控制字 $K_{f\text{new}}$ 可表示为

$$\begin{aligned} K_{f\text{new}} &= \left\lfloor \frac{f_s + \dfrac{k_2 u_2(t)}{2\pi}}{f_{\text{sys}}} \cdot 2^M \right\rfloor \\ &\approx \left\lfloor \frac{f_s}{f_{\text{sys}}} \cdot 2^M \right\rfloor + \left\lfloor \frac{k_2 u_2(t)}{2\pi f_{\text{sys}}} \cdot 2^M \right\rfloor \\ &= K_{f0} + K_{f1} \end{aligned} \qquad (3-16)$$

式中，K_{f0} 为初始频率控制字；K_{f1} 为随机频率控制字，$K_{f1} \in B_{h2}(t)$。结合式(2-11)，可得直接寻址波形存储器的随机相位控制字 $K_{p\text{new}}$ 为

$$K_{p\text{new}} = K_{p0} + \lfloor (k_3 u_3(t) \% 2\pi) \cdot 2^M \rfloor = K_{p0} + K_{sp} \qquad (3-17)$$

特别地，当 $K_{p0} = 0$ 时，有 $K_{p\text{new}} = K_{sp}$。

图 3-8 是基于 DDS 的随机周期测试信号合成架构，其中 DDS 模块用于产生周期测试信号，随机数产生模块用于产生随机控制参数，DAC 用于实现模拟信号输出，计算机用于发送 3D-PMLM 的 SCPs 和 ISs。结合波形存储器的地址位宽，其读地址 Raddr1 可进一步表示为

$$\text{Raddr1} = \text{dec2bin}\left(\sum_{i=0}^{\infty}(K_{f\text{new}} + K_{p\text{new}})\right)[M: M-N+1] \qquad (3-18)$$

式中，$K_{p1} \in B_{h4}(t)$，则 $f_{out} = \dfrac{K_{f0}+K_{f1}}{2^M} \cdot f_{sys}$。图 3-8 中加法器 Ad1 实现式(3-16)，加法器 Ad2 实现式(3-17)，加法器 Ad3 用于实现偏置调控，乘法器 Mu1 用于幅度调控，乘法器 Mu2 用于实现归一化。因此，DAC 的输入为

$$\text{Din} = \left\lfloor \dfrac{D_w K_a + K_b}{K_d} \cdot (2^{N_b}-1) \right\rfloor \qquad (3-19)$$

式中，$K_a \in B_{h1}(t)$；$K_b \in B_{h4}(t)$；$K_d = \max(K_a) + \max(K_b)$；$N_b$ 是 DAC 的分辨率。

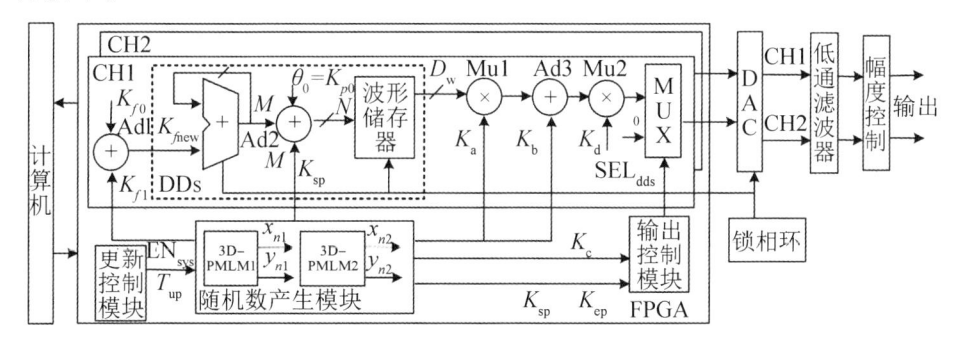

图 3-8 基于 DDS 的随机周期测试信号合成架构

综上所述，如图 3-8 所示，当使用 3D-PMLM 产生的 PRNs 分别作为 DDS 的频率控制字(K_{f1})、相位控制字(K_{sp})、幅度控制字(K_a)、偏置控制字(K_b)，即可实现频率、起始相位、幅度、偏置等波形参数随机调控，且根据式(3-16)～式(3-19)，控制参数 K_{f1}、K_{sp}、K_a 和 K_b 的取值范围，即可实现输出信号在指定范围内随机变化。

另外，通过随机数还可以产生不同总周期数(total number of periods，TNP)的测试信号。设 K_c 为周期信号的随机循环次数，K_{sp} 为随机结束相位控制字，则 TNP 可表示为

$$\text{TNP} = \begin{cases} K_c + \dfrac{K_{ep}-K_{sp}}{2^{2^M}}, & K_{ep} > K_{sp} \\ K_c + \dfrac{2^M + K_{sp} - K_{ep}}{2^M}, & \text{其他} \end{cases} \qquad (3-20)$$

式(3-20)表明随机控制参数 K_c 和 K_{sp} 共同决定了随机周期测试信号的持续时间。

图 3-8 中输出控制模块和选择器共同实现式(3-20),输出控制模块的原理框图如图 3-9(a)所示,整数计数器模块从 K_{sp} 开始统计 Raddr1 循环的次数,当计数到 K_c 时,小数计数模块根据式(3-20)中的两种情况判断选择器输出零电平的时间。从图 3-13(a)中可以看到,3D-PMLM 每次迭代需要固定的时钟周期,因此,为了准确地产生指定参数的随机周期测试信号,信号发生器内部各模块应按照图 3-9(b)中的时序工作,其中 t_2 是 3D-PMLM 的迭代时间,t_3 和 t_4 分别是 DDS 产生整数倍和小数倍波形的持续时间,t_5 是随机周期测试信号的持续时间,t_6 是信号发生器输出 0 V 直流信号的空闲时间,t_7 是预留空闲时间(可以为零)。各时间应满足如下约束关系:

$$\begin{cases} t_5 = t_3 + t_4 = T_{mp} \cdot \text{TNP} \\ t_5 + t_6 \leqslant T_{mp} \cdot 2^{N_c} \\ t_1 = t_2 + t_5 + t_6 + t_7 \\ t_1 \leqslant T_{up}, \ t_7 \geqslant 0 \end{cases} \quad (3-21)$$

式中,T_{mp} 是根据 K_{fnew} 计算的最大周期;N_c 是 K_c 对应的二进制位宽;T_{up} 是随机测试信号更新时间;$T_{up} = t_1$ 是最小更新周期。

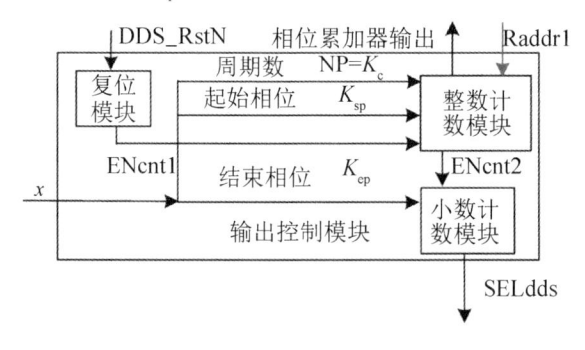

(a) 原理框图

(b)时序图

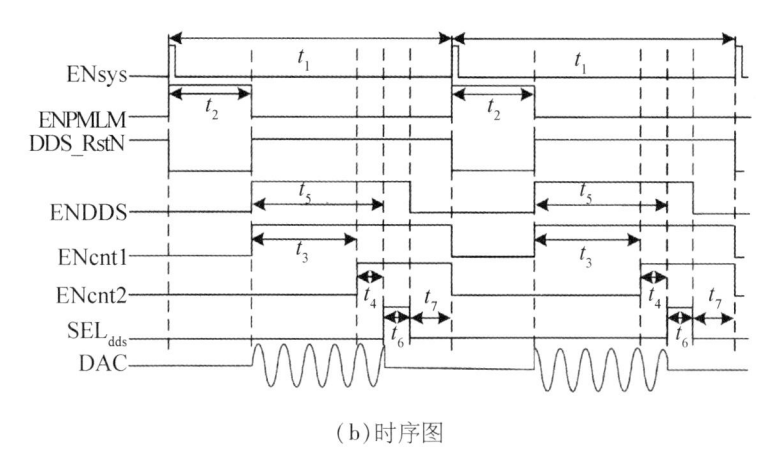

图 3-9　输出控制模块原理与时序

3.4　方法验证与分析

本节首先对随机周期测试信号合成方法进行数值仿真，然后设计硬件实验平台，在该硬件平台上实现了 3D-PMLM，并分析实验结果，最后在硬件上验证了随机周期测试信号的数字合成方法。

3.4.1　数值仿真与分析

在图 3-8 中，取 $M=32$，$N=10$，$f_{sys}=100$ MHz，K_a 和 K_b 为 32 位有符号定点数（3 位整数和 28 位小数），$K_{f0}=42\,949\,673$（$f_{out}=1$ MHz），$K_{sp}=0$，$SEL_{dds}=0$。CH1 和 CH2 的四组控制参数见表 3-6 所列，根据式（3-16）～式（3-19）合成随机周期测试信号的随机区间：信号周期为 7.19～1000 ns，相位为 0～360°，幅度和偏置为 -8～8 V。

使用表 3-8 中的 PRNs 作为表 3-6 中的控制参数，图 3-10 展示了根据第一组控制参数和 $T_{up}=10$ us（$f_{out}=1$ MHz）的数值仿真结果，在每个更新周期内，因控制参数不变，随机周期测试信号与周期信号一样，具有短时平稳性。因 PRNs 的不确定变化，不同更新周期和不同通道的波形在频率、起始相位、结束相位、幅度、偏置、持续时间等维度都随机变化。

表 3-6 随机测试信号的随机控制参数

参数	通道	K_{fl}	K_{sp}	K_a	K_b	K_c	K_{ep}
第一组	CH1	$x_{n1}[35:12]$	$y_{n1}[47:16]$	$x_{n2}[47:16]$	$y_{n2}[47:16]$	$x_{n1}[31:29]$	$x_{n1}[31:0]$
	CH2	$x_{n1}[39:16]$	$y_{n1}[31:0]$	$x_{n2}[39:8]$	$y_{n2}[39:8]$	$y_{n1}[31:29]$	$y_{n1}[47:16]$
第二组	CH1	0	$x_{n1}[63:32]$	1	0	$x_{n1}[31:29]$	$x_{n1}[31:0]$
	CH2	0	$y_{n1}[63:32]$	1	0	$y_{n1}[31:29]$	$y_{n1}[31:0]$

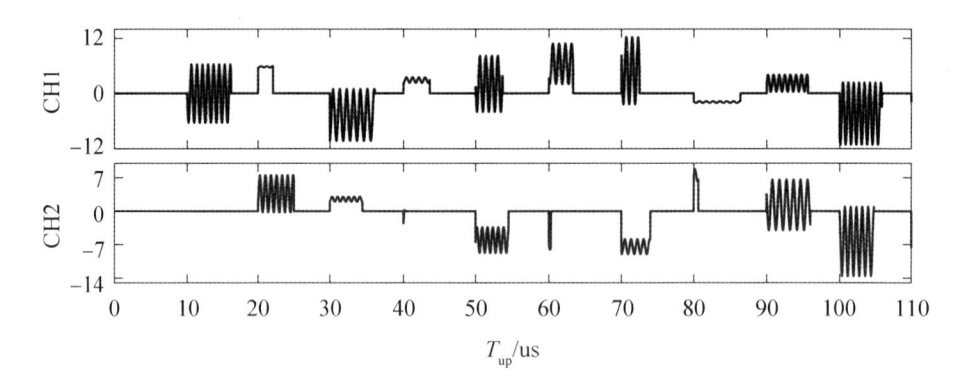

图 3-10 当 $T_{up} = 10$ us 时，表 3-6 中第一组控制参数的数值仿真结果

当用表 3-6 中第二组控制参数时，结合式（3-20），则 CH1 和 CH2 的相位控制参数和 TNP 见表 3-7 所列，3D-PMLM 产生的 PRNs 导致了 TNP 随机变化。

表 3-7 CH1 和 CH2 的相位控制参数和 TNP

序号	CH1				CH2			
	K_c	K_{sp}	K_{ep}	TNP	K_c	K_{sp}	K_{ep}	TNP
1	7	bfee147a	e147ae15	7.130	0	3ff00000	00000000	0.750
2	2	3ff54fca	42aed13a	2.011	7	3faeb851	eb851eb0	7.671
3	6	bfffe8d2	d407b287	6.078	6	3ff6458c	d20afa30	6.571

续表

序号	CH1				CH2			
	K_c	K_{sp}	K_{ep}	TNP	K_c	K_{sp}	K_{ep}	TNP
4	4	3fee4916	80f91994	4.254	0	bfe3468c	03f970ae	0.266
5	4	3fe39df9	8a7eae3a	4.291	7	3fd60514	f9ff51cc	7.727
6	3	bff17dd6	798c7ec2	3.725	0	3feea084	077e5720	0.780
7	3	3ff91869	7afac20b	3.230	5	bfc16ca3	ae6a9990	5.932
8	6	bffb4be2	c0b8726d	6.003	0	3ff6ead5	052d6ed9	0.770
9	7	3fe7531c	e280eb16	7.635	7	bfd18436	ee2c0e50	7.181
10	7	bfd8518c	f483cbe9	7.206	6	3fdd2202	d6d5c7dc	6.590

图 3-11 展示了在 $T_{up}=10$ us($f_{out}=1$ MHz) 和 $T_{up}=200$ ms($f_{out}=50$ Hz) 时的仿真波形，CH1 和 CH2 中随机周期测试信号总周期数与表 3-7 相符，不同更新时间和信号频率导致了随机周期测试信号具有不同的持续时间。此外，也可以发现，当某个维度的随机控制参数不变时，合成的随机周期测试信号在该维度具有稳定的参数特征。例如，在表 3-6 中，因为具有相同的循环次数，所以在图 3-10 和图 3-11 三次数值实验中，随机周期测试信号具有相同的波形周期数。

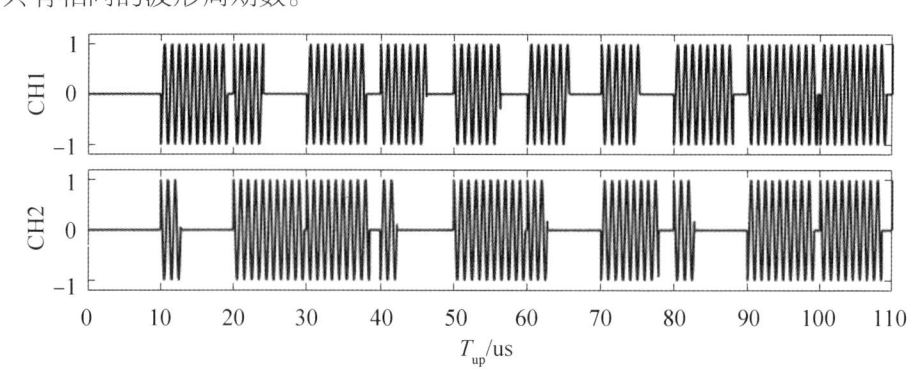

(a) $T_{up}=10$ us($f_{out}=1$ MHz)，CH1 和 CH2 的随机测试信号

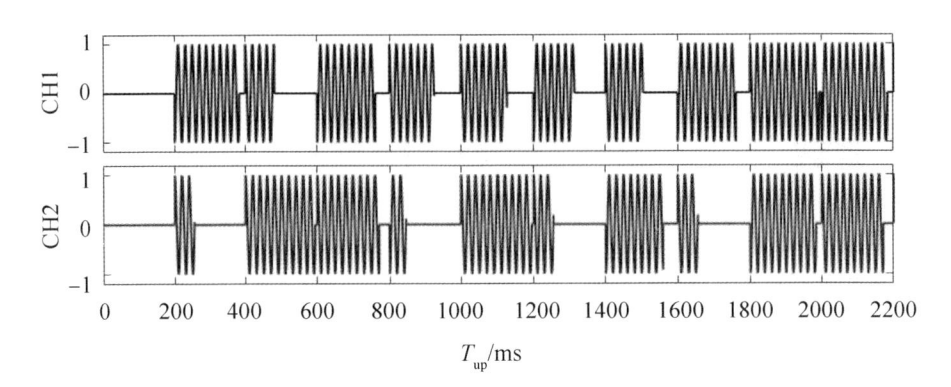

(b) $T_{up} = 200$ ms ($f_{out} = 50$ Hz)，CH1 和 CH2 的随机测试信号

图 3-11 表 3-6 中第二组控制参数的数值仿真结果

综上所述，根据式(3-18)、式(3-19)、式(3-21)，当输出波形的控制参数 K_{fl}，K_{sp}，K_a，K_b，K_c，K_{ep} 均是随机数时，即可控制输出信号在频率、起始相位、结束相位、幅度、偏置、持续时间等维度随机变化，且信号随机变化区间由随机控制参数决定。当波形存储器中的波形类型可变时，还可进一步丰富随机周期测试信号的类型。

3.4.2 三维混沌映射的硬件验证

3D-PMLM 是一个与时间弱相关的离散系统，非常适合在 ARM、DSP、FPGA、CPU 等平台实现，因 FPGA 具有速度快、易编程、功耗低等优势，本书选用 FPGA 作为 3D-PMLM 的硬件验证平台。为了节省 FPGA 内部有限的逻辑资源并提高计算速度，首先对提出的 3D-PMLM 进行优化设计，优化后的模型如下：

$$\begin{cases} x_{n+1} = x_n(g_0 - ax_n) + x_n(g_1 y_n + g_2 y_n^2) + x_n(g_3 z_n + g_4 z_n^2) \\ y_{n+1} = x_n + y_n \\ z_{n+1} = x_n + z_n \end{cases} \quad (3-22)$$

式中，$g_0 = a + bk_0$；$g_1 = bk_1$；$g_2 = bk_2$；$g_3 = ch_1$；$g_4 = ch_2$。使用 FPGA 内部的数学运算 IP 核，式(3-22)中的 3 个方程并行计算的 RTL 框图如

图 3-12(a)所示。由 FPGA 板卡(图 2-11)、DAC 模块(2 通道、100 MSa/s, 14 位)、数字示波器(5 GSa/s, 8 位)、带 PCIe 接口的计算机和直流电压源等设备组成的硬件实验平台如图 3-12(b)所示，其中 FPGA 板卡用于实现 3D-PMLM 和数字合成随机周期测试信号，DAC 用于实现模拟输出，计算机用于发送式(3-22)中的参数 $g_0 \sim g_4$ 和初值 (x_0, y_0, z_0)。

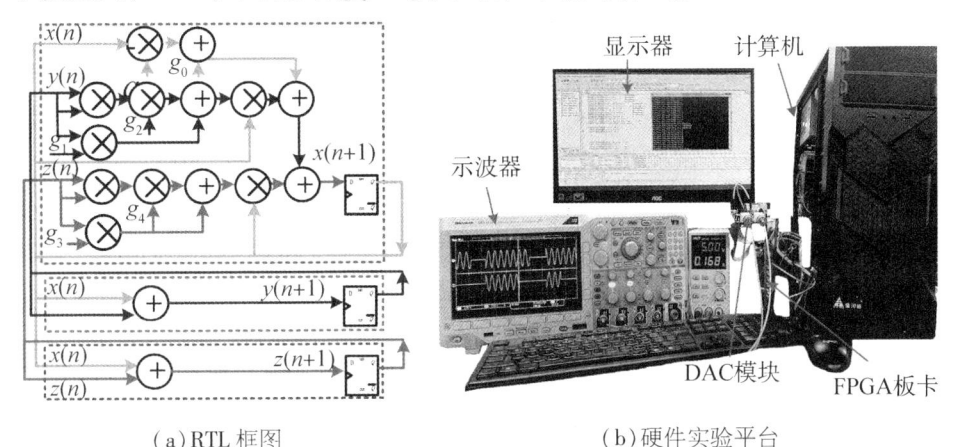

(a) RTL 框图　　　　　　　(b) 硬件实验平台

图 3-12　3D-PMLM 的硬件实现

固定 FPGA 系统的时钟为 100 MHz，系统通电后，计算机发送与图 3-6(a)相同的 SCPs 和 ISs，得到的实验结果如图 3-13 所示。图 3-13(a)显示了序列 x_n(CH1)和 y_n(CH2)的时域波形，测量结果显示序列的更新周期约 1.38 us(138 个时钟周期)，当设置时基为 40 us/div 时，序列 x_n 和 y_n 的时域波形分别如图 3-13(b)所示，两组序列均在有界的范围内随机变化，时域波形与噪声类似。

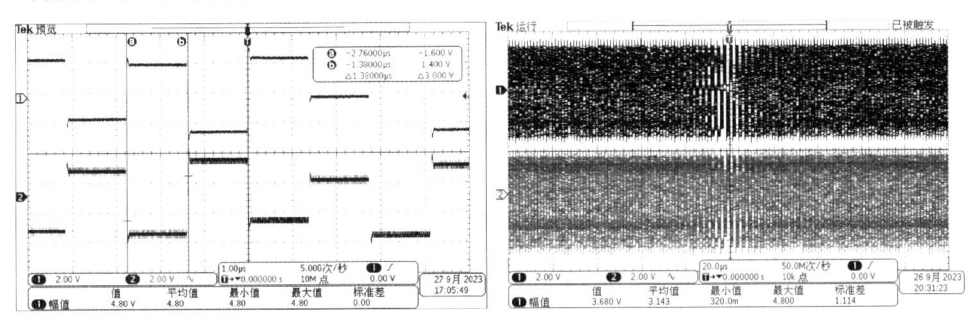

(a) FPGA 更新周期　　　　　(b) 序列 x_n(CH1)和 y_n(CH2)的时域波形

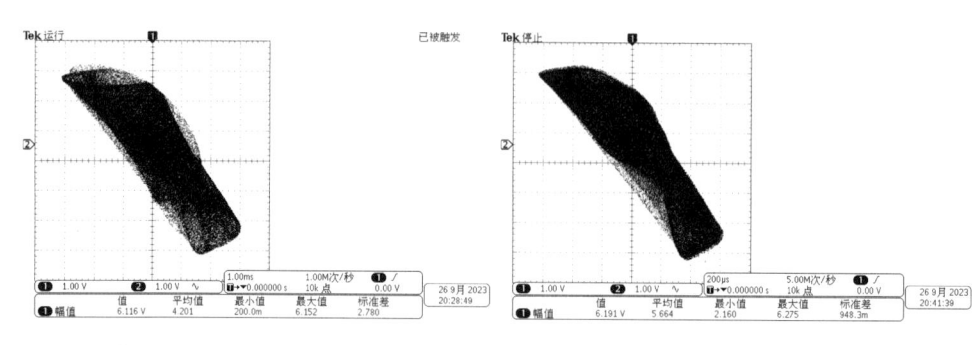

(c) 当 $z_0 = -0.08$ 时，示波器捕获的 x_n-y_n 平面吸引子

(d) 当从 $0 = 0$ 时，示波器捕获的 z_n-y_n 平面吸引子

图 3-13 3D-PMLM 的硬件实现

当通过上位机配置 ISs 分别为 $(x_0, y_0, z_0) = (0.5, 0.5, -0.08)$ 和 $(x_0, y_0, z_0) = (0.5, 0.5, 0)$ 时，输出序列在 x_n-y_n 平面的吸引子如图 3-13(c)、图 3-13(d) 所示。表 3-8 中记录了 3D-PMLM 根据不同价值产生的十六进制 PRNs，3D-PMLM 与初值相关的多稳定性导致了不同的吸引子分形结构和不同的迭代序列。

表 3-8 3D-PMLM 根据不同初值产生的十六进制 PRNs

序号	$(x_0, y_0, z_0) = (0.5, 0.5, 0)$		$(x_0, y_0, z_0) = (0.5, 0.5, -0.08)$	
	x_{n1}	y_{n1}	x_{n2}	y_{n2}
1	bfee147ae147ae15	3ff0000000000000	bfee9a2c669057d2	3ff0000000000000
2	3ff54fca42aed13a	3faeb851eb851eb0	3ff6023e57d94cba	3fa65d3996fa82e0
3	bfffe8d2d407b287	3ff6458cd20afa30	c000a6084d8ed07c	3ff6b528249120d1
4	3fee491680f91994	bfe3468c03f970ae	3feaf63887950fee	bfe52dd0ed19004e
5	3fe39df98a7eae3a	3fd60514f9ff51cc	3fe79e2b2caf4217	3fc7219e69f03e80
6	bff17dd6798c7ec2	3feea084077e5720	bff346eb7ba70a80	3fed6692c72b51b7
7	3ff918697afac20b	bfc16ca3ae6a9990	3ffc75196c31c24d	bfd24e8860458692
8	bffb4be2c0b8726d	3ff6ead5052d6ed9	bff4fd14cf58400f	3ff7e177542060a8

续表

序号	$(x_0, y_0, z_0) = (0.5, 0.5, 0)$		$(x_0, y_0, z_0) = (0.5, 0.5, -0.08)$	
	x_{n1}	y_{n1}	x_{n2}	y_{n2}
9	3fe7531ce280eb16	bfd18436ee2c0e50	3fdde1aadb5159a6	3fc72314264104c8
10	bfd8518cf483cbe9	3fdd2202d6d5c7dc	bfe7948b8f2e030b	3fe4b99a7738ee05

将示波器采集的 PRNs 与理论 PRNs 进行对比，得到的吸引子如图 3-14 所示，硬件 FPGA 获得的吸引子与 Matlab 数值仿真高度重合。与文献[96]中的实验结果相比较，体现了 FPGA 实现离散混沌映射的优势——精度更高、速度更快。

(a) $(x_0, y_0, z_0) = (0.5, 0.5, -0.08)$ (b) $(x_0, y_0, z_0) = (0.5, 0.5)$

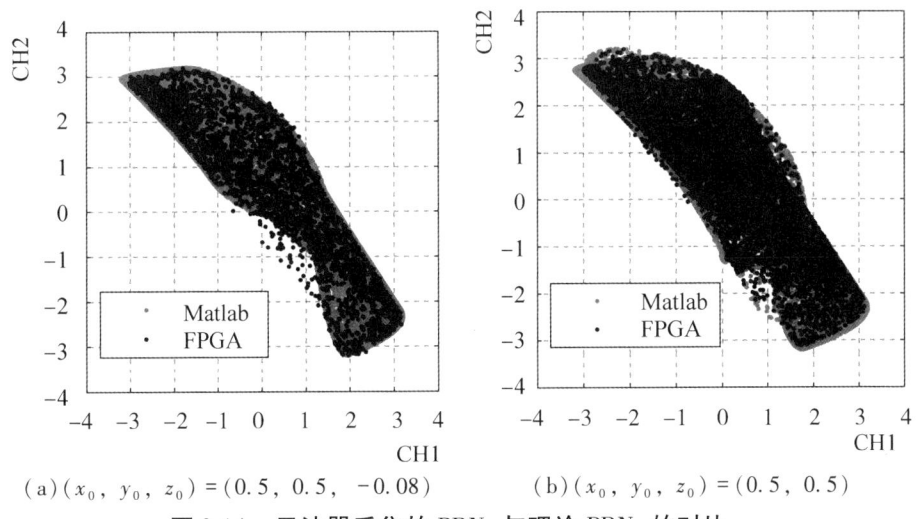

图 3-14 示波器采集的 PRNs 与理论 PRNs 的对比

3.4.3 随机周期测试信号合成方法验证

根据图 3-8 中的随机周期测试信号合成架构和图 3-9 的工作时序，编写 Verilog 进行随机周期测试信号硬件验证。配置 FPGA 的仿真参数与图 3-10 相同，得到的 FPGA 仿真结果如图 3-15 所示，每组随机控制参数的持续时间均为 10 us，在更新周期内所有随机控制参数固定不变，其输出波形具有短暂平稳性；随着 3D-PMLM 的迭代更新，每个通道的波形控制参数也随机变化，导致了随机周期测试信号在幅度、频率、起始相位、结束相位、持续时间等维度随机变化。

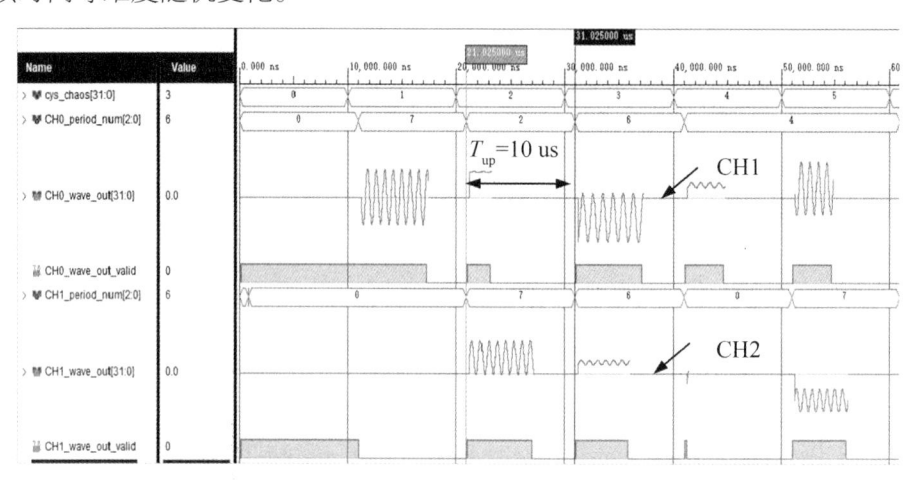

图 3-15　当 T_{up} = 10 us 时，CH1 和 CH2 输出的随机周期测试信号

当分别设置与图 3-11 相同的参数时，T_{up} = 10 us 和 T_{up} = 200 ms 对应的 FPGA 仿真波形分别如图 3-16(a) 和图 3-16(b) 所示。从图 3-16(a) 或图 3-16(b) 中可以看到，PRNs 的实时更新使得每次更新后的随机周期测试信号具有不同的起始相位、结束相位、循环周期数，以及相同的幅度、频率参数；从图 3-16(a) 和图 3-16(b) 中可以发现，3D-PMLM 稳定的随机性能和 PRNs 重复输出使得两次实验具有相同的幅度、起始相位、结束相位、循环周期数，以及不同的持续时间、频率，这都与前面的理论推导相符。

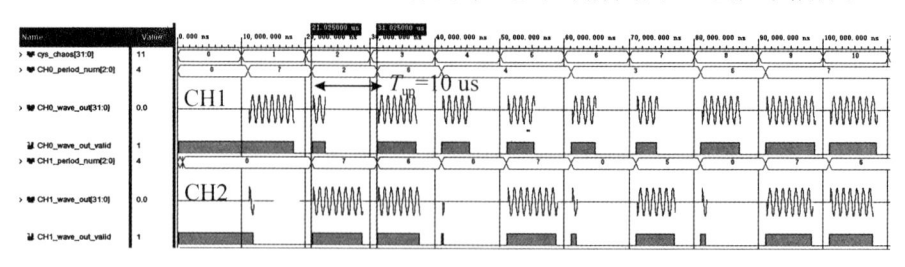

(a) T_{up} = 10 us, f_{out} = 1 MHz

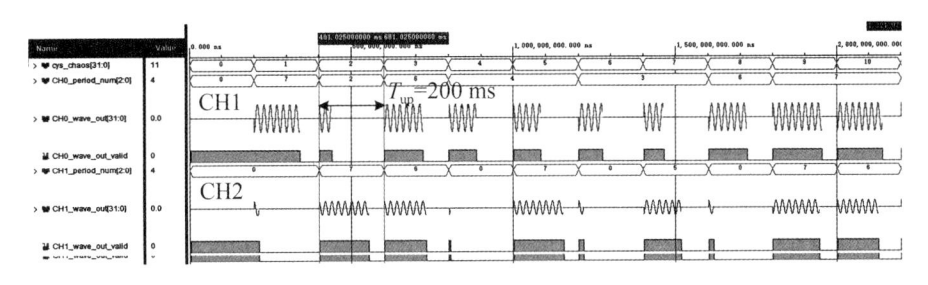

(b) T_{up} = 200 ms, f_{out} = 50 Hz

图 3-16 根据图 3-11 的控制参数，不同更新时间和信号频率的
随机周期测试信号硬件仿真波形

在图 3-12(b)中硬件平台中验证随机周期测试信号合成方法。当通过计算机配置 f_{out} = 50 Hz，T_{up} = 200 ms(参数 1)和 f_{out} = 1 MHz，T_{up} = 10 us(参数 2)时，数字示波器捕获的两路随机周期测试信号的时域波形如图 3-17 所示。

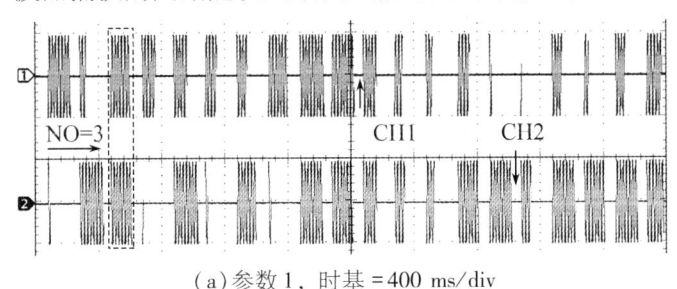

(a) 参数 1，时基 = 400 ms/div

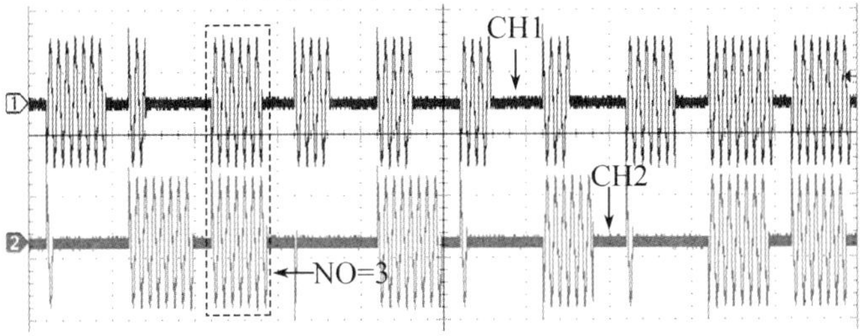

(b) 参数 2，时基 = 1 us/div

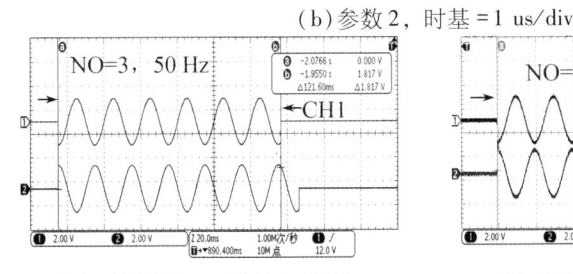

(c) 对于参数 1，当 NO = 3 时，
CH1 输出波形的 t_5 = 121.6 ms

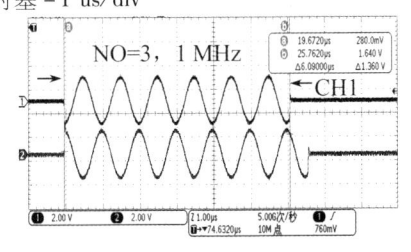

(d) 对于参数 2，当 NO = 3 时，
CH1 输出波形的 t_5 = 6.07 us

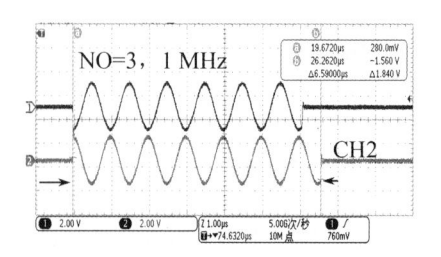

(e) 对于参数1，当 NO = 3 时，　　　　(f) 对于参数2，当 NO = 3 时，
CH2 输出波形的 t_5 = 131.6 ms　　　　CH2 输出波形的 t_5 = 6.59 us

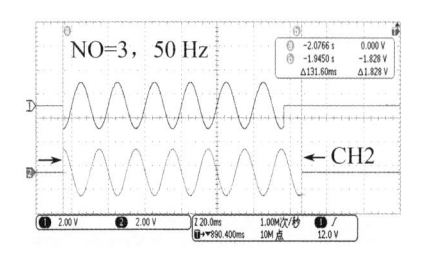

图 3-17　数字示波器捕获的两路随机周期测试信号的时域波形

图 3-17(a)、图 3-17(b)展示了两次实验输出波形的总体概貌，两组参数可以产生具有相同波形形状和不同持续时间的随机周期测试信号，相同的波形形状再次表明 3D-PMLM 在相同的 SCPs 和 ISs 下具有稳定的 PRNs 输出，合成的信号在起始相位、结束相位、循环次数等维度具有随机性。图 3-17(c)～图 3-17(f)详细地展示了当 NO = 3 时，CH1 和 CH2 的时域波形和持续时间。图 3-17 中的第 1 列和第 2 列分别是参数 1 和参数 2 的测试结果，并使用数字示波器测量 CH1 和 CH2 产生正弦信号的持续时间 t_5，当 NO = 3 时，对于参数 1，CH1 和 CH2 的 t_5 分别是 121.6 ms 和 131.6 ms，对应的相对误差(Relative Error，RE)分别是 0.03% 和 0.14%。同理，对于参数 2，当 NO = 3 时，对应的相对误差分别是 0.03% 和 0.14%。对于表 3-7 中的其他随机控制参数，使用相同的方法得到的测试数据见表 3-9 所列，四组数据的平均相对误差[176]分别是 0.05%、0.34%、0.3% 和 0.73%。因此，提出的方法可高精度地合成随机周期测试信号。

表 3-9　在不同参数下，CH1 和 CH2 输出随机周期测试信号的持续时间(t_5)

序号(NO)	参数 1/ms		参数 2/us		参数 1 的 RE		参数 2 的 RE	
	CH1	CH2	CH1	CH2	CH1	CH2	CH1	CH2
1	142.6	15.2	7.12	0.76	0.00%	1.30%	0.14%	1.33%
2	40.2	153.6	2.01	7.69	0.03%	0.11%	0.05%	0.25%
3	121.6	131.6	6.09	6.59	0.03%	0.14%	0.20%	0.29%
4	85	5.4	4.25	0.26	0.10%	1.52%	0.09%	2.26%

续表

序号(NO)	参数 1/ms		参数 2/us		参数 1 的 RE		参数 2 的 RE	
	CH1	CH2	CH1	CH2	CH1	CH2	CH1	CH2
5	85.8	154.6	4.3	7.72	0.03%	0.04%	0.21%	0.09%
6	74.6	15.6	3.75	0.79	0.13%	0.06%	0.67%	1.28%
7	64.6	118.6	3.26	5.93	0.02%	0.04%	0.93%	0.03%
8	120	15.4	6.02	0.78	0.05%	0.05%	0.28%	1.30%
9	152.8	143.8	7.62	7.16	0.06%	0.12%	0.20%	0.29%
10	144	131.8	7.22	6.6	0.08%	0.00%	0.19%	0.15%
平均 RE	—	—	—	—	0.05%	0.34%	0.3%	0.73%

当 DDS 中分别存储正弦波、方波、三角波和任意波时，图 3-18 展示了对应的随机周期测试信号。因此，当改变 DDS 中的波形类型时，提出的信号合成方法还可以产生具有不同波形类型的随机周期测试信号。

(a) CH1 正弦波，CH2 包含 3 次谐波的正弦波　　(b) CH1 包含 3 次谐波的正弦波，CH2 正弦波

(c) CH1 正弦波，CH2 三角波　　(d) CH1 三角波，CH2 正弦波

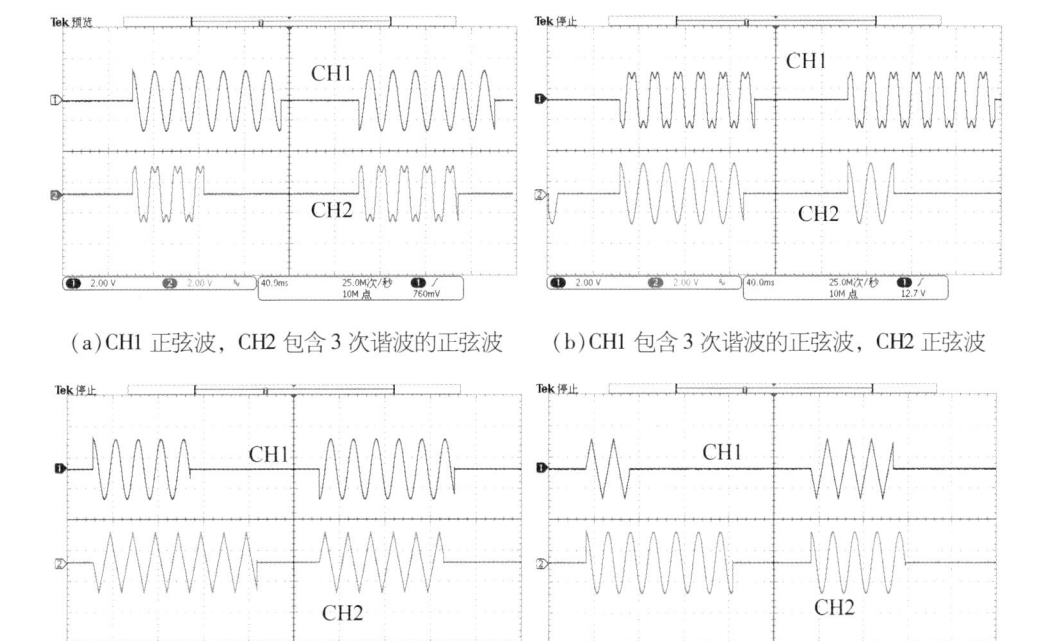

图 3-18　当 f_{out} = 50 Hz，T_{up} = 200 ms 时，CH1 和 CH2 产生的多种随机周期测试信号

综上所述，通过配置 3D-PMLM 的 SCPs 和 ISs 可使 DDS 输出的波形在

幅度、频率、起始相位、结束相位、持续时间等维度随机变化，解决了随机周期测试信号实时产生问题。更新波形类型和限制随机参数的范围即可实现指定波形类型和一定范围内的测试信号产生，解决了随机周期测试信号的真实性问题。对于不同的测试需求，仅设置更新周期时间、波形类型和随机参数即可准确产生各种不同的测试信号，保证了随机周期测试信号的实用性。通过复位操作，即可实现随机测试信号的重复产生，解决了随机周期测试信号的溯源问题。

3.5 本章小结

针对不同测试场合对随机周期测试信号的共性需求，本章提出了基于三维忆阻 Logistic 映射的随机周期测试信号数字合成方法。首先将两个 DM 引入 1D-LM 中，建立 3D-PMLM 新模型，分析表明，3D-PMLM 具有与 SCPs 和 ISs 相关的丰富动力学行为特征，其香农熵(9.923)、排列熵(3.903)、卡谱兰-约克维度(3.000)等指标更高，可通过 NIST 和 TestU01 测试；其次根据第二章随机周期测试信号模型，给出了基于 3D-PMLM 和 DDS 架构的随机周期测试信号合成方法，可实现信号在幅度、频率、起始相位、结束相位、周期数等维度可控随机变化；最后设计了基于 FPGA 的验证平台，分别验证了 3D-PMLM 和提出的信号合成方法，实验显示，输出信号可在指定区间自主随机变化、稳定重复输出，其持续时间平均相对误差不超过 0.73%。

第四章

基于四维忆阻混沌映射的高吞吐率噪声数字合成方法

4.1 引言

在真实信道中,信息传输总是同时包含信号和噪声。信息和噪声的固有随机性,导致了信号随机变化,且受电压、带宽、速率等信道客观因素的限制,信号总是在一定区间内随机变化。这些不期望的随机信号可能导致装备性能下降、功能失效,甚至发生事故[1]。因此,在设备的研发、生产、维保等环节,使用包含噪声的随机测试信号来评估设备的性能至关重要[13,26,27]。

随着集成电路技术的快速发展,器件性能得到了大幅改善,如模拟带宽、采样率、分辨率等指标持续提升,工作电压进一步降低,这直接导致了信道中噪声带宽的增加和信噪比的降低。因此,噪声对信号的影响越来越不可忽视。特别是在高速高带宽装备中,普遍存在的高斯噪声或均匀噪声对系统误码率、测量精度的影响越来越严重。因此,产生实时可控的高吞吐量噪声具有重要的工程意义。此外,使用 DCM 作为 PRNG 解决了随机性不高的难题,但从图 3-13(a)可以看出,DCM 复杂的数学模型导致了较长计算时间。因此,在实现高吞吐率噪声合成之前,还需要解决基于 DCM 的 PRNs 实时产生难题。

针对实时可控高吞吐率噪声合成难题，结合第二章的 DM 模型和第三章 DCM 的硬件实现方法，本章开展基于四维忆阻混沌映射的高吞吐率噪声数字合成方法研究。后续主要内容如下：第 4.2 节进行了四维忆阻混沌映射建模，并分析该模型的动力学行为特征、随机性能及其吸引子调控方法；第 4.3 节给出了基于 FPGA 的混沌序列吞吐率提升及均匀化方法；第 4.4 节提出了基于均匀随机序列的高吞吐率噪声数字合成方法；第 4.5 节对本章提出的方法进行数值仿真分析和硬件验证；第 4.6 节对本章研究内容进行总结。

4.2 四维忆阻混沌映射建模

在本节中，首先建立 4D-TBMHM 的数学模型，然后分析该模型的动力学行为和随机性能，最后给出吸引子调控方法以进一步增强 4D-TBMHM 的动力学行为。

4.2.1 基于三角函数的四维忆阻混沌映射模型

首先，根据第二章对忆阻器模型的定义，本章提出的两个 DM 模型如下：

$$\begin{cases} i_n = W_1(\varphi_n)u_n = \cos(\varphi_n)u_n \\ \varphi_{n+1} = \varphi_n + \tau u_n \end{cases} \quad (4-1)$$

和

$$\begin{cases} i_n = W_2(\varphi_n)u_n = (k_0 + k_1\varphi_n + k_2\varphi_n^2)u_n \\ \varphi_{n+1} = \varphi_n + \tau u_n \end{cases} \quad (4-2)$$

式中，u_n、i_n、φ_n 分别表示 DM 第 n 次迭代的输入电压、输出电流和内部磁通量；τ 为迭代步长。取 $k_0 = 0.1$，$k_1 = 10$，$k_2 = 0.5$，$\tau = 1$，忆阻器 $W_1(\cdot)$ 和 $W_2(\cdot)$ 在正弦信号 $u_n = A\sin(2\pi f n)$ 激励下的磁滞回线如图 4-1 所示，提出的模型满足忆阻器的三个典型特征[116]。

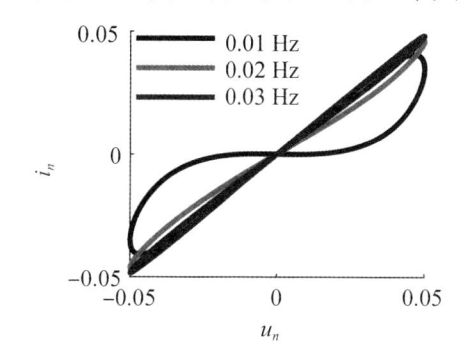

(a) 在 $W_1(\cdot)$ 中，固定 $A = 0.05$ V，f 分别取 0.01 Hz，0.02 Hz，0.03 Hz

(b) 在 $W_1(\cdot)$ 中，固定 $f = 0.015$ Hz，A 分别取 0.03 V，0.04 V，0.05 V

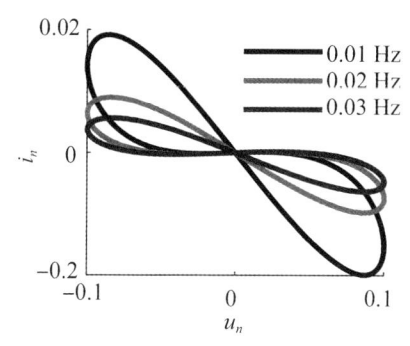

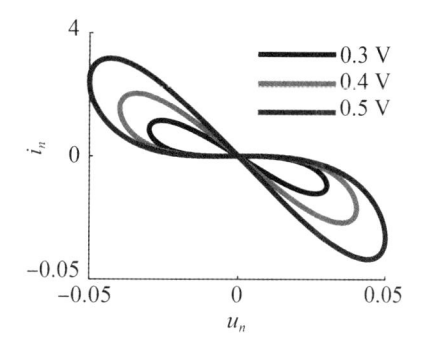

(c) 在 $W_2(\cdot)$ 中，固定 $A = 0.1$ V，f 分别取 0.1 Hz，0.2 Hz，0.3 Hz

(d) 在 $W_2(\cdot)$ 中，固定 $f = 0.15$ Hz，A 分别取 0.3 V，0.4 V，0.5 V

图 4-1　忆阻器 $W_1(\cdot)$ 和 $W_2(\cdot)$ 在不同激励信号下的磁滞回线

通过耦合一个或者多个基于三角函数的 DM 模型，可进一步提高 DCM 的性能[95,99]。受已有工作的启发[95]，本章提出的 4D-TBMHM 新模型如下：

$$\begin{cases} x_{n+1} = ay_n + c\sin\left[e(k_0 + k_1 z_n + k_2 z_n^2) y_n\right] \\ y_{n+1} = bx_n + dy_n \cos u_n \\ z_{n+1} = z_n + \tau y_n \\ u_{n+1} = u_n + \tau y_n \end{cases} \quad (4-3)$$

式中，a，b，c，d，e，τ，k_0，k_1，k_2 是 SCPs，d 和 e 也分别是 $W_1(\cdot)$ 和 $W_2(\cdot)$ 的耦合系数。此外，在式(4-3)中，如果初值状态 $u_0 = z_0$，有 $u_n = z_n$。

式(4-3)的雅可比矩阵为

$$J = \begin{pmatrix} 0 & \begin{array}{c} a + ce\cos[e(k_0 + k_1 z_n + k_2 z_n^2) y_n] \cdot \\ (k_0 + k_1 z_n + k_2 z_n^2) \end{array} & \begin{array}{c} ce\cos[e(k_0 + k_1 z_n + k_2 z_n^2) y_n] \cdot \\ y_n(k_1 + 2k_2 z_n) \end{array} & 0 \\ b & d\cos u_n & 0 & -dy_n \sin u_n \\ 0 & \tau & 1 & 0 \\ 0 & \tau & 0 & 1 \end{pmatrix}$$

(4-4)

一个离散系统的稳定性可以通过其固定点进行分析。根据式(2-28)的定义，4D-TBMHM 的固定点 $P = (x^*, y^*, z^*, u^*)$ 可通过求解式(4-5)获得

$$\begin{cases} x^* = ay^* + c\sin[e(k_0 + k_1 z^* + k_2 z^{*2}) y^*] \\ y^* = bx^* + dy^* \cos u^* \\ z^* = z^* + \tau y^* \\ u^* = u^* + \tau y^* \end{cases}$$

(4-5)

在式(4-5)中，通过求解第三个和第四个方程可得 $y^* = 0$，将 $y^* = 0$ 带入第二个方程可得 $x^* = 0$，再将 $y^* = 0$ 和 $x^* = 0$ 带入第一个方程有：$0 = 0$。因此式(4-5)的固定点为 $P = (0, 0, z_0^*, u_0^*)$，其中 z_0^* 和 u_0^* 是与 $W_2(\cdot)$ 和 $W_1(\cdot)$ 初值相关的变量。因此，在固定点 P 处的雅可比矩阵为

$$J = \begin{pmatrix} 0 & a + ce(k_0 + k_1 z_0^* + k_2 z_0^{*2}) & 0 & 0 \\ b & d\cos u_0^* & 0 & 0 \\ 0 & \tau & 1 & 0 \\ 0 & \tau & 0 & 1 \end{pmatrix}$$

(4-6)

根据 $|\lambda E - J| = 0$，可计算出 4D-TBMHM 在 P 处的特征根多项式，即

$$P(\lambda) = (\lambda - 1)^2 \left(\lambda - \frac{B - \sqrt{B^2 + 4Ab}}{2} \right) \left(\lambda - \frac{B + \sqrt{B^2 + 4Ab}}{2} \right)$$

(4-7)

式中，$A = a + ce(k_0 + k_1 z_0^* + k_2 z_0^{*2})$；$B = d\cos u_0^*$。式(4-7)是一个关于 λ 的一元四次方程，四个特征根分别为

$$\lambda_1 = \lambda_2 = 1, \quad \lambda_3 = \frac{B - \sqrt{B^2 + 4Ab}}{2}, \quad \lambda_4 = \frac{B + \sqrt{B^2 + 4Ab}}{2} \quad (4-8)$$

如果 4D-TBMHM 的四个特征根值都在单位圆内，则 4D-TBMHM 是一个稳定的非线性动力学系统。否则，4D-TBMHM 是一个不稳定的非线性动力学系统。从式(4-8)中可以看到，λ_1 和 λ_2 位于单位圆上，根据 SCPs 或 ISs 的取值，λ_3 和 λ_4 可能在单位圆内，也可能在单位圆外。具体来讲，当 $B^2 + 4Ab \geq 0$，则 $\lambda_4 \geq \lambda_3$，由 λ_3 和 λ_4 确定的不稳定区域为

$$\begin{cases} B^2 + 4Ab \geq 0 \\ \left| B + \sqrt{B^2 + 4Ab} \right| > 2 \text{ 或 } \left| B - \sqrt{B^2 + 4Ab} \right| > 2 \end{cases} \quad (4-9)$$

当 $B^2 + 4Ab < 0$ 时，λ_3 和 λ_4 为复数，由 λ_3 和 λ_4 确定的不稳定区间可通过如下公式获得：

$$\begin{cases} Ab < -\dfrac{B^2}{4} \\ Ab < -1 \end{cases} \quad (4-10)$$

换句话说，4D-TBMHM 的临界稳定或不稳定完全取决于式(4-9)、式(4-10)中的 SCPs 和 ISs[115]。与文献[115][122]中的模型相比，在固定点处的动力学行为更加复杂。与 3D-PMLM 相似，当 SCPs 保持不变时，提出的 4D-TBMHM 也可以表现出与 ISs 相关的多稳定性。

4.2.2 动力学行为分析

本节使用二维混沌图、一维分岔图、吸引子、吸引盆来研究 4D-TBMHM 的复杂动力学行为。为了简化分析，4D-TBMHM 的默认 SCPs 为 $a = 1.2$，$b = 0.1$，$c = -1.2$，$d = 1.72$，$e = \pi/6$，$\tau = 1$，$k_0 = 0.1$，$k_1 = -10$，$k_2 = 0.5$；默认 ISs 为 $x_0 = y_0 = 0.5$，$z_0 = u_0 = 0.1$。

4.2.2.1 系统控制参数相关的分叉行为

图4-2(a)展示了当两个可变控制参数 $c \in [-1.3, 1.2]$ 及 $d \in [1.4, 1.74]$ 时，4D-TBMHM 的二维混沌图，其中区间 $[1, 10^6]$ 的迭代序列和 QR 分解算法被用于计算 LEs，区间 $[10^6 - 100, 10^6]$ 的序列被用于计算周期数，不同颜色标记的动力学行为与图3-2相同。可以看到，随着 SCPs 的连续递增，4D-TBMHM 在 $c - d$ 二维平面表现出超混沌、混沌、多周期、周期等行为。采用类似的方法，当仅改变参数 $c \in [-1.3, 1.2]$ 和 $e \in [0, 4]$，$a \in [0.5, 1.3]$ 和 $c \in [-1.3, 1.2]$，以及 $e \in [0, 4]$ 和 $d \in [1.4, 1.74]$ 时，对应的二维混沌图分别如图4-2(b)~图4-2(d)所示，超混沌是 4D-TBMHM 的主要动力学行为，不同的 SCPs 可产生不同的吸引子分形结构。且与 3D-PMLM 相比，4D-TBMHM 具有更加连续的混沌区间。因此，提出的 4D-TBMHM 具有与 SCPs 相关的丰富动力学行为。

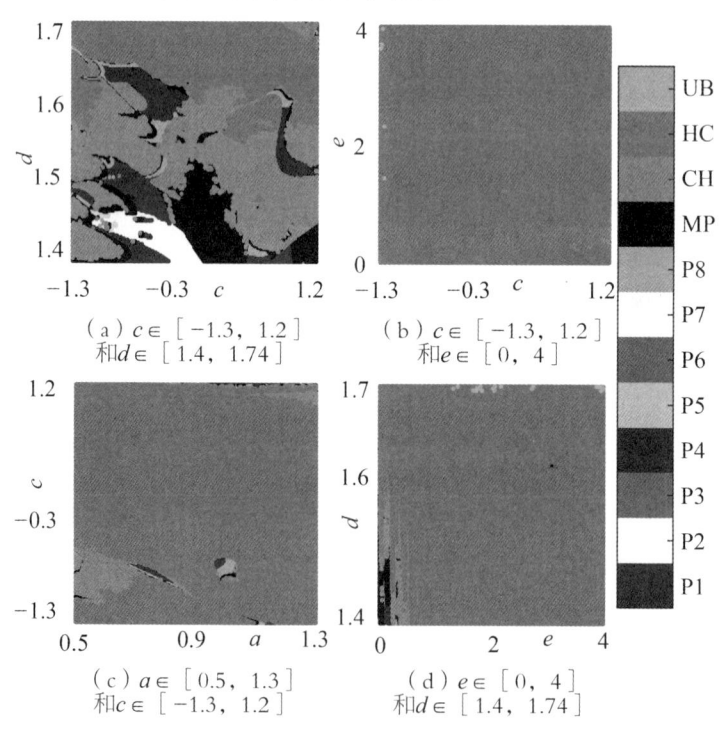

图 4-2　4D-TBMHM 的二维混沌图

第四章 基于四维忆阻混沌映射的高吞吐率噪声数字合成方法

在图 4-2 中,当仅改变一个 SCP,保持其他 SCPs 不变,可得到 4D-TBMHM 的一维分岔图。使用默认参数,当 $c \in [-1.3, 1.2]$,$e = \pi/6$,$n = 10^6$ 时,图 4-3(a) 展示了对应的一维分岔图,可以发现,当 $c \in [-1.3, -1.16] \cup \{-1.14\} \cup [-1.12, 1]$ 时,4D-TBMHM 表现出具有两个正 LEs 的超混沌行为;当 $c = -1.15$ 或 -1.13 时,4D-TBMHM 表现出具有一个正 LE 的混沌行为;当 $c \in (1, 1.2]$ 时,4D-TBMHM 处于周期状态。图 4-3(b) 展示了当 $a \in [0.5, 1.3]$ 和 $c = 0.5$ 的一维分岔图,随着 a 的增加,超混沌是主要动力学行为。

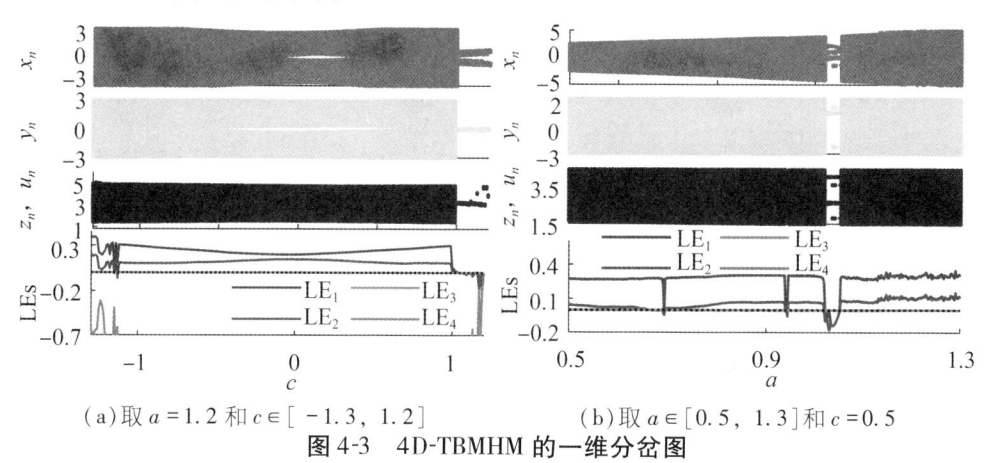

(a) 取 $a = 1.2$ 和 $c \in [-1.3, 1.2]$　　(b) 取 $a \in [0.5, 1.3]$ 和 $c = 0.5$

图 4-3　4D-TBMHM 的一维分岔图

为了进一步展示 4D-TBMHM 与 SCPs 相关的丰富分叉行为,随机选择如下六组参数绘制二维平面吸引子,其中参数 1:$c = -1$,$d = 1.7$;参数 2:$a = 1.2$,$c = 1$;参数 3:$d = 1.4$,$e = 4$;参数 4:$c = 0.5$,$e = \pi/10$;参数 5:$c = -1.3$,$e = \pi/2$;参数 6:$c = -1$,$d = 1.7$,$e = \pi/2$。保持其他默认参数不变,当迭代 10^5 次后,在不同平面得到的吸引子如图 4-4 所示。

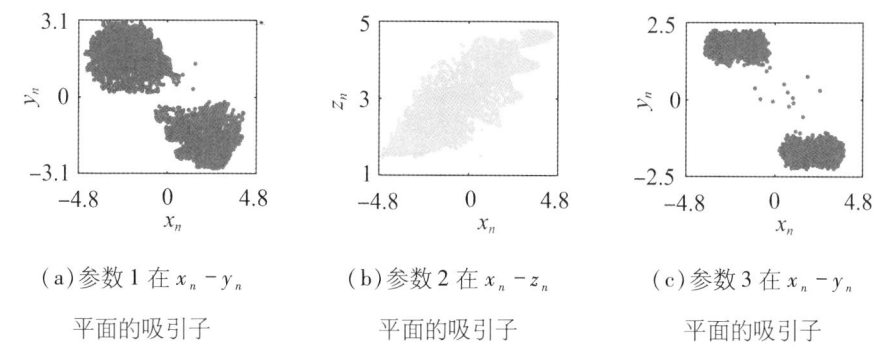

(a) 参数 1 在 x_n-y_n 平面的吸引子　　(b) 参数 2 在 x_n-z_n 平面的吸引子　　(c) 参数 3 在 x_n-y_n 平面的吸引子

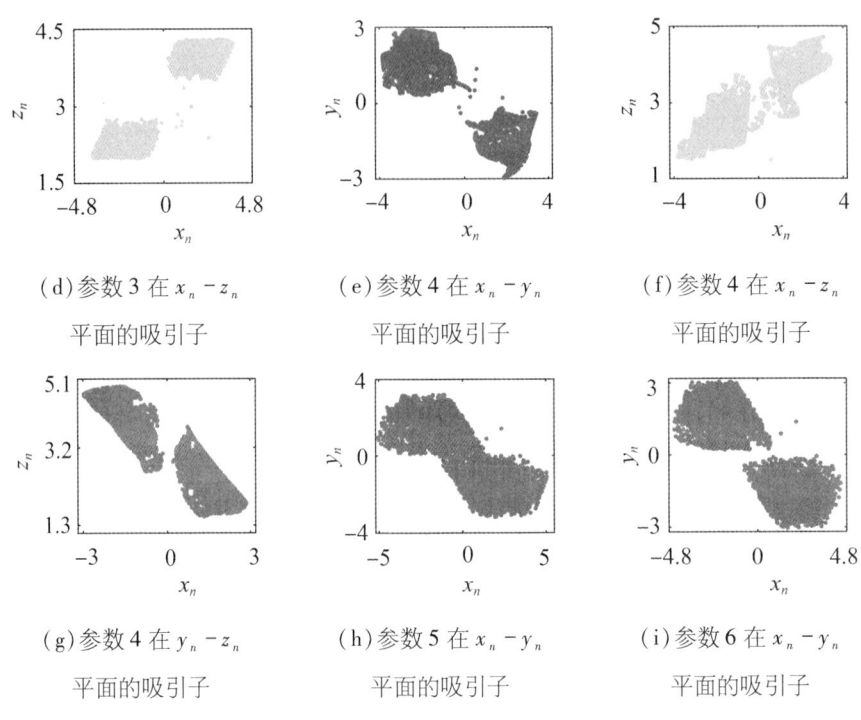

(d) 参数3在 x_n-z_n 平面的吸引子

(e) 参数4在 x_n-y_n 平面的吸引子

(f) 参数4在 x_n-z_n 平面的吸引子

(g) 参数4在 y_n-z_n 平面的吸引子

(h) 参数5在 x_n-y_n 平面的吸引子

(i) 参数6在 x_n-y_n 平面的吸引子

图4-4 4D-TBMHM在六组SCPs下形成的二维吸引子

可以发现，图4-4(a)、图4-4(b)、图4-4(d)、图4-4(e)、图4-4(f)和图4-4(g)中的吸引子具有左右分形结构；图4-4(c)，图4-4(h)和图4-4(i)中的吸引子近似于关于坐标原点对称。由此可见，不同的SCPs可使4D-TBMHM在二维相平面产生对称、非对称等复杂吸引子分形结构。此外，使用香农熵、样本熵、频谱熵、排列熵、关联维度和卡普兰-约克维度对六组参数输出PRNs进行随机性能测试。当迭代10^5次后，序列x_n的测试结果见表4-1所列，其中黑色加粗数字为该列最高性能指标。与表3-4中的模型相比，在给定的六组参数下，4D-TBMHM的输出序列具有突出的随机性能，且参数5对应序列的随机性能最好。

表4-1 4D-TBMHM与已有混沌振荡器的性能对比

SCPs	香农熵	样本熵	频谱熵	排列熵	关联维度	卡普兰-约克维度
参数1	9.802	1.424	0.503	4.382	1.912	3.315
参数2	**9.853**	1.519	0.542	4.319	1.956	3.353
参数3	9.686	1.248	0.449	4.264	1.987	**4.000**

续表

SCPs	香农熵	样本熵	频谱熵	排列熵	关联维度	卡普兰-约克维度
参数 4	9.656	0.994	0.432	4.021	1.831	3.171
参数 5	9.762	**1.758**	**0.907**	**4.952**	**1.998**	**4.000**
参数 6	9.788	1.482	0.578	4.371	1.995	**4.000**

4.2.2.2 初值相关的多稳定性和吸引盆

当同时改变两个 ISs 时，在二维平面使用不同颜色绘制吸引盆是展示 4D-TBMHM 多稳定性的有力工具。取默认 SCPs 和 ISs，当迭代次数 $n = 10^6$ 时，4D-TBMHM 在不同 ISs 下的吸引盆如图 4-5 所示，其中图 4-5(a) 是取 $x_0 \in [-3, 3]$ 和 $y_0 \in [-3, 3]$ 得到的二维引用盆，超混沌和无界是主要的动力学行为，图 4-5(b) 是取 $x_0 \in [-3, 3]$ 和 $z_0 \in [-3, 3]$ 得到的二维引用盆，且超混沌也是主要动力学行为。

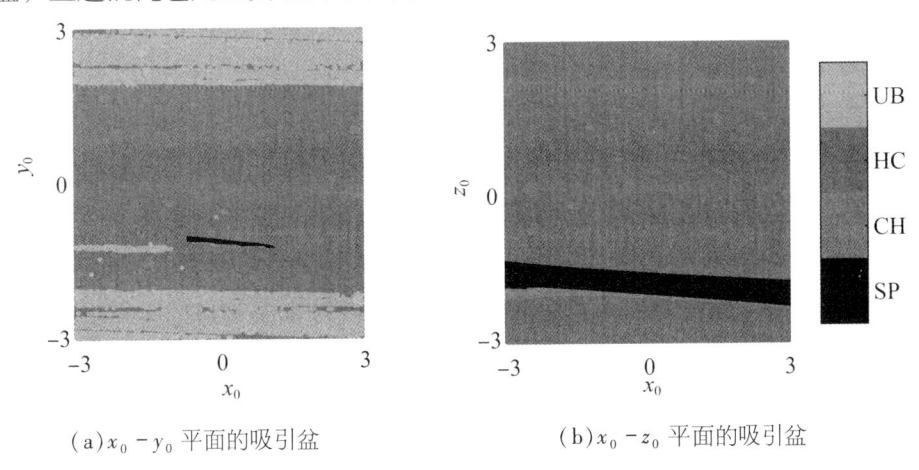

(a) x_0-y_0 平面的吸引盆   (b) x_0-z_0 平面的吸引盆

图 4-5 4D-TBMHM 的吸引盆

显然，在式(4-3)中，不同的 ISs 会使 4D-TBMHM 产生不同的输出序列。在图 4-6(a) 中，取 $y_0 = 0.5$，$z_0 = u_0 = 0.1$，$x_0 = -2.5, -2.4, -2.3, -2.2, -2.1$(ISs1)；在图 4-6(b) 中，取 $x_0 = y_0 = 0.5$，$u_0 = 0.1$，$z_0 = 2.1, 2.2, 2.3, 2.4, 2.5$(ISs2)。可以看到，这些类似噪声的序列都表现出不可预测性、非周期性和随机性。

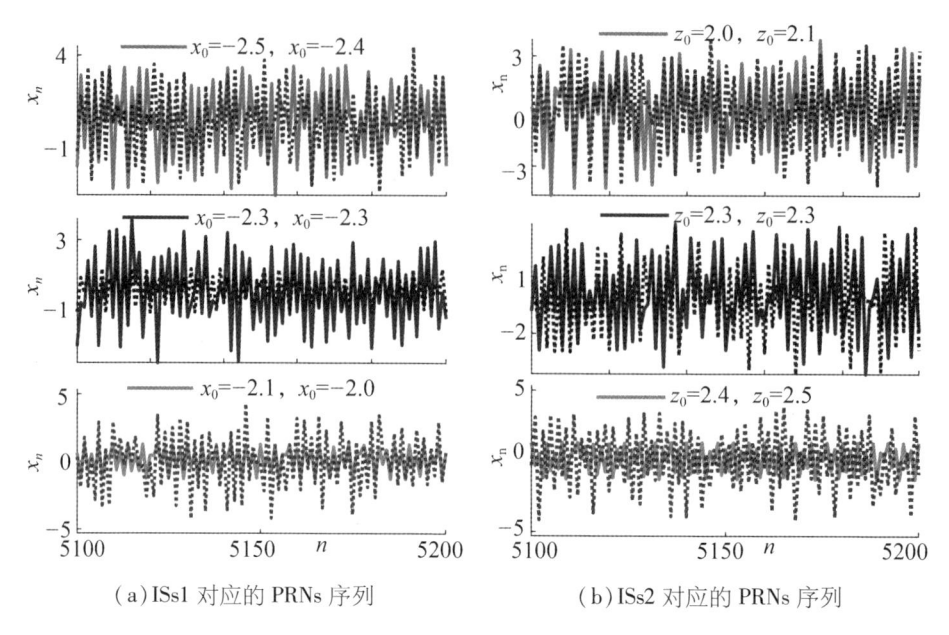

(a) ISs1 对应的 PRNs 序列　　　　　　(b) ISs2 对应的 PRNs 序列

图 4-6　4D-TBMHM 在不同 ISs 下的输出序列

4.2.3　输出序列性能分析

在本节中，首先使用 NIST、TestU01 对 4D-TBMHM 的随机性能进行评估，然后使用多个熵值和复杂度来分析输出序列的随机性能，并与已有映射进行比较。

4.2.3.1　基于测试套件的性能分析

在 TestU01 测试中，首先使用如下公式将 4D-TBMHM 的输出序列 x_n 转换为 8 位无符号整数，有

$$x_{bn} = \mathrm{mod}((x_n + 3) \cdot 10^9, 2^{16}) \qquad (4-11)$$

式中，x_n 为 4D-TBMHM 的任意状态变量；x_{bn} 为转化后的 PRNs。当 SCPs 取表 4-1 中的参数 5 时，从迭代区间 $[1.5 \cdot 10^8, 4 \cdot 10^8]$ 中随机选择共 10^9 位（10^3 组二进制序列，每组 10^6 位）的 PRNs 进行 NIST 测试。表 4-2 列出了测试结果，15 个测试项目都通过了最小阈值，证明了 4D-TBMHM 内部序列具有较高的随机性能。此外，因为 $z_0 = u_0 = 0.1$，所以有输出序列 $z_n = u_n$。也

就是说，z_n 和 u_n 具有相同的 NIST 测试结果。

表 4-2 4D-TBMHM 输出序列的 NIST 测试结果

序号	测试内容	x_n PR	x_n PT	y_n PR	y_n PT	z_n PR	z_n PT	u_n PR	u_n PT
1	单比特频数	0.991	0.855	0.992	0.228	0.987	0.947	0.987	0.947
2	块内频数	0.992	0.943	0.995	0.791	0.990	0.100	0.990	0.100
3	累加和(F)	0.990	0.677	0.992	0.861	0.987	0.773	0.987	0.773
	累加和(R)	0.993	0.068	0.989	0.880	0.988	0.911	0.988	0.911
4	游程	0.986	0.095	0.987	0.802	0.992	0.273	0.992	0.273
5	块内最长游程	0.987	0.716	0.986	0.050	0.991	0.672	0.991	0.672
6	二元矩阵秩	0.995	0.033	0.993	0.977	0.992	0.401	0.992	0.401
7	离散傅里叶变换	0.993	0.730	0.988	0.143	0.996	0.428	0.996	0.428
8	非重叠模块匹配*	0.990	0.437	0.990	0.467	0.990	0.505	0.990	0.505
9	重叠模块匹配	0.989	0.590	0.994	0.590	0.987	0.280	0.987	0.280
10	Maurer 的通用统计	0.989	0.580	0.989	0.419	0.991	0.321	0.991	0.321
11	近似熵	0.989	0.405	0.987	0.483	0.989	0.494	0.989	0.494
12	随机游动*	0.993	0.911	0.993	0.917	0.989	0.116	0.989	0.116
13	随机游动状态频数*	0.990	0.490	0.991	0.914	0.983	0.764	0.983	0.764
14	序列(1st subtest)	0.986	0.633	0.993	0.602	0.992	0.791	0.992	0.791
	序列(2nd subtest)	0.989	0.243	0.992	0.593	0.993	0.948	0.993	0.948
15	线性复杂度	0.986	0.546	0.994	0.432	0.991	0.165	0.991	0.165

在 TestU01 测试中，输入数据 X 与状态变量 x_n 和 y_n 的转换关系为

$$\begin{cases} x_n' = \text{mod}(\text{unsigned int}(x_n \cdot 10^9), 2^{16}) \\ y_n' = \text{mod}(\text{unsigned int}(y_n \cdot 10^9), 2^{16}) \\ X = x_n' \ll 16 \mid y_n' \end{cases} \quad (4-12)$$

TestU01 测试结果见表 4-3 所列，可以发现，4D-TBMHM 的输出序列仍然可以通过所有测试，而部分已有映射却不能通过 TestU01 测试[177]。这充分表明了提出的 4D-TBMHM 具有稳定的随机性能，不易出现混沌退化现象。

表4-3　4D-TBMHM 输出序列的 TestU01 测试结果

序号	测试套件	数据容量	测试项目	测试结果
1	SmallCrush	6.8 Gb	15	通过
2	Crush	1008.7 Gb	144	通过
3	BigCrush	10.4 Tb	160	通过
4	Alphabit	8.4 Gb	17	通过
5	BlockAlphabit	50.3 Gb	17	通过
6	Rabbit	20.8 Gb	40	通过
7	PseudoDIEHARD	5.9 Gb	126	通过
8	FIPS-140-2	18.6 Kb	16	通过

4.2.3.2　不同混沌映射的性能比较

为了展示 4D-TBMHM 的突出随机性能，将 4D-TBMHM 与表4-4 中的五个已有模型进行对比。每个模型的参数如下：在 2-DSine Map（2D-SM）中[150]，$a=1.5$，$b=3.8$，$(x_0, y_0)=(-2, 1)$；在 2D-STBMM 中[95]，$a=1.9$，$b=0.6$，$(x_0, y_0)=(0.1, 0.1)$；3D-MHM 的参数与表3-4 中相同；在 3D-MLM 中[171]，$a=0.3$，$b=0.1$，$k=1.8$，$(x_0, y_0, z_0)=(0.5, 0.5, 0.1)$；在 3D Memristor Duffing Map（3D-MDM）中[99]，$a=0.4$，$b=0.2$，$k=2$，$(x_0, y_0, z_0)=(0.5, 0.5, 0.1)$。六个模型的香农熵、样本熵、频谱熵、排列熵、关联维度和卡普兰-约克维度指标见表4-4 所列，其中黑色加粗数字为该列最高性能指标。

表4-4　4D-TBMHM 与已有混沌振荡器的性能对比

模型	香农熵	样本熵	频谱熵	排列熵	关联维度	卡普兰-约克维度
2D-SM[150]	9.932	1.043	0.938	4.687	1.312	1.732
2D-STBMM[95]	**9.984**	1.053	0.408	3.855	1.640	2.000
3D-MHM[99]	9.861	0.718	0.493	3.241	1.742	2.248
3D-MLM[171]	9.923	0.959	0.677	3.658	1.730	2.263
3D-MDM[99]	9.739	1.124	0.875	4.067	1.818	3.000

续表

模型	香农熵	样本熵	频谱熵	排列熵	关联维度	卡普兰-约克维度
4D-TBMHM	9.762	**1.758**	0.907	**4.952**	**1.998**	**4.000**

可以发现，2D-STBMM、3D-MDM 和 4D-TBMHM 都处于具有两个正 LEs 的超混沌状态，因此分别具有最大的卡普兰-约克维度；因 4D-TBMHM 同时包含了两个忆阻器和两个三角函数，所以与其他五个模型相比较，4D-TBMHM 的样本熵、排列熵、关联维度和卡普兰-约克维度指标更高，这意味着 PRNs 的随机性能更好。此外，结合表 4-1 和表 4-4 也可以看出，当取表 4-1 中的其他参数时，4D-TBMHM 在样本熵（参数 4 除外）、关联维度和卡普兰-约克维度也表现出更好的指标性能。这进一步证明了 4D-TBMHM 的突出随机性能。

4.2.4 平面吸引子调控方法

本节将主要研究基于 SCPs 和 ISs 的 2D-ASC，基于迭代次数 n 的 2D-AGC，以及基于坐标变换的 2D-AHC。

4.2.4.1 来自 SCPs 和 ISs 的 2D-ASC

提出的 4D-TBMHM 包含奇函数 $\sin(x)$ 和偶函数 $\cos(x)$，因此 4D-TBMHM 具有实现 2D-ASC 的可能性。这使得当取适当的 SCPs 和 ISs，4D-TBMHM 的吸引子能够以一种旋转对称的方式在相空间复现。

定理 1：在式(4-3)中，如果 $k_1 = 0$，则提出的 4D-TBMHM 是一个关于坐标原点 $(0, 0, 0, 0)$ 全局对称的离散映射。

证明：当 $k_1 = 0$ 时，式(4-3)可写为

$$\begin{cases} x_{n+1} = ay_n + c\sin[e(k_0 + k_2 z_n^2)y_n] \\ y_{n+1} = bx_n + dy_n \cos u_n \\ z_{n+1} = z_n + \tau y_n \\ u_{n+1} = u_n + \tau y_n \end{cases} \quad (4-13)$$

在式(4-13)中，取 $x_n \to -x_n$，$y_n \to -y_n$，$z_n \to -z_n$，$u_n \to -u_n$，有 $\cos(-u_n) = \cos(u_n)$，$\sin\{-e[k_0 + k_2(-z_n)^2 y_n]\} = -\sin[e(k_0 + k_2 z_n^2)y_n]$，因此式(4-13)保持不变。

保持默认 SCPs 不变，仅重新设置 $k_1 = 0$ 和 $c = 1.22$。当对称初值 IS1 = (0.5, 0.5, 0.1, 0.1)，IS2 = (-0.5, -0.5, -0.1, 0.1)时，4D-TBMHM 迭代 $2 \cdot 10^5$ 次后的输出序列的均值如图 4-7(a)所示，序列 x_n、y_n、z_n 和 u_n 的均值曲线都是关于零均值直线对称。三组序列对应的相轨图如图 4-7(b)、图 4-7(d)所示，每个二维平面的吸引子都是关于坐标原点对称。在式(4-13)中，$z_0 = u_0 = 0.1$(IS1)，$z_0 = u_0 = -0.1$(IS2)，所以有 $z_n = u_n$，即在 x_n-u_n 和 y_n-u_n 平面的吸引子也分别与图 4-7(c)和图 4-7(d)相同。

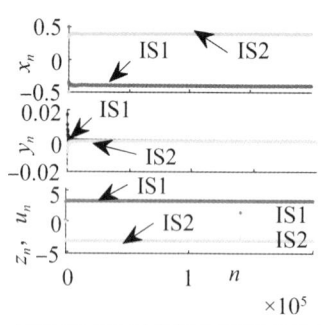

(a) IS1 和 IS2 对应输出序列的均值 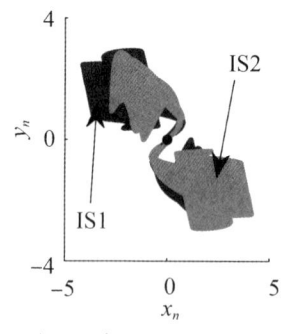　　(b) IS1 和 IS2 在 x_n-y_n 平面的相轨图

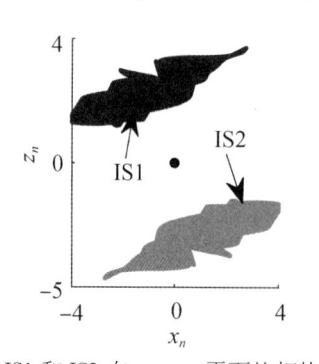

(c) IS1 和 IS2 在 x_n-z_n 平面的相轨图 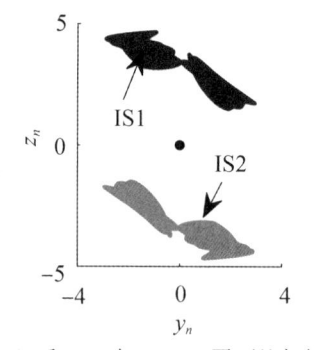　　(d) IS1 和 IS2 在 y_n-z_n 平面的相轨图

图 4-7　4D-TBMHM 与 SCPs 和 ISs 相关的 ASC 数值仿真结果

4.2.4.2　来自迭代长度的 2D-AGC

仅重新设置 $c = -1.3$ 和 $e = \pi/2$，其余 SCPs 和 ISs 保持不变。图 4-8(a)

是 4D-TBMHM 输出序列随迭代长度 n 的幅值变化,序列 x_n 和 y_n 的幅值呈带状分布,在整个迭代区间具有近似相等的宽度,序列 z_n 和 u_n 随着 n 的增加,其幅值先减小后增大,这意味着随着 n 的增加,吸引子将在 z_n 和 u_n 维度上增加,而在 n 维度和 y_n 维度几乎不变。例如,4D-TBMHM 在迭代区间:$n \in [6.1 \cdot 10^7, 6.11 \cdot 10^7]$(IR1),$n \in [6.1 \cdot 10^7, 6.14 \cdot 10^7]$(IR2),$n \in [6.1 \cdot 10^7, 6.17 \cdot 10^7]$(IR3),和 $n \in [6.1 \cdot 10^7, 6.2 \cdot 10^7]$(IR4)的吸引子数量见表 4-5 中第一行所列。区间 IR1、IR3 和 IR4 对应的 x_n-z_n 平面吸引子分别如图 4-8(b)～图 4-8(d)所示。当 n 从 $6.1 \cdot 10^7$ 增加到 $6.2 \cdot 10^7$ 时,吸引子在 z_n 维度上随着 n 的增加而增长。此外,表 4-5 中也总结了 c 和 e 取其他参数时,4D-TBMHM 在 x_n-z_n 平面上吸引子的数量。具体来讲,对于参数 $(c, e) = (-1.4, \pi/3)$,$(-1.6, \pi/6)$,$(-1.25, \pi/6)$,$(-1.22, \pi/6)$ 和 $(-1.2, \pi/6)$,4D-TBMHM 表现出随着 n 的增加,吸引子沿着 z_n 的负方向自增长;当 $(c, e) = (0.6, \pi/6)$,$(0.5, \pi/10)$ 时,4D-TBMHM 在 x_n-z_n 平面上具有稳定形状的吸引子。此外,对于更长的迭代时间,例如,$n \in [1, 2e8]$(IR5),4D-TBMHM 能够沿着 z_n 方向产生 1 个或 3 个吸引子。同理,在 y_n-z_n、x_n-u_n、y_n-u_n 等平面也有类似的 2D-AGC 现象。

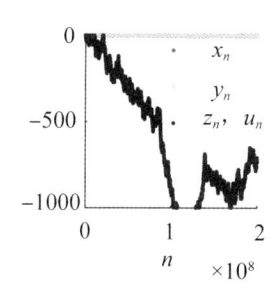

(a)状态变量 x_n,y_n,z_n 和 u_n 随着 n 增加的幅值变化情况

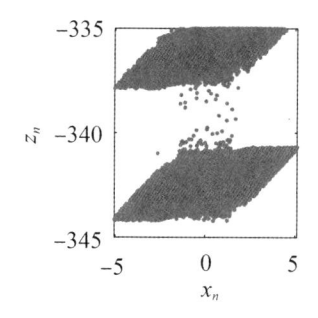

(b)在区间 IR1 中,x_n-z_n 平面的 2 个吸引子

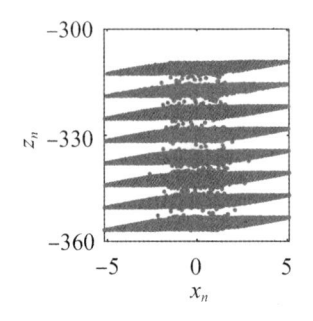

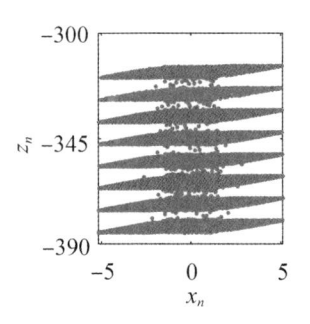

(c) 在区间 IR3 中, x_n-z_n 平面的 6 个吸引子

(d) 在区间 IR4 中, x_n-z_n 平面的 12 个吸引子

图 4-8　当 $(c, e) = (-1.3, \pi/2)$ 时, 随着 n 的增加, 4D-TBMHM 在 z_n 维度的吸引子自增长现象

表 4-5　4D-TBMHM 随迭代次数 n 相关的 2D-AGC

(c, e)	IR1	IR2	IR3	IR4	IR5
$(-1.3, \pi/2)$	2	6	8	12	1
$(-1.4, \pi/3)$	5	10	13	16	1
$(-1.6, \pi/6)$	10	11	18	23	1
$(-1.25, \pi/6)$	2	3	3	3	3
$(-1.22, \pi/6)$	1	2	2	2	3
$(-1.2, \pi/6)$	1	1	3	3	3
$(0.6, \pi/6)$	1	1	1	1	1
$(0.5, \pi/10)$	1	1	1	1	1

由此可见, 4D-TBMHM 具有与迭代长度相关的丰富动力学行为特征。

4.2.4.3　来自坐标变换的 2D-AHC

在相轨图中, 二维状态变量的值与其离散坐标点一一对应。因此, 根据图像尺度变换原理, 2D-AAC 可表示为

$$\begin{pmatrix} x'_n \\ y'_n \end{pmatrix} = \begin{pmatrix} S_x & 0 \\ 0 & S_y \end{pmatrix} \begin{pmatrix} x_n \\ y_n \end{pmatrix} \quad (4-14)$$

式中, (x_n, y_n) 为原始坐标点, (x'_n, y'_n) 为线性变换后的坐标点, S_x 和 S_y 分别是 x_n 维度和 y_n 维度的尺度控制参数。结合图像的旋转变换, 2D-ASC 可表示为

$$\begin{pmatrix} x'_n \\ y'_n \end{pmatrix} = \begin{pmatrix} \cos\theta & -\sin\theta \\ \sin\theta & \cos\theta \end{pmatrix} \begin{pmatrix} x_n \\ y_n \end{pmatrix} \qquad (4-15)$$

式中，θ 是吸引子以原点为中心的逆时针旋转角度。同理，2D-AGC 可表示为

$$\begin{pmatrix} x'_n \\ y'_n \end{pmatrix} = \begin{pmatrix} x_n \\ y_n \end{pmatrix} + \begin{pmatrix} I_x \\ I_y \end{pmatrix} \qquad (4-16)$$

式中，I_x 和 I_y 分别是 x_n 维度和 y_n 维度的偏置控制参数。结合式(4-14)～式(4-16)，2D-AHC 可表示为

$$\begin{cases} x'_n = S_x(x_n\cos\theta - y_n\sin\theta) + I_x \\ y'_n = S_y(x_n\sin\theta + y_n\cos\theta) + I_y \end{cases} \qquad (4-17)$$

式中，$AP = (\theta, S_x, S_y, I_x, I_y)$ 是参数向量。当 AP 取不同参数时，基于 2D-AHC 的相轨图如图 4-9 所示。

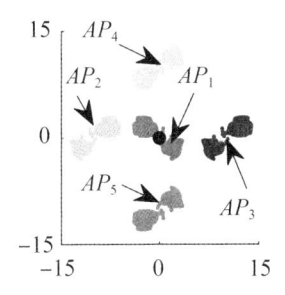

(a) 2D-ASC：$AP_1 = (\theta, 1, 1, 0, 0)$，$AP_2 = (\theta, -1, 1, -10, 0)$，$AP_3 = (\theta, -1, 1, 10, 0)$，$AP_4 = (\theta, 1, -1, 0, 10)$，$AP_5 = (\theta, -1, 1, 0, -10)$

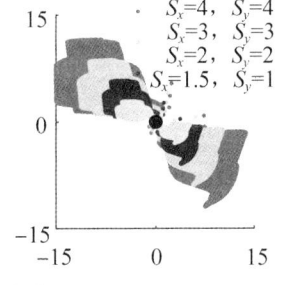

(b) 2D-AAC：$\theta = I_x = I_y = 0$

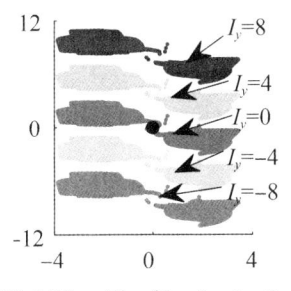

(c) 2D-AGC：$AP = (0, 1, 1, 0, I_y)$

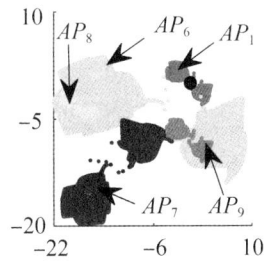

(d) 2D-AHC：$AP_6 = (\pi/10, 4, 4, -5, -5)$，$AP_7 = (\pi/2, 3, 2, -12, -12)$，$AP_8 = (\pi, 0.8, 0.8, -18, -3)$，$AP_9 = (1.5\pi, 1.5, 2, -8, -12)$

图 4-9　基于 2D-AHC 的相轨图

在图 4-9(a)中，通过设置不同的参数实现了 2D-ASC，参数 AP_1 和 AP_2，AP_1 和 AP_3，AP_1 和 AP_4，以及 AP_1 和 AP_5 分别实现了吸引子关于 x_n = ±5 或 y_n = ±5 对称；在图 4-9(b)中，取 $AP = (0, S_x, S_y, 0, 0)$，不同的 S_x 和 S_y 可实现 2D-AAC；取 $AP = (0, 1, 1, 0, I_y)$，图 4-9(c)展示了 y_n 方向的 2D-AGC；当随机改变 AP 中的五个参数时，图 4-9(d)展示了在 x_n - y_n 平面上对吸引子的对称特性、幅度特性和旋转特性的随机调控。可以看到，2D-AGC、2D-AAC 和 2D-ASC 分别与图像的平移、缩放和旋转控制一一对应，而通过三种基本变换的组合，可实现吸引子分形结构在二维平面上的自由调控。

与文献[144][147][150][178]中的模型相比较，提出的 2D-AHC 方法不受模型维度、SCPs、ISs 的限制，可同时实现 2D-AAC、2D-ASC 和 2D-AGC 中的一种或多种调控。而绝大多数已有模型无法实现吸引子调控[95,137-138]，而小部分可实现 2D-AAC、2D-ASC、2D-AGC 的模型也存在诸多限制[147,150]。因此，2D-AHC 方法具有通用性。

4.3 基于 FPGA 的混沌序列吞吐率提升与均匀化方法

为了在 FPGA 中产生超高速均匀 PRNs，本节提出了两级串联吞吐率提升方法，第一级采用流水线技术实现了基于 4D-TBMHM 的 PRNs 实时产生，第二级采用阵列式 M 序列实现了 PRNs 吞吐率的二次提升和均匀化。

4.3.1 基于流水线技术的序列实时产生方法

从第三章中 DCM 的硬件实现可以看出，DCM 复杂的数学模型和 FPGA 有限的计算速度是导致 PRNs 吞吐率难以进一步提升的主要原因。结合流水线工作原理，可以在 FPGA 中通过实时更新 SVs 和 SCPs 实现不同 PRNs 的实时产生。为避免因 SVs 或 SCPs 导致的非混沌行为出现，使用 FPGA 内部的 RAM 和 ROM 分别缓存当前的 SVs 及其 SCPs，下一次迭代时，再从缓存区取出上一次的 SVs 和 SCPs 进行新一轮计算。同时，将不同 SCPs 和 ISs 对应的 SVs 进行"插值"输出，即可实现 4D-TBMHM 的实时产生。该方法对应的数学模型为

$$\mathrm{SVs}(i) = \begin{cases} f(\mathrm{SCPs}(i)\,\mathrm{ISs}(i)), & i \leqslant P_c \\ f(\mathrm{SCPs}(i\%P_c)\,\mathrm{SVs}(i-P_c)), & i \geqslant P_c \end{cases} \quad (4-18)$$

式中，$\mathrm{SVs}(i)$ 为第 i 个时钟 4D-TBMHM 的输出序列；$f(\cdot)$ 为式(4-3)中的数学方程；P_c 为 4D-TBMHM 的迭代时钟周期；$\mathrm{SCPs}(i)$ 为 ROM 中第 i 个地址存储的 SCPs；$\mathrm{SVs}(i)$ 为 RAM 中第 i 个地址存储的 $\mathrm{SVs}(i-P_c)$ 或 $\mathrm{ISs}(i)$。因此，使用同一个读地址即可获得对应的 SVs 和 SCPs。此外，为了便于在 FPGA 中实现流水线工作模型，4D-TBMHM 的每个维度的迭代周期应都为 P_c。在工程实现时，可使用 FPGA 内部的 D 触发器或可编程移位寄存器实现不同延时。

4.3.2 随机序列吞吐率的提升与均匀化

统计特性稳定是 M 序列的优势，而周期长和随机性能突出是 4D-TBMHM 的优势。结合二者的优势，本节给出了一种以 4D-TBMHM 输出序列作为阵列式 M 序列初值和本源多项式的超高速均匀随机序列产生方法。

4.3.2.1 M 序列的原理

M 序列，又称为"线性反馈移位寄存器"，是一种实现方法简单、可预先确定、可重复输出且具有随机特征的二进制序列。如图 4-10 所示，一个 M 序列由 n 个 D 触发器和 $n-1$ 个异或门组成，其中 c_i 表示反馈线，$c_i=1$ 表示第 i 级 D 触发器的输出 a_{n-i} 接入反馈项的逻辑运算中，$c_i=0$ 表示第 i 级 D 触发器的输出 a_{n-i} 不接入反馈项的逻辑运算中，且 $c_0=c_n=1$。设 n 个 D

触发器的 $ISs = \sum_{i=1}^{n} a_i 2^{(i-1)}$，其中权值 a_i 等于 0 或 1。

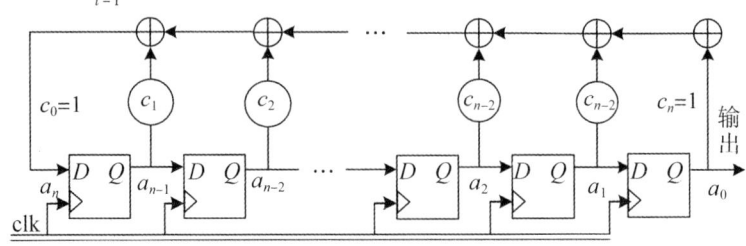

图 4-10　n 级 M 序列的原理框图

在图 4-10 中，第一级 D 触发器的输入 a_n 可表示为[179]

$$a_n = c_1 a_{n-1} \oplus c_2 a_{n-2} \oplus \cdots \oplus c_{n-1} a_1 \oplus c_n a_0 = \mathrm{mod}(\sum_{i=1}^{n} c_i a_{n-i}, 2) \quad (4-19)$$

和反馈项(c_i)可表示为

$$D_{\mathrm{fd}} = f(x) = c_0 + c_1 x + c_2 x^2 + \cdots + c_n x^n = \sum_{i=0}^{n} c_i x^i \quad (4-20)$$

式中，D_{fd} 为本源多项式；i 为系数 c_i 所在的位置；x^i 仅表示其系数 c_i 的比特值(1 或者 0)；x 本身无特殊意义。对于第 k 级 D 触发器的输入 a_k，有

$$a_k = \mathrm{mod}(\sum_{i=1}^{n} c_i a_{k-i} n) \quad (4-21)$$

式(4-21)称为"特征多项式"，它决定了 M 序列反馈线的连接和输出序列的结构。n 级 D 触发器可产生随机序列的充要条件为式(4-21)是本源多项式。常用 M 序列的本源多项式数量(F_N)和循环周期长度(F_T)见表 4-6 所列，本源多项式的数量远小于周期数，n 越大，本源多项式越多，循环周期越大。

表 4-6　常用 M 序列的本源多项式数量和循环周期长度

n	8	9	10	11	12	13	14	15	16
本源多项式数量 F_N	16	60	60	176	144	630	756	1800	2048
循环周期长度 F_T	255	511	1023	2047	4095	8191	16 383	32 767	65 535

M 序列的主要特性如下。

(1)均衡性，在 M 序列的一个循环周期内，序列 1 比 $P(0) \approx P(1) \approx \frac{1}{2}$，也就是输出序列近似服从均匀分布。

(2) 流程分布，连续相同元素的组合称为一个"游程"，n 级 M 序列共有 2^{n-1} 个游程，其中长度为 $k(1 \leq k \leq n-1)$ 的游程占总游程数的 2^{-k}，且当 $k \in [1, n-2]$ 时，连 1 与连 0 的游程数各占一半。

(3) 相关性，M 序列的自相关函数 $\rho(\tau)$ 是周期性的二值函数，当 $\tau = 0$ 时，$\rho(\tau) = \dfrac{1}{n}$，否则 $\rho(\tau) = 0$。

(4) 本源多项式或初值敏感性，当本源多项式或初值不同时，0-1 序列也不同。

(5) 实现简单，一个 n 级 M 序列仅需要 n 个 D 触发器和 $n-1$ 个异或门，每个时钟可产生 1 bit 随机数。

综上所述，M 序列在循环周期内是均匀 PRNs，通过设置不同的本源多项式或初值即可产生不同的 0-1 序列，仅使用 D 触发器和异或门即可在 FPGA 中实现 M 序列，硬件实现简单。

4.3.2.2 基于阵列式 M 序列的序列吞吐率提升和均匀化方法

由 Q 个 n 级 M 序列组成的 Q 通道阵列式 M 序列（Q-channel Arrayed M Sequence, Q-CAMS）的原理框图如图 4-11(a) 所示，则每个时钟可产生 Q 位 PRNs。Q 位二进制序列在第 j 个时钟的输出 A_{Qj} 也服从均匀分布，即有

$$P(A_{Qj} = b_Q) \approx \frac{1}{2^Q} \qquad (4-22)$$

式中，$b_Q \in [0, 2^Q - 1]$，b_Q 为整数。使用归纳法证明如下。

证明： 首先引入以下两个引理。

引理 1： 若事件 A 和事件 B 为两个独立事件，则事件 A 和事件 B 的联合概率为

$$P(AB) = P(A) \cdot P(B) \qquad (4-23)$$

引理 2： 设 Q 个 M 序列分别具有不同的初值和本源多项式，第 $i(1 \leq i \leq Q)$ 个 M 序列在 j 个时钟的输出为 $\bar{a}_{ij}$，输出序列 0 和序列 1 的概率分别为 $P(\bar{a}_{ij} = 0)$ 和 $P(\bar{a}_{ij} = 1)$，则有

$$\begin{cases} P(\bar{a}_{ij}=0) \approx P(\bar{a}_{ij}=1) \approx \dfrac{1}{2} \\ \text{cov}(\bar{a}_{ij},\bar{a}_{(i+1)j})=0 \\ A_{Qj}=\sum\limits_{i=1}^{n}\bar{a}_{ij}2^{i-1} \end{cases} \quad (4-24)$$

则根据式(4-23)、式(4-24)，有

(1) 当 $Q=2$ 时，有

$$P(A_{2j}=b_2)=P(\bar{a}_{2j}A_{1j})=P(\bar{a}_{2j})P(A_{1j})=P(\bar{a}_{2j})P(\bar{a}_{1j})$$
$$\approx \frac{1}{2} \cdot \frac{1}{2}=\frac{1}{2^2} \quad (4-25)$$

因此，当 $Q=2$ 时，式(4-22)成立。

(2) 假设当 $Q=k(k \geqslant 2)$ 时，式(4-22)成立，即有

$$P(A_{kj}=b_k)=P(\bar{a}_{kj}A_{(k-1)j})=P(\bar{a}_{kj})P(A_{(k-1)j})$$
$$\approx \frac{1}{2}P(A_{(k-1)j})=\frac{1}{2^k} \quad (4-26)$$

那么，当 $Q=k+1$ 时，有

$$P(A_{(k+1)j}=b_{k+1})=P(\bar{a}_{(k+1)j}A_{kj})=P(\bar{a}_{(k+1)j})P(A_{kj})$$
$$\approx \frac{1}{2}P(A_{kj})=\frac{1}{2^{k+1}} \quad (4-27)$$

即当 $Q=k+1$ 时，式(4-22)也成立。综合(1)、(2)可知，对任意的 Q，式(4-22)成立。

因此，Q-CAMS 的输出 A_{Qj} 也服从均匀分布。

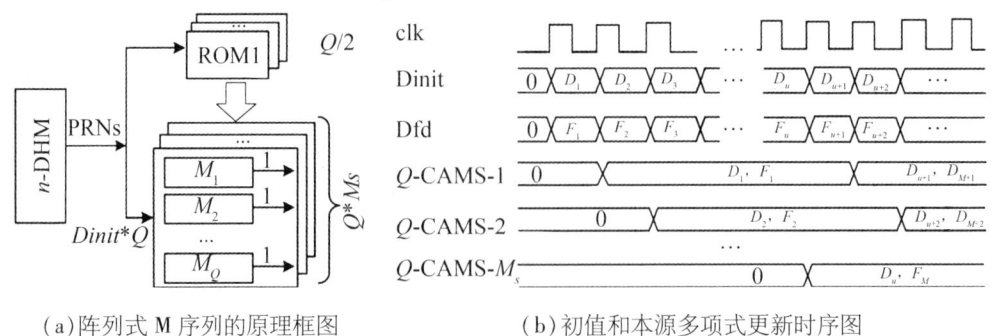

(a) 阵列式 M 序列的原理框图　　(b) 初值和本源多项式更新时序图

图 4-11　阵列式 M 序列的原理框图和参数更新时域图

Q-CAMS 由 Q 个 n 级 M 序列并联组成,所以 Q-CAMS 满足 M 序列的所有性质。将 4D-TBMHM 的输出序列作为 Q-CAMS 的初值和本源多项式即可实现 Q 位 PRNs 的不重复产生,且并联 M_s 个 Q-CAMS 即可实现 PRNs 吞吐率的 M_s 倍提升。设 γ 是满足 $F_N \leqslant 2^\gamma$ 的最小正整数,则 Q-CAMS 所需要的 PRNs 总位宽 B_Q 为

$$B_Q = Q(n+r) \leqslant KD_m \tag{4-28}$$

式中,D_m 是 4D-TBMHM 输出 PRNs 的总位宽;K 为满足式(4-28)成立的最小正整数。每 2^n-1 个更新周期,初值和本源多项式仅需要更新一次。在图 4-11(a)中,使用 $\dfrac{Q}{2}$ 个双口 ROM 存储 Q 通道本源多项式,每个时钟 ROM 阵列并行输出 Q 组参数作为 1 个 Q-CAMS 的本源多项式。此时,M_s 个 M 序列的初值和本源多项式按照图 4-11(b)的时序进行时间交替更新,对应的均匀 PRNs 吞吐率为

$$吞吐率 = f_{\text{sys}} \cdot M_s \cdot Q \tag{4-29}$$

根据 4D-TBMHM 输出 PRNs 的位宽,M_s 的取值应同时满足如下两个约束条件。

(1)为避免 Q-CAMS 输出序列重复,可并联的 n 级 M 序列的最大数量 $M_{\max}$ 为

$$M_{\max} = (2^n-1) \cdot F_N = F_T \cdot F_N \tag{4-30}$$

而单个 Q-CAMS 中包含 Q 个 n 级 M 序列,则理论上 Q-CAMS 的最大数量 $Q_{\max 1}$ 为

$$Q_{\max 1} = \frac{M_{\max}}{Q} = \frac{F_T \cdot F_N}{Q} \tag{4-31}$$

(2)在 Q-CAMS 的更新周期内,4D-TBMHM 产生 PRNs 的总数据量 N_s 为

$$N_s = (2^n-1)D_m = F_T \cdot D_m \tag{4-32}$$

因每连续 K 个输出可作为一个 Q-CAMS 的 ISs，那么，Q-CAMS 的最大数量 Q_{max2} 为

$$Q_{max2} = \frac{N_s}{KD_m} = \frac{F_T}{K} \qquad (4-33)$$

因此，为避免 Q-CAMS 重复输出 PRNs，M_s 应取式(4-31)和式(4-33)的最小值，即

$$M_s = \min(Q_{max1}, Q_{max2}) \qquad (4-34)$$

取 $Q = n = 16$，$D_m = 256$，则有 $F_T = 65\ 535$，$F_N = 2048$，$\gamma = 11$，$K = 2$，再将上述参数分别带入式(4-30)~式(4-34)有 $M_s \approx 32\ 727$。若 FPGA 的系统时钟为 100 MHz，且资源足够多，则最大吞吐率为

$$吞吐率 = 32\ 727 \times 100(\mathrm{MHz}) = 3272.7(\mathrm{Gbps}) \approx 3.27(\mathrm{Tbps}) \qquad (4-35)$$

4.4 基于均匀随机序列的高吞吐率噪声数字合成方法

本节以均匀 PRNs 为随机参数，给出高吞吐率高斯噪声和高吞吐率均匀噪声合成方法。

4.4.1 高吞吐率高斯噪声合成方法

4.4.1.1 基于 Box-Muller 的高斯信号合成

随机抽样的理论依据是逆变采样法。设随机信号 X 的概率密度函数为 $f(x)$，若其分布函数的反函数 $F^{-1}(u)(u \in [0, 1])$ 存在，且 $Y = F^{-1}(u)$，则变量 Y 就是服从指定分布 $F(x)$ 的随机抽样。

证明：首先，X 的分布函数 $F(x)$ 可表示为

$$F(x) = \int_{-\infty}^{x} f(\gamma) \mathrm{d}\gamma \qquad (4-36)$$

则 $F(x) \in [0, 1]$ 在区间 $[-\infty, +\infty]$ 是单调增函数。令 $Y = F^{-1}(u)$，则 Y 也是单调增函数。

如果 $u \sim U(0, 1)$，有

$$P(Y \leqslant x) = P(F^{-1}(u) \leqslant x) = P(u \leqslant F(x))$$

$$= F_u(F(x)) = \int_0^{F(x)} 1 \mathrm{d}x = F(x) \quad (4-37)$$

式(4-37)表明：随机变量 Y 的分布函数就是指定分布函数 $F(x)$。当 $u \sim U(0, 1)$ 时，可使用 $F^{-1}(u)$ 产生指定分布函数 $F(x)$。

设 $V \sim N(0, 1)$，$W \sim N(0, 1)$，且 V 和 W 相互独立。则 $Z = (V, W)$ 联合概率密度函数 $f(v, w)$ 为

$$f(v, w) = f(v) \cdot f(w) = \frac{1}{\sqrt{2\pi}} \exp\left(-\frac{v^2}{2}\right) \cdot \frac{1}{\sqrt{2\pi}} \exp\left(-\frac{w^2}{2}\right)$$

$$= \frac{1}{2\pi} \exp\left(-\frac{v^2 + w^2}{2}\right) \quad (4-38)$$

则 $Z = (V, W)$ 的累计分布函数可表示为

$$F(v, w) = \int_{-\infty}^{+\infty} \int_{-\infty}^{+\infty} f(v, w) \mathrm{d}v \mathrm{d}w$$

$$= \int_{-\infty}^{+\infty} \int_{-\infty}^{+\infty} \frac{1}{2\pi} \exp\left(-\frac{v^2 + w^2}{2}\right) \mathrm{d}v \mathrm{d}w \quad (4-39)$$

式(4-39)是 $f(v, w)$ 在笛卡儿坐标系中的二重积分。取 $v = \rho\cos\theta$，$w = \rho\sin\theta$，则有

$$\begin{cases} \rho = \sqrt{v^2 + w^2}, & \rho \geqslant 0 \\ \tan\theta = \dfrac{w}{v}, & 0 \leqslant \theta \leqslant 2\pi \\ \mathrm{d}u\mathrm{d}v = \rho\mathrm{d}\rho\mathrm{d}\theta \end{cases} \quad (4-40)$$

将式(4-40)代入式(4-39)，有

$$F(v, w) = \int_0^{+\infty} \int_0^{2\pi} \frac{1}{2\pi} \exp\left(-\frac{\rho^2}{2}\right) \rho \mathrm{d}\rho \mathrm{d}\theta$$

$$= \int_0^{+\infty} \exp\left(-\frac{\rho^2}{2}\right) \rho \mathrm{d}\rho \cdot \frac{1}{2\pi} \int_0^{2\pi} \mathrm{d}\theta \quad (4-41)$$

由此可得一维变量 P 和 Θ 分布函数分别为

$$F_P(\rho) = \int_0^\rho \exp\left(-\frac{\rho^2}{2}\right)\rho d\rho \cdot \frac{1}{2\pi}\int_0^{2\pi} d\theta = 1 - \exp\left(-\frac{\rho^2}{2}\right) \quad (4-42)$$

和

$$F_\Theta(\theta) = \int_0^\rho \exp\left(-\frac{\rho^2}{2}\right)\rho d\rho \cdot \frac{1}{2\pi}\int_0^\theta d\theta = \frac{\theta}{2\pi} \quad (4-43)$$

式(4-41)~式(4-43)表明：两个独立标准正态分布的联合分布函数与两个独立分布函数 $F_P(\rho)$ 和 $F_\Theta(\theta)$ 相同。根据逆变采样方法，一维变量 P 和 Θ 分布函数的反函数为

$$\begin{cases} F_P^{-1}(U_1) = \sqrt{-2\ln(1-U_1)} \\ F_\Theta^{-1}(U_2) = 2\pi U_2 \end{cases} \quad (4-44)$$

式中，$U_1 \sim U(0,1)$，$U_2 \sim U(0,1)$。因此，中间变量 ρ 和 θ 的分布特性可使用式(4-44)分别表示，并代入 $v = \rho\cos\theta$，$w = \rho\sin\theta$ 两式中，有

$$\begin{cases} v = \sqrt{-2\ln(1-U_1)}\cos(2\pi U_2) \\ w = \sqrt{-2\ln(1-U_1)}\sin(2\pi U_2) \end{cases} \quad (4-45)$$

此外，因 $U_1 \sim U(0,1)$，那么 $1 - U_1 \sim U(0,1)$。式(4-45)可简写为

$$\begin{cases} v = \sqrt{-2\ln U_1}\cos(2\pi U_2) \\ w = \sqrt{-2\ln U_1}\sin(2\pi U_2) \end{cases} \quad (4-46)$$

式(4-46)表明可使用在区间[0,1]的均匀PRNs合成高斯噪声。这也就是Box-Muller的变换原理。

4.4.1.2 自定义高斯噪声的并行合成

结合式(4-46)，M_s 路随机数可1:1产生 M_s 路高斯噪声 $X_{ni} \sim N(0,1)$ ($i \in [1, M_s]$)，且 M_s 路 X_{ni} 独立同分布。当 M_s 路 X_{ni} 按如图4-12所示的无重复固定置乱后，输出序列 $Y_n(k) = (X_{ni1}(k), X_{ni2}(k), \cdots, X_{niM_s}(k))$ 仍然服从 $Y_n \sim N(0,1)$。

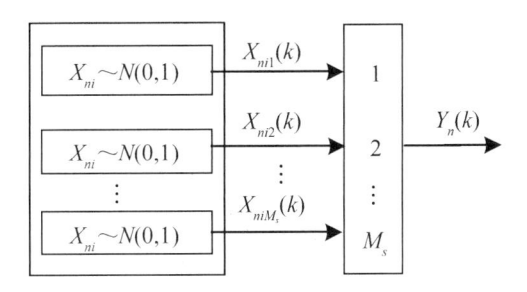

图 4-12 M_s 路并行数据无重复固定置乱示意图

证明： 设每路输出可产生 Ω_n 个样本；在 $X_{ni} \sim N(0, 1)$ 中，$P(X = x_k) = p_k$；则第 i 路输出样本 x_k 的频次 F_i 为

$$F_i = \Omega_n \cdot p_k, \quad i \in [1, M_s] \tag{4-47}$$

因 M_s 路 X_{ni} 独立同分布，那么样本 x_k 在总样本空间 $M_s \Omega_n$ 中出现的概率为

$$P(Y = x_k) = \frac{\sum_{i=1}^{M_s} F_i}{\sum_{i=1}^{M_s} \Omega_n} = \frac{\sum_{i=1}^{M_s} \Omega_n \cdot p_k}{\sum_{i=1}^{M_s} \Omega_n} = p_k \tag{4-48}$$

最后通过一个并串转换器实现无重复固定置乱排序，排序仅改变输出顺序，不改变频次。因此有 $P(y = x_k) = P(X = x_k) = p_k$。

并行输入串行输出的 DAC 可实现上述无重复固定置乱排序算法。设 DAC 并行输入端口数为 $M(M \leqslant M_s)$，分辨率为 $N_b(N_b \leqslant M_s)$，数据同步时钟为 f_{DAC}，则 DAC 输出高斯噪声的吞吐率为

$$吞吐率 = f_{DAC} \cdot M \cdot N_b \leqslant f_{sys} \cdot M_s \cdot Q \tag{4-49}$$

式中，$f_{sys} = f_{DAC}$。

根据第 4.3.2.2 节分析，M_s 路随机数 D_p 在区间 $[0, 2^Q - 1]$ 服从均匀分布，那么可使用式（4-50）将 D_p 映射到区间 $(0, 1]$ 上，使 D_p 成为均匀分布随机数。

$$U_p = \frac{D_p + 1}{2^Q} \sim U(0, 1) \tag{4-50}$$

显然，U_p 的最小值为 2^{-Q}。在式（4-46）中，取 $U_1 = 2^{-Q}$，可得

$$\begin{cases} \max(x_v) = \sqrt{2\ln 2 \times Q}, & \text{当 } U_2 = 0 \text{ 或 } 1 \\ \max(x_w) = \sqrt{2\ln 2 \times Q}, & \text{当 } U_2 = 0.25 \end{cases} \quad (4-51)$$

波峰因数(crest factor,CF)被定义为波形的峰值与其有效值之比,即

$$CF = \frac{\max(x_n)}{\sqrt{\mu^2 + \sigma^2}} \quad (4-52)$$

因此,当 $X_n \sim N(0,1)$ 时,有 $CF = \sqrt{2\ln 2 \cdot Q}$,$Q$ 越大,CF 越大。

高斯噪声的输出功率和波峰因数是两个最为重要的参数,在不同的测试场景中,通常需要对其关键参数进行自定义设置。不同参数的自定义方法如下。

(1)输出功率自定义。高斯噪声的平均输出功率与其均值和方差有关,若 $X_n \sim N(0,1)$,有

$$Y_n = \sigma X_n + \mu \sim N(\mu, \sigma^2) \quad (4-53)$$

则 Y_n 的平均输出功率 $\overline{P}_O$ 为

$$\overline{P}_O = \mu^2 + \sigma^2 \quad (4-54)$$

(2)波峰因数自定义。根据式(4-52)和式(4-53),则 Y_n 的 CF 为

$$CF = \frac{\sigma \sqrt{2\ln 2 \cdot Q} + \mu}{\sqrt{\mu^2 + \sigma^2}} \quad (4-55)$$

Y_n 在不同参数下的 CF 见表4-7所列,Q 越大,CF 越大,且 μ 和 σ 可同时改变 CF 和输出功率。

表4-7 高斯噪声 Y_n 在不同参数下的理论 CF 和 $\overline{P}_O$

参数	$\sigma=1, \mu=0$				$\sigma=1, \mu=0.1$				$\sigma=0.1, \mu=0.1$			
Q	8	16	32	64	8	16	32	64	8	16	32	64
CF	3.33	4.72	6.66	9.42	3.41	4.79	6.73	9.47	3.06	4.04	5.42	7.37
$\overline{P}_O$	1				1.01				0.02			

此外,从图2-2中也可以看到,当极低概率的大幅度噪声信号被限幅到区间 $[\mu, 3\sigma)$ 时,几乎不会对高斯噪声的分布产生影响。因此,可按式(4-56)对高斯噪声的幅度进行限制,即

$$y_n = \begin{cases} y_n, & 2\mu - \mathrm{CF}_p\sqrt{\mu^2+\sigma^2} \leq y_n \leq \mathrm{CF}_p\sqrt{\mu^2+\sigma^2} \\ \mu, & \text{其他} \end{cases} \quad (4-56)$$

式中，CF_p 为自定义 CF 参数，且 $\mathrm{CF}_p \leq \mathrm{CF}$。

综上所述，基于多路均匀随机序列的高吞吐率高斯噪声自定义合成算法实现步骤如下所示(简称"算法 4-1")。

Input：均匀随机数：$M_s \cdot Q$，噪声参数：μ 和 σ，波峰因数：CF_p，通道数：M。

Output：高斯噪声：Y_n。

①令 M_1 是满足 $M \leq M_1$ 的最小偶数；

②将 μ、σ 和 $\mathrm{CF} = \mathrm{CF}_p$ 代入式(4-55)，计算 Q_n；

③从 $M_s \cdot Q$ 中随机选取 $M \cdot Q_n$；

④使用式(4-50)产生 M_1 路均匀随机数：$U_i \sim U(0,1)$；

⑤将 U_i 带入式(4-46)，生成 M_1 路标准正态噪声：$X_{ni} \sim N(0,1)$；

⑥使用式(4-53)和式(4-56)对 M_1 路 X_{ni} 进行输出功率调整和幅度限制，生成信号 Y_n。

4.4.2 高吞吐率均匀噪声合成方法

第 4.3.2.2 节的分析已证明 M_s 路数据在区间 $[0, 2^q-1]$ 服从均匀分布，因此，可使用式(4-57)将 M_s 路均匀随机数映射到区间 $[0,1]$，使其服从均匀分布的随机数 U_{un}。

$$U_{un} = \frac{D_p}{2^q - 1} \sim U(0,1) \quad (4-57)$$

同样，M_s 路 U_{un} 按图 4-12 进行无重复固定置乱后，那么 $Y_n \sim U(0,1)$。

证明：证明过程与第 4.4.1.2 节类似，此处省略。

与高斯噪声类似，均匀噪声 Y_{un} 的特性也可使用极值和平均输出功率表征。令 $Y_{un} = a + bU_{un}$，则 $Y_{un} \sim U(a, a+b)$，那么 Y_{un} 的最小值和最大值分

别为 a 和 $a+b$，平均输出功率为

$$\overline{P_{\text{un}}} = (E(Y_{\text{un}}))^2 + D(Y_{\text{un}}) = a^2 + ab + \frac{b^2}{3} \qquad (4-58)$$

4.5 方法验证与分析

在本节中，首先，使用数值仿真验证 PRNs 吞吐率提升及均匀化方法；其次，分析两种噪声数字合成方法及加性噪声的统计特性；再次，设计基于 FPGA 的 4D-TBMHM 硬件验证和噪声输出；最后，验证高斯噪声和均匀噪声对常见信号的加性干扰，并产生对应的模拟信号。

4.5.1 数值仿真与分析

在图 4-5 中随机选取 8 组处于超混沌状态的 ISs，各产生 2000 组 SVs。将约 4.1×10^6 位的二进制 PRNs 作为四组 16-CAMS（$n=16$）的初值和本源多项式，产生的四路 16 位 PRNs 的 PMF 如图 4-13 所示，其中区间 [0, 65 535] 被均分到 50 个统计区间。可以看到，PRNs 在每个小区间的概率都近似为 0.02，这表明产生的 PRNs 在区间 [0, 65 535] 服从均匀分布。

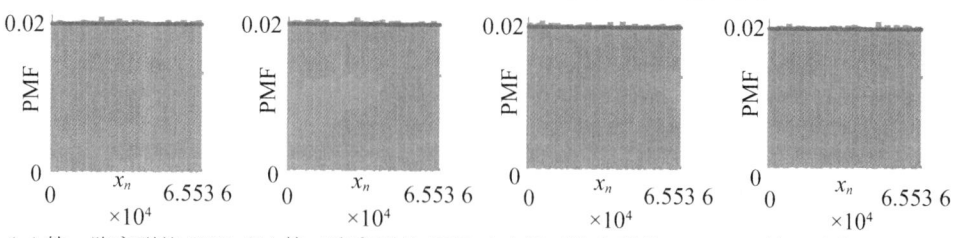

(a) 第一路序列的 PMF (b) 第二路序列的 PMF (c) 第三路序列的 PMF (d) 第四路序列的 PMF

图 4-13　四路输出序列的 PMF

将图 4-13 中的四路 PRNs 按照式 (4-57) 进行归一化处理，并进行统计分析（50 个统计区间），对应的 PMF 分别如图 4-14(a)～图 4-14(d) 所示，

X_n 在区间[0, 1]的每个小区间的概率也近似为 0.02。这表明归一化处理后的 PRNs 也服从均匀分布，即线性变化不改变 PRNs 的统计特性。

(a) 第一路均匀 PRNs　(b) 第二路均匀 PRNs　(c) 第三路均匀 PRNs　(d) 第四路均匀 PRNs

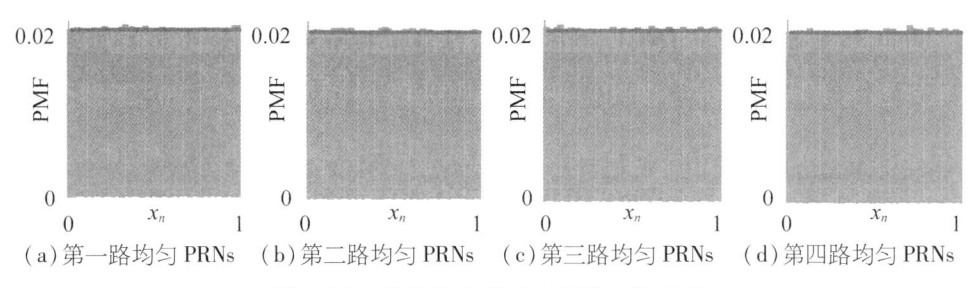

图 4-14　四组均匀噪声(PRNs)的 PMF

取 $\sigma = 1$，$\mu = 0$，$Q'_n = 16$，$M = 4$，根据算法 4-1，图 4-14 中的四路均匀 PRNs 可产生四路标准高斯噪声 $X_n \sim N(0, 1)$。固定 $\alpha = 0.05$，表 4-8 展示了分别对均匀噪声和高斯噪声样本使用 kolmogorov-smirnov(K-S)检验和样本自相关(sample autocorrelation, SA)得到的 PT，所有 PT 都大于 0.05，这表明合成的噪声分布服从均匀分布和高斯分布。此外，图 4-15 展示了第一路高斯噪声在 $CF_p = 3.3$ 和 $CF_p = 3.7$ 的 PDF，使用算法 4-1 合成高斯噪声的 PMF 与理论 PDF 曲线高度重复，这证明了提出方法的正确性。

表 4-8　均匀噪声和高斯噪声的统计检验值 PT

噪声通道	均匀噪声		高斯噪声($CF_p = 3.3$)		高斯噪声($CF_p = 3.7$)	
	K-S	SA	K-S	SA	K-S	SA
第一路	0.635	0.329	0.916	0.328	0.965	0.329
第二路	0.549	0.327	0.913	0.337	0.951	0.336
第三路	0.887	0.324	0.944	0.340	0.980	0.339
第四路	0.667	0.324	0.879	0.322	0.748	0.322

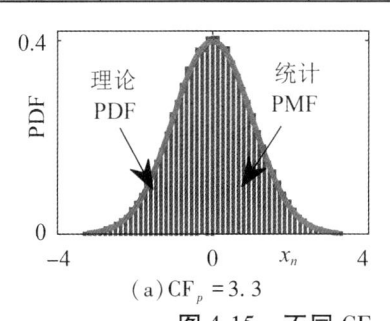

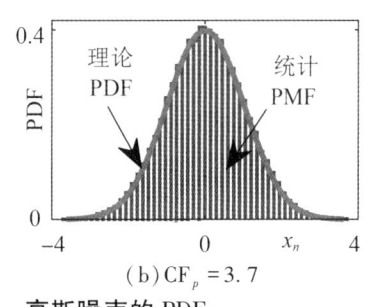

(a) $CF_p = 3.3$　　(b) $CF_p = 3.7$

图 4-15　不同 CF_p 下，高斯噪声的 PDF

用合成的高斯噪声和均匀噪声对常见信号按式(4-59)进行加性干扰。合成信号的 PMF 分别如图4-16和图4-17所示，可以发现，合成信号的 PMF 与 G 和周期信号类型有关，当方波与噪声进行叠加时，等价于两个不同电平的直流信号与高斯信号叠加，根据式(4-53)和式(4-57)，会形成两组同方差不同均值的高斯噪声和均匀噪声。

(a) 当 $G=0.5$ 时，方波与高斯噪声的 PMF

(b) 当 $G=0.5$ 时，正弦波与高斯噪声的 PMF

(c) 当 $G=1$ 时，方波与高斯噪声的 PMF

(d) 当 $G=1$ 时，三角波与高斯噪声的 PMF

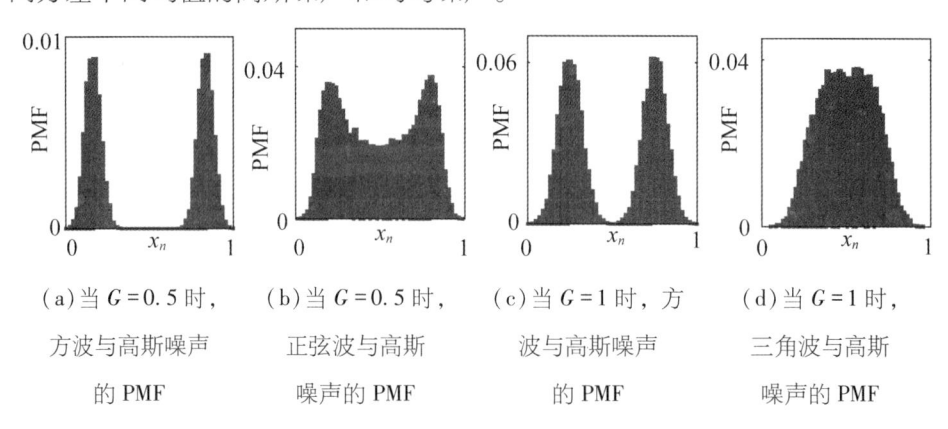

图 4-16　不同功率的高斯噪声与周期信号叠加后的 PMF

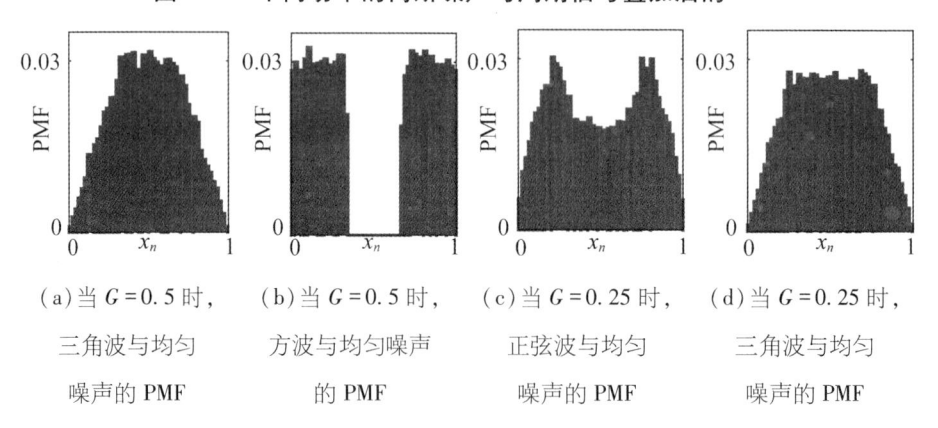

(a) 当 $G=0.5$ 时，三角波与均匀噪声的 PMF

(b) 当 $G=0.5$ 时，方波与均匀噪声的 PMF

(c) 当 $G=0.25$ 时，正弦波与均匀噪声的 PMF

(d) 当 $G=0.25$ 时，三角波与均匀噪声的 PMF

图 4-17　不同功率的均匀噪声与周期信号叠加后的 PMF

$$\text{Din}_i = \frac{[s_i(t)+G_i n_i(t)](2^{N_b}-1)}{G_i+1} = \frac{2^{N_b}-1}{G_i+1}s_i(t) + \frac{G_i(2^{N_b}-1)}{G_i+1}n_i(t)$$

$$= K_{i1}s_i(t) + K_{i2}n_i(t) \tag{4-59}$$

式中，G_i 是第 i 个通道的噪声增益系数；K_{i1} 和 K_{i2} 分别是信号和噪声的可控增益系数。当设置 $K_{i1}=0$(或 $K_{i2}=0$)时，DAC 可输出噪声(或周期信号)。

4.5.2 四维离散映射的硬件验证

本书设计的 4D-TBMHM 硬件实现架构如图 4-18(a)所示，图 4-18(a)中从左到右的四个子模块分别并行实现了式(4-3)中四个方程。使用 Verilog 按照图 4-18(a)编写程序，并进行功能验证与时序分析，结果表明：FPGA 实现式(4-3)中的四个方程分别需要 244 个、178 个、29 个和 29 个时钟周期。因此，设计 4D-TBMHM 更新周期为 245 个时钟周期，当系统时钟为 100 MHz 时，PRNs 吞吐率为

$$吞吐率 = \frac{100}{245} \times 64 \times 4 \approx 104 (\text{Mbps}) \quad (4-60)$$

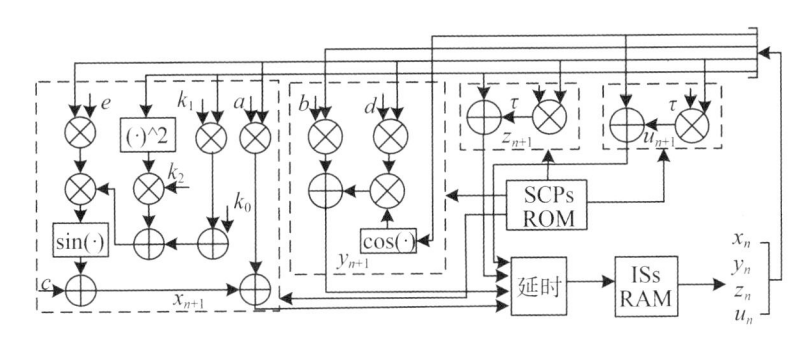

(a) 4D-TBMHM 硬件实现框图

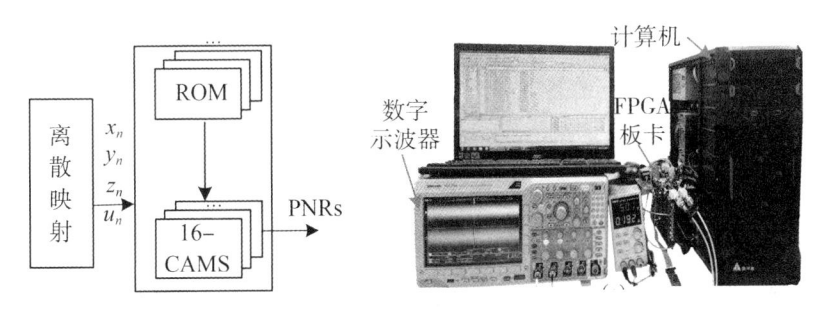

(b) 阵列式 M 序列实现框图

(c) 基于 FPGA 的硬件实验平台

图 4-18 硬件实验平台

如图 4-18(c)所示的实验平台由自研 FPGA 板卡、DAC 模块、数字示波

器、直流电源和带 PCIe 接口的计算机组成。使用计算机按照表 4-1 中的参数 1 在线配置 SCPs 和 ISs，当示波器的时基为 2 μs/div 时，使用示波器捕获 x_n(CH1) 和 y_n(CH2) 的时域波形如图 4-19(a) 所示，图 4-19(a) 显示每次迭代序列 x_n 与 y_n 都是同步更新，数据持续时间(迭代周期)约 2.42 μs，示波器的测量精度导致了约 0.03 μs 的误差。当设置时基为 2 ms/div 时，示波器捕获的 x_n 和 y_n 的时域波形如图 4-19(b) 所示，两通道波形都在有界范围内表现出类似噪声的时域波形，对应的相轨图如图 4-20(a) 所示。

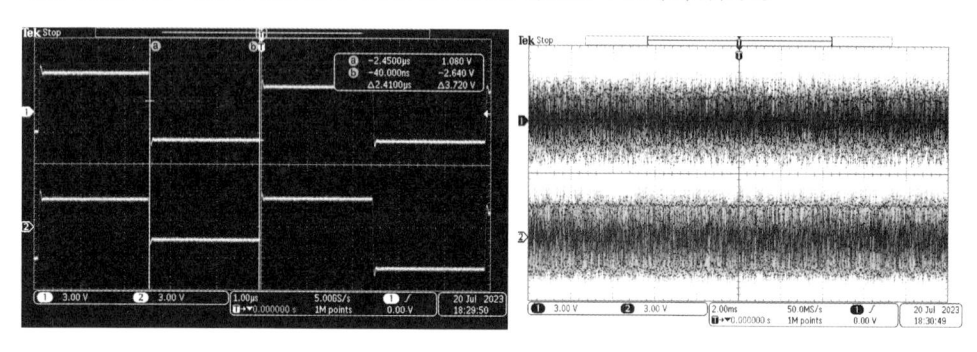

(a) 当时基为 2 μs/div 时，示波器显示的时域波形　　(b) 当时基为 2 ms/div 时，示波器显示的时域波形

图 4-19　数字示波器捕获的 PRNs 时域波形

当再次通过计算机在线配置与图 4-4 中相同的 SCPs 和 ISs 时，不同序列在示波器中显示相轨图分别如图 4-20(b)～图 4-20(i) 所示，图 4-20 中的 FPGA 硬件实现结果与图 4-4 中的 Matlab 数值仿真结果高度一致，这表明 FPGA 方法具有较高的精度和更快的速度[95]。

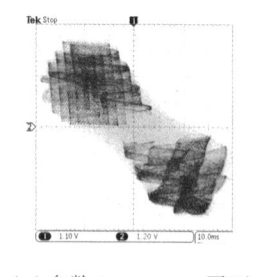

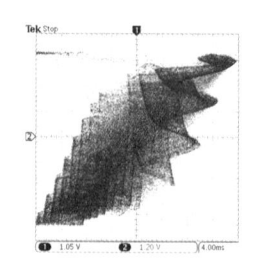

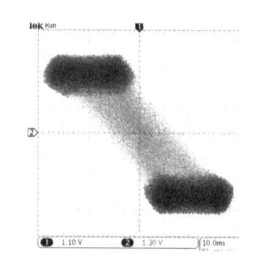

(a) 参数 1，x_n-y_n 平面　　(b) 参数 2，x_n-z_n 平面　　(c) 参数 3，x_n-y_n 平面

(d) 参数 3，x_n-z_n 平面　　(e) 参数 4，x_n-y_n 平面　　(f) 参数 4，x_n-z_n 平面

(g) 参数 4，x_n-z_n 平面　　(h) 参数 5，x_n-y_n 平面　　(i) 参数 6，x_n-y_n 平面

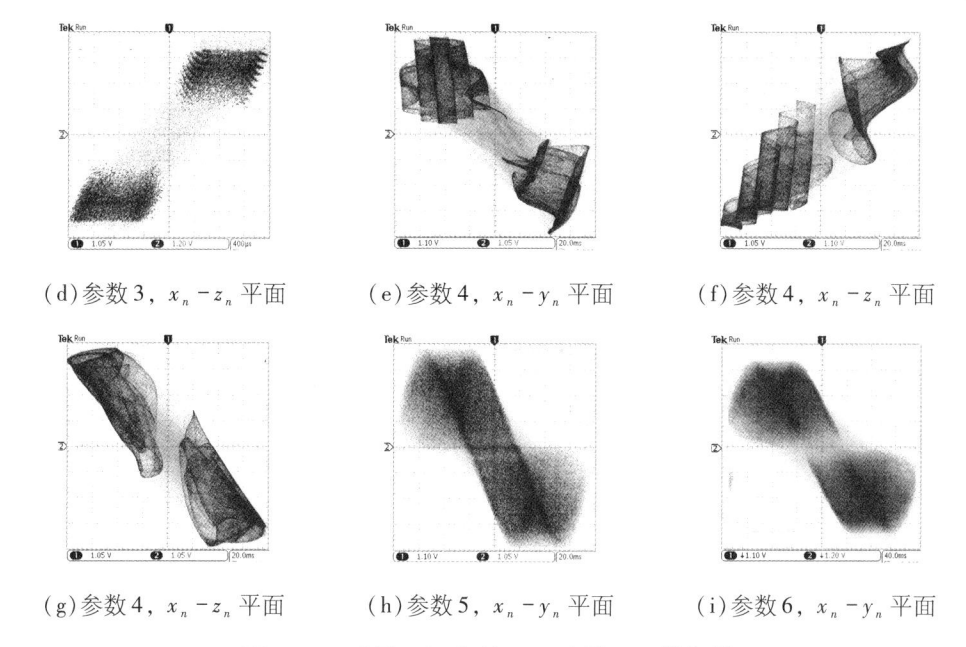

图 4-20　设置不同参数，示波器显示的相轨

4.5.3　FPGA 超高速噪声合成验证与分析

当 4D-TBMHM 的四个维度都工作在流水线模式时，需要四个维度具有相同延时，因此在图 4-18(a) 中增加了延时模块，其中第二到第四子模块分别设置了 66 级延时、215 级延时、215 级延时。因此，延时模块每个时钟可并行输出四路 PRNs。此时，PRNs 吞吐率为

$$吞吐率 = 100 \times 256 = 25.6(\text{Gbps}) \tag{4-61}$$

与式(4-60)相比，流水线技术可将 PRNs 的吞吐率提高 245 倍。图 4-18(b) 是基于阵列式 M 序列的序列均匀化实现框图，其中阵列式 M 序列由 122 组 16-CAMS 和 8 个双口 ROM 组成。122 路 16 位 PRNs 的 FPGA 仿真如图 4-21 所示。

结合式(4-29)～式(4-34)，取 $n=16$，$Q=16$，$M_s=245$，对应的 PRNs 吞吐率为

$$吞吐率 = 100 \times 256 \times 122 = 195.2(\text{Gbps}) \qquad (4-62)$$

每路 PRNs 的 PMF 均与图 4-13 相似，在区间[0，655 35]近似服从均匀分布。式(4-60)～式(4-62)表明，第一级流水线技术可将 4D-TBMHM 的吞吐率提高约 245 倍，第二级阵列式 M 序列可将 PRNs 的吞吐率再次提升 122 倍，并同时实现均匀化。

本书提出方法与已有方法的对比见表 1-1 和表 1-2 所列。与表 1-1 中基于物理熵源的随机数产生方法相比较：首先，本书提出方法实现更简单，仅需要 FPGA 即可实现，而已有方法需要专用集成电路、ADC、FPGA 等高性能器件[48,53,55]才能实现；其次，在已有方法中，随机数的吞吐率小于 ADC 的吞吐率[9,54,55]，未能实现全带宽的随机数实时产生，且随机数的吞吐率受限 ADC 的性能(采样率和分辨率)；最后，与最高吞吐率的方法相比[9]，本书提出方法实现更简单、成本更低，吞吐率提高了近 13.9 倍。与表 1-2 中的方法相比，本书结合了 DCM 和算法的优势，采用主流的 FPGA 平台实现；与最高吞吐率的方法相比[7]，本书提出方法在功耗与成本方面也更有优势，吞吐率也提高了近 6.35 倍。综上所述，本书提出的方法具有吞吐率高、实现简单、成本低等优势，适合工程应用推广。

选用 FPGA XCVU13P 对提出的方法进行逻辑仿真验证。当 $Q = 16$，$\sigma = 1$，$\mu = 0$ 时，图 4-22 中展示了随机选取第 1 通道、第 6 通道及四个通道(第 1、6、78、82 通道)拼合后的高斯噪声 PDF，每个子通道及合并后的高斯噪声都服从高斯分布。将浮点数转为 16 位定点数，则高斯噪声的吞吐率为 195.2 Gbps。而图 4-21 中的 PRNs 可直接作为 16 位均匀噪声数据，因此，均匀噪声的吞吐率也为 195.2 Gbps。

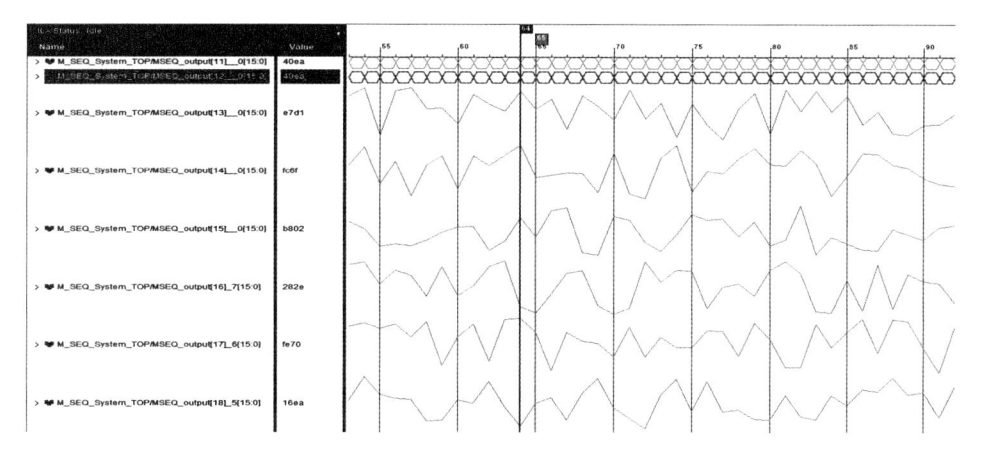

图 4-21　122 路均匀随机数 FPGA 仿真

(a) 第 1 通道高斯噪声的 PDF　　(b) 第 2 通道高斯噪声的 PDF　　(c) 四个通道拼合后的高斯噪声 PDF

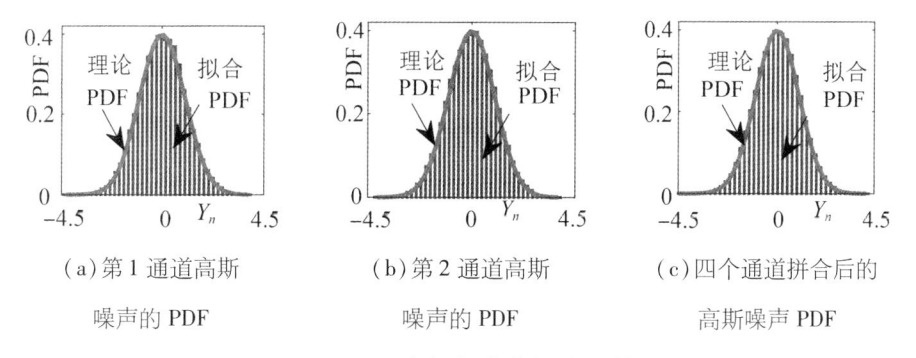

图 4-22　FPGA 内部数字高斯信号的 PDF

综上所述，通过在 FPGA 中设计 122 路 16 - CAMS，可同时产生高达 195.2 Gbps 的均匀噪声和高斯噪声。数字噪声合成模块消耗 FPGA 逻辑资源统计表见表 4-9 所列，因此，若进一步提高随机种子的吞吐率、例化更多的噪声合成子模块，便可进一步提高均匀噪声和高斯噪声的吞吐率。

表 4-9　数字噪声合成模块消耗 FPGA 逻辑资源统计表

逻辑资源	CLB LUTs	LUT RAM	CLB Registers	Block RAM	DSP	CARRY8
噪声模块	989 126	72 162	1 308 633	976	3965	108 519
XCVU13P	1 728 000	7 910 400	3 456 000	2688	12 288	216 000
使用比例	57.24%	9.12%	37.87%	36.31%	32.27%	50.24%

4.5.4 噪声测试信号合成方法验证

4.5.4.1 实验平台设计

基于 FPGA 和 DAC 的噪声合成架构如图 4-23 所示，其中图 4-23（a）是验证平台的总体架构框图，图 4-23（b）是本章提出的高斯噪声和均匀噪声合成框图，图 4-23（c）是后续第五章提出的任意分布噪声合成框图。该架构主要由均匀随机数产生模块、加性噪声合成模块、DAC 模块、系统控制器组成。每个模块的功能如下：

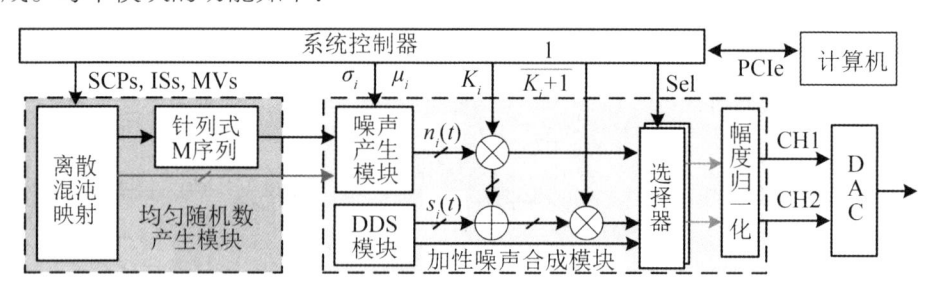

（a）验证平台的总体架构框图

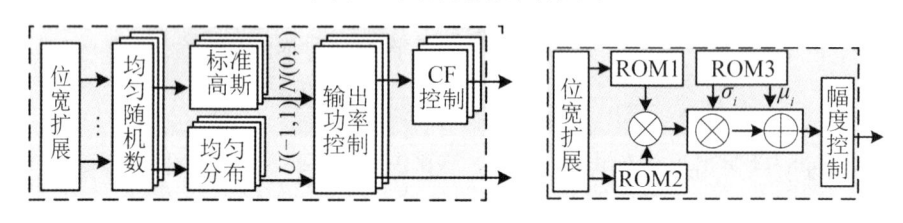

（b）高斯噪声和均匀噪声合成框图　　（c）任意分布噪声合成框图

图 4-23　基于 FPGA 和 DAC 的加性噪声合成架构

（1）均匀随机数产生模块，该模块主要由离散混沌映射和阵列式 M 序列组成，其中离散混沌映射模块用于产生随机种子，阵列式 M 序列用于种子吞吐率提升和均匀化。

（2）加性噪声合成模块，该模块主要由噪声产生模块、DDS 模块及幅度归一化模块组成，其中噪声合成模块用于合成各类噪声信号 $n_i(t)$（$n_i(t) \in [0, 1]$），DDS 模块用于合成周期信号 $s_i(t)$（$s_i(t) \in [0, 1]$）。则 DAC 输

入 $Din_i(i=1, 2)$ 数据的归一化公式如式(4-59)所示。

设 $s_i(t)$ 的均值和方差分别为 μ_s 和 σ_s，$n_i(t)$ 的均值和方差分别为 μ_n 和 σ_n，则 Din_i 对应的信噪比为

$$\text{SNR} = 10\lg \frac{\mu_s^2 + \sigma_s^2}{G_i^2(\mu_n^2 + \sigma_n^2)} \quad (4-63)$$

(3) DAC 模块，该模块用于将合成的数字测试信号转换为模拟信号。

(4) 系统控制器，主要用于接收计算机发送给各模块的参数，并根据发送的参数对各模块进行控制。

4.5.4.2 高斯噪声合成方法验证

在图 4-18 中的硬件实验平台对噪声合成方法进行方法验证。受 DAC 的转换速率限制，本书随机选取第一路输出的高 14 位作为 DAC 的输入。示波器捕获的高斯噪声如图 4-24(a)～图 4-24(d)所示，当 $CF_p = 3.7$ 时，高斯噪声的最大值(3.718 V)和最小值(-3.74 V)与理论值 ±3.7 V 的误差分别是 18 mV 和 40 mV，当 $CF_p = 3.3$ 时，高斯噪声的最大值(3.344 V)和最小值(-3.256 V)与理论值 ±3.3 V 的误差都是 44 mV。同时，示波器显示的统计直方图也与图 4-16 中的数值仿真高度相似。

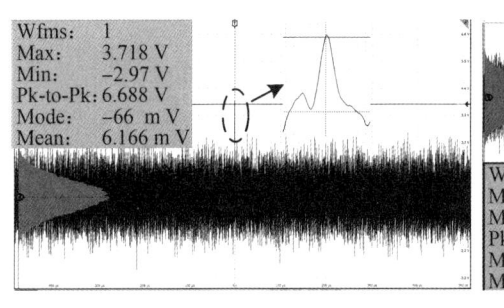

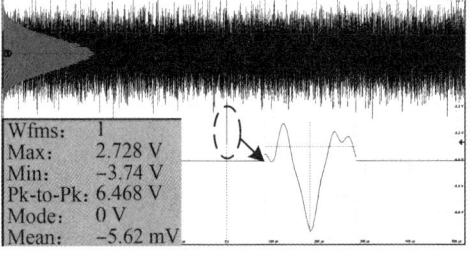

(a) 当 $CF_p = 3.7$ 时，高斯噪声的最大幅度　　(b) 当 $CF_p = 3.7$ 时，高斯噪声的最小幅度

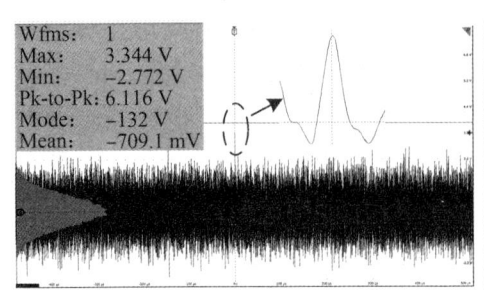

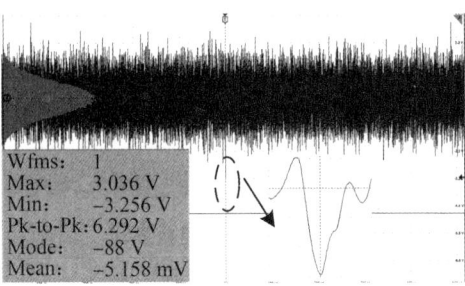

(c) 当 CF_p = 3.3 时，高斯噪声的最大幅度　　(d) 当 CF_p = 3.3 时，高斯噪声的最小幅度

图 4-24　示波器捕获的第一路高斯噪声时域波形

分别设置 G_i = 0.5（K_{i1} = 5461，K_{i2} = 10 922）和 G_i = 1（K_{i1} = 8191.5，K_{i2} = 8191.5），常见周期信号叠加高斯噪声后的时域波形如图 4-25 所示，合成信号的统计直方图与图 4-16 高度相似。因此，提出的方法可分别实现高斯噪声和加性高斯噪声的数字合成。

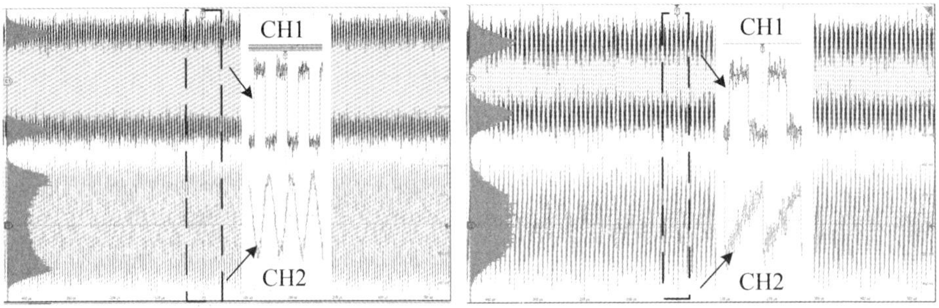

(a) 当 G_i = 0.5 时，CH1（方波叠加高斯噪声）和 CH2（正弦波叠加高斯噪声）的时域波形与直方图

(b) 当 G_i = 1 时，CH1（方波叠加高斯噪声）和 CH2（三角波叠加高斯噪声）的时域波形与直方图

图 4-25　周期信号叠加高斯噪声后的时域波形

4.5.4.3　均匀噪声合成方法验证

固定 b = 0，当分别取 a = 0.5 或 a = 1 时，示波器捕获的均匀噪声波形和测量结果分别如图 4-26(a)、图 4-26(b)所示，均匀噪声的最大值（501 mV 或 1.014 V）、最小值（-501 mV 或 -1.014 V）都分别与理论值 ±0.5 和 ±1 接近，其统计直方图也与图 4-14 中的理论分布相似，其中 DAC 的量化误差和电路噪声是导致微小差异的主要原因。

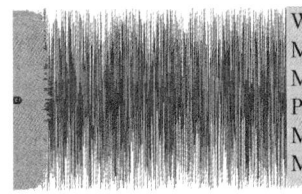

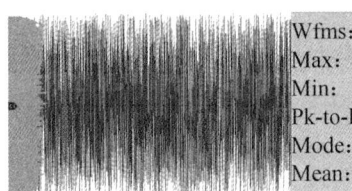

(a) 当 $a=0.5$ 时，均匀噪声的时域
波形和统计直方图

(b) 当 $a=1$ 时，均匀噪声的时域
波形和统计直方图

图 4-26　均匀噪声的时域波形

与图 4-25 中的验证方法类似，当噪声源切换为均匀噪声时，可合成加性均匀噪声测试信号。取 $G_i=0.5$，CH1 和 CH2 输出的测试信号时域波形如图 4-27(a)所示，取 $G_i=0.25$（$K_{i1}=4096$，$K_{i2}=12\,288$），CH1 和 CH2 输出的测试信号时域波形如图 4-27(b)所示，每路输出信号中都叠加了噪声，信号的统计直方图与图 4-17 中的数字仿真具有类似的分布特性。因此，提出的方法也可分别实现均匀噪声和加性均匀噪声信号的数字合成。

综上所述，结合 FPGA 并行流水线特性，可实现标准高速高斯噪声和均匀噪声的数字合成，再根据可编程参数可实现指定参数的加性高斯噪声和加性均匀噪声合成。通过改变 DDS 中波形类型、切换噪声源、调整噪声增益系数 G_i，可合成具不同信噪比和不同信号类型的测试信号。

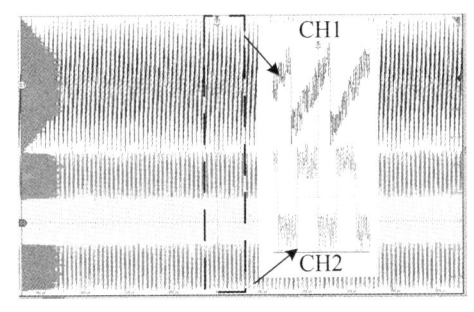

(a) 当 $G_i=0.5$ 时，CH1（三角波叠加均匀噪声）和 CH2（方波叠加均匀噪声）的时域波形与直方图

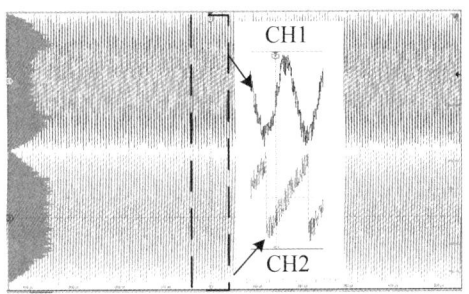

(b) 当 $G_i=0.25$ 时，CH1（正弦波叠加均匀噪声）和 CH2（三角波叠加均匀噪声）的时域波形与直方图

图 4-27　周期信号叠加均匀噪声后的时域波形

4.6 本章小结

针对可控高吞吐率噪声合成难题，特别是在高速高带宽领域应用最频繁的高斯噪声和均匀噪声，本章提出了基于四维忆阻混沌映射的高吞吐率噪声数字合成方法。首先，通过引入两个 DM 和两个三角函数，建立了 4D-TBMHM 新模型。分析显示，4D-TBMHM 具有混沌区间更连续、吸引子结构丰富的特点，其 PRNs 的样本熵（1.758）、排列熵（4.952）、关联维度（1.998）、卡普兰-约克维度（4.000）等指标更高，且可通过 NIST 和 TestU01 测试。其次，给出了通用化二维平面吸引子调控方法以增强 4D-TBMHM 的动力学行为。再次，给出了 4D-TBMHM 吞吐率两级提升方法，其中第一级采用流水线技术解决了计算延时难题，第二级采用阵列式 M 序列对 PRNs 进行二次提速和均匀化，以均匀 PRNs 作为种子，结合并行 Box-Muller 变换和流水线技术，提出了波峰因数和输出功率可控的高斯噪声数字合成方法，以及输出功率可控的均匀噪声合成方法。最后，在 FPGA 硬件平台中验证了 4D-TBMHM 的实现和噪声合成方法。实现显示，硬件平台输出的相轨图与理论分析高度相似，当 FPGA 系统时钟为 100 MHz 时，可在 FPGA 中实现吞吐率为 195.2 Gbps 的数字高斯噪声和数字均匀噪声。这也验证了不同类型的噪声对标准信号的实时加性干扰，实验结果与理论仿真高度相似，展示了提出方法的工程化应用前景。

第五章

基于 n 维超混沌映射的任意分布噪声数字合成方法

5.1 引言

因装备功能不同、工作环境的差异,以及可能存在的外界干扰,干扰信道中的信号噪声,除高斯噪声和均匀噪声外,还存在其他分布的噪声。且大多数情况下这些噪声难以建模表征,如潜船噪声[26]、水下目标噪声[10]、电网噪声[12]等,但总体上看,这些噪声都属于平稳随机过程,在统计域上有近似稳定的分布特性。

目前,针对任意分布噪声的产生,学者们主要是通过算法合成[25,28]或采集现场数据[12]等方法获得噪声数据,再结合 DDS 技术实现噪声信号的输出。因有限的波形存储空间,其输出信号本质上仍为周期信号,难以逼真地模拟实际工作环境中的噪声信号。因此,研究可控任意分布噪声实时合成具有重要意义。

针对可控任意分布噪声实时合成的难题,结合第二章、第三章提出的噪声模型和信号合成方法,以及第四章提出的高斯噪声合成方法,本章对基于 n 维超混沌映射的任意分布噪声数字合成方法展开讨论。后续主要内容有：第5.2节进行了 n 维超混沌映射建模，并分析该模型吸引子调控方法；第5.3节提出任意分布噪声信号的数字合成方法；第5.4节对提出的方法进行数值仿真分析和硬件验证；第5.5节对本章研究内容进行总结。

5.2 n 维超混沌映射建模

在本节中，首先提出了基于模运算和三角矩阵的 nD-DHM；其次给出了两个典型6D-DHM，并分析其混沌特性和随机性能；最后给出了基于状态变量的吸引子分形结构调控方法以进一步丰富模型的统计特性和吸引子分形结构。

5.2.1 可控李指数的 n 维超混沌映射模型

5.2.1.1 具有期望李指数的 n 维混沌映射模型

第2.4.2.2中的分析表明，若 nD-DHM 的雅可比矩阵为三角矩阵，则可快速构建混沌模型。因此，在式(2-19)中，令 $F_j(x_{1,k}, x_{2,k}, \cdots, x_{n,k}) = g_j(x_{j,k}) + f_j(x_{j+1,k}, \cdots, x_{n,k})(j \in [1, n])$，并参考式(2-67)中的模型，一种具有期望李指数的 nD-DHM 通用模型如下：

$$\begin{cases} x_{1,k+1} = \mathrm{mod}(g_1(x_{1,k}) + f_1(x_{2,k}, x_{3,k}, \cdots, x_{n,k}), m_1) \\ x_{2,k+1} = \mathrm{mod}(g_2(x_{2,k}) + f_2(x_{3,k}, \cdots, x_{n,k}), m_2) \\ \quad\quad\quad\quad \cdots\cdots \\ x_{n-1,k+1} = \mathrm{mod}(g_{n-1}(x_{n-1,k}) + f_{n-1}(x_{n,k}), m_{n-1}) \\ x_{n,k+1} = \mathrm{mod}(g_n(x_{n,k}), m_n) \end{cases} \quad (5-1)$$

式中，$x_{i,k}$ 为内部状态变量；m_i 为 MVs；$g_i(x_{i,k})$ 为关于状态变量 $x_{i,k}$ 的多项式函数；$f_i(\cdot)$ 是关于状态变量 $x_{i+1,k}$，$x_{i+2,k}$，$\cdots$，$x_{n,k}$ 的函数，且 $f_i(\cdot)$ 可为任意函数，如多项式函数、幂函数、指数函数、对数函数、三角函数、反三角函数等。

在式(5-1)中，当存在一个 $g_i(x_{i,k})$($i \in [1, n]$)满足条件：①对 $\forall x_{i,k} \in [0, m_i)$，有 $\left|\dfrac{\partial g_i(x_{i,k})}{\partial x_{i,k}}\right| > 1$，则 nD-DHM 处于混沌状态；②当存在至少两个 $g_i(x_{i,k})$ 和 $g_j(x_{j,k})$($i \neq j$)满足条件：对 $\forall x_{i,k} \in [0, m_i)$，有 $\left|\dfrac{\partial g_i(x_{i,k})}{\partial x_{i,k}}\right| > 1$，对 $\forall x_{j,k} \in [0, m_j)$，有 $\left|\dfrac{\partial g_j(x_{j,k})}{\partial x_{j,k}}\right| > 1$，则 nD-DHM 处于超混沌状态，且可通过参数 $\left|\dfrac{\partial g_i(x_{i,k})}{\partial x_{i,k}}\right| > 1$ 精准的控制 LEs。证明如下：

证明： 首先，对于第 $k+1$ 次迭代，式(5-1)的雅可比矩阵可写为

$$J_k = \begin{pmatrix} \dfrac{\partial g_1}{\partial x_{1,k}} & \dfrac{\partial f_1}{\partial x_{2,k}} & \cdots & \dfrac{\partial f_1}{\partial x_{i,k}} & \cdots & \dfrac{\partial f_1}{\partial x_{n,k}} \\ & \dfrac{\partial g_2}{\partial x_{2,k}} & \cdots & \dfrac{\partial f_2}{\partial x_{i,k}} & \cdots & \dfrac{\partial f_2}{\partial x_{n,k}} \\ & & \ddots & \vdots & & \vdots \\ & & & \dfrac{\partial g_i}{\partial x_{i,k}} & \cdots & \dfrac{\partial f_i}{\partial x_{n,k}} \\ & & & & \ddots & \vdots \\ & & & & & \dfrac{\partial g_n}{\partial x_{n,k}} \end{pmatrix} \quad (5-2)$$

其次，根据式(2-26)和第二章中的定理 2，经过 p 次迭代后，nD-DHM 的雅可比矩阵可写为

$$J(p) = J_0 J_1 \cdots J_{p-1} = \begin{pmatrix} C_1 & A_{12} & \cdots & A_{1i} & \cdots & A_{1n} \\ & C_2 & \cdots & A_{2i} & \cdots & A_{2n} \\ & & \ddots & \vdots & & \vdots \\ & & & C_i & \cdots & A_{in} \\ & & & & \ddots & \vdots \\ & & & & & C_n \end{pmatrix} \quad (5-3)$$

式中，$C_i = \prod_{j=0}^{j=p-1} \frac{\partial g_i(x_{i,j})}{\partial x_{i,j}}$；$A_{ij} = f(x_{1,0}, \cdots, x_{n,0}, \cdots, x_{1,j}, \cdots, x_{n,j}, \cdots, x_{1,p-1}, \cdots, x_{n,p-1})$，$(1 \leq i < j \leq n)$。显然，式(5-3)中的雅可比矩阵为上三角矩阵。设 $\lambda_i(J) = C_i$ 是式(5-1)的第 i 个特征值，将 C_i 带入式(2-27)有

$$\text{LE}_i = \frac{1}{p} \ln |\lambda_i(J)| = \frac{1}{p} \ln |C_i|$$

$$= \frac{1}{p} \ln \left| \prod_{j=0}^{p-1} \frac{\partial g_i(x_{i,j})}{\partial x_{i,j}} \right| = \frac{1}{p} \sum_{j=0}^{p-1} \ln \left| \frac{\partial g_i(x_{i,j})}{\partial x_{i,j}} \right|^* \quad (5-4)$$

在式(5-4)中，当存在一个 $\left|\frac{\partial g_i(x_{i,k})}{\partial x_{i,k}}\right| > 1$，则 nD-DHM 处于混沌状态；当至少存在两个 $\left|\frac{\partial g_s(x_{s,k})}{\partial x_{s,k}}\right| > 1 (s = i, j)$，则 nD-DHM 处于超混沌状态；当所有的 $\left|\frac{\partial g_i(x_{i,k})}{\partial x_{i,k}}\right| > 1$，D-DHM 是一个具有 n 个正 LEs 的超混沌映射；当所有的 $\left|\frac{\partial g_i(x_{i,k})}{\partial x_{i,k}}\right| < 1$，$n$D-DHM 处于周期状态。此外，当 p 固定时，LE_i 只与 $\left|\frac{\partial g_i(x_{i,k})}{\partial x_{i,k}}\right|$ 相关。因此，可通过 $\left|\frac{\partial g_i(x_{i,k})}{\partial x_{i,k}}\right|$ 精准地控制 LEs。特别地，当 $\left|\frac{\partial g_i(x_{i,k})}{\partial x_{i,k}}\right|$ 为常数时，LE_i 也为常数。

式(5-3)是一个上三角雅可比矩阵，所以式(5-2)也可称为 n 维上三

角离散超混沌映射（n-dimensional upper triangular discrete hyperchaotic map，nD-UTDHM）。同理，也可定义 n 维下三角离散超混沌映射（n-dimensional lower triangular discrete hyperchaotic map，nD-LTDHM）模型如下：

$$\begin{cases} y_{1,k+1} = \mathrm{mod}(\bar{g}_1(y_{1,k}), \bar{m}_1) \\ y_{2,k+1} = \mathrm{mod}(\bar{f}_2(y_{1,k}) + \bar{g}_2(y_2, k), \bar{m}_2) \\ \quad\quad\quad\quad \cdots\cdots \\ y_{n-1,k+1} = \mathrm{mod}(\bar{f}_{n-1}(y_{1,k}, \cdots, y_{n-2,k}) + \bar{g}_{n-1}(y_{n-1,k}), \bar{m}_{n-1}) \\ y_{n,k+1} = \mathrm{mod}(\bar{f}_n(y_{1,k}, y_{2,k}, \cdots, y_{n-1,k}) + \bar{g}_n(y_{n,k}), \bar{m}_n) \end{cases} \quad (5-5)$$

式中，$y_{i,k}$ 为内部状态变量；$\bar{m}_i$ 为 MVs；$\bar{g}_i(x_{i,k})$ 为关于状态变量 $y_{i,k}$ 的多项式函数；$\bar{f}_i(\cdot)$ 为关于状态变量 $y_{1,k}$, $y_{2,k}$, $\cdots$, $y_{i,k}$ 的函数；$\bar{f}_i(\cdot)$ 可为任意函数，如多项式函数、幂函数、指数函数、对数函数、三角函数、反三角函数等。

在式（5-5）中，当存在一个 $\bar{g}_i(y_{i,k})$（$i \in [1, n]$）满足条件：对 $\forall y_{i,k} \in [0, \bar{m}_i)$，有 $\left|\dfrac{\partial \bar{g}_i(y_{i,k})}{\partial y_{i,k}}\right| > 1$，则 nD-LTDHM 处于混沌状态；当存在至少两个 $\bar{g}_i(y_{i,k})$ 和 $\bar{g}_j(y_{j,k})$（$i \neq j$）满足条件：对 $\forall y_{i,k} \in [0, \bar{m}_i)$，有 $\left|\dfrac{\partial \bar{g}_i(y_{i,k})}{\partial y_{i,k}}\right| > 1$，对 $\forall y_{j,k} \in [0, \bar{m}_j)$，有 $\left|\dfrac{\partial g_j(y_{j,k})}{\partial y_{j,k}}\right| > 1$，则 nD-LTDHM 处于超混沌状态。且可以通过 $\left|\dfrac{\partial \bar{g}_i(y_{i,k})}{\partial y_{i,k}}\right|$ 精准地控制 LEs。证明过程与 nD-UTDHM 的证明过程相似，此处省略。

5.2.1.2 两个六维混沌映射模型

根据第 5.2.1.1 节提出的 nD-DHM 建模方法，当 $n = 6$ 时，6D-UTDHM 的模型如下：

$$\begin{cases} x_{1,k+1} = \mathrm{mod}(a_1 x_{1,k} + 5x_{2,k}x_{3,k} + 9x_{4,k}^2 + 4x_{5,k} + 7x_{6,k} + 0.1, \ m_{11}) \\ x_{2,k+1} = \mathrm{mod}(b_1(x_{2,k}+4)^2 + x_{3,k}x_{4,k}^3 + 3x_{5,k}x_{6,k} + 0.2, \ m_{12}) \\ x_{3,k+1} = \mathrm{mod}(c_1(x_{3,k}+3)^3 + x_{4,k}^2 + x_{5,k} + 5x_{6,k}^2 + 0.3, \ m_{13}) \\ x_{4,k+1} = \mathrm{mod}(d_1 x_{4,k} + 3x_{5,k}x_{6,k}^2 + 0.4, \ m_{14}) \\ x_{5,k+1} = \mathrm{mod}(e_1(x_{5,k}+7)^2 + x_{6,k}^3 + 0.5, \ m_{15}) \\ x_{6,k+1} = \mathrm{mod}(f_1(x_{6,k}+5)^2 + 0.6, \ m_{16}) \end{cases} \quad (5-6)$$

式中，a_1、b_1、c_1、d_1、e_1、f_1 为 SCPs；$m_{1i}(i\in[1,6])$ 为 MVs；$x_{i,k}\in[0, m_{1i})$。式(5-6)的雅可比矩阵为

$$J = \begin{pmatrix} a_1 & 5x_{3,k} & 5x_{2,k} & 18x_{4,k} & 4 & 7 \\ 0 & 2b_1(x_{2,k}+4) & x_{4,k}^3 & 3x_{3,k}x_{4,k}^2 & 3x_{6,k} & 3x_{5,k} \\ 0 & 0 & 3c_1(x_{3,k}+3)^2 & 2x_{4,k} & 1 & 10x_{6,k} \\ 0 & 0 & 0 & d_1 & 3x_{6,k}^2 & 6x_{5,k}x_{6,k} \\ 0 & 0 & 0 & 0 & 2e_1(x_{5,k}+7) & 3x_{6,k}^2 \\ 0 & 0 & 0 & 0 & 0 & 2f_1(x_{6,k}+5) \end{pmatrix}$$

$$(5-7)$$

因此，结合式(5-4)，当 $|a_1|>1$ 和 $|b_1|>1$ 时，6D-UTDHM 必处于超混沌状态。类似的，6D-LTDHM 的模型为

$$\begin{cases} y_{1,k+1} = \mathrm{mod}(a_2(y_{1,k+3})^3 + 0.1, \ m_{21}) \\ y_{2,k+1} = \mathrm{mod}(y_{1,k}^2 + b_2 y_{2,k} + 0.2, \ m_{22}) \\ y_{3,k+1} = \mathrm{mod}(y_{1,k}y_{2,k} + c_2 y_{3,k} + 0.3, \ m_{23}) \\ y_{4,k+1} = \mathrm{mod}(6y_{1,k} + (y_{2,k}+y_{3,k})^2 + d_2 y_{4,k} + 0.4, \ m_{24}) \\ y_{5,k+1} = \mathrm{mod}(3y_{1,k} + y_{2,k}y_{3,k}^2 + 2y_{4,k} + e_2(y_{5,k}+6)^2 + 0.5, \ m_{25}) \\ y_{6,k+1} = \mathrm{mod}(y_{1,k}y_{2,k}y_{3,k} + 3y_{4,k} + y_{5,k}^3 + f_2 y_{6,k} + 0.6, \ m_{26}) \end{cases} \quad (5-8)$$

式中，a_2，b_2，c_2，d_2，e_2，f_2 为 SCPs；$m_{2i}(i \in [1, 6])$ 为 MVs；$y_{i,k} \in [0, m_{2i})$。6D-LTDHM 的雅可比矩阵为

$$J = \begin{pmatrix} 3a_2(y_{1,k}+3)^2 & 0 & 0 & 0 & 0 & 0 \\ 2y_{1,k} & b_2 & 0 & 0 & 0 & 0 \\ y_{2,k} & y_{1,k} & c_2 & 0 & 0 & 0 \\ 6 & 2(y_{2,k}+y_{3,k}) & 2(y_{2,k}+y_{3,k}) & d_2 & 0 & 0 \\ 3 & y_{3,k}^2 & 2y_{2,k}y_{3,k} & 2 & 2e_2(y_{5,k}+6) & 0 \\ y_{2,k}y_{3,k} & y_{1,k}y_{3,k} & y_{1,k}y_{2,k} & 3 & 3y_{5,k}^2 & f_2 \end{pmatrix}$$

(5-9)

因此，当四个参数 (b_2, c_2, d_2, f_2) 至少有两个参数的绝对值大于 1 时，则 6D-LTDHM 必处于超混沌状态。

5.2.2 动力学行为分析

本节使用三维混沌图、一维分岔图、相轨图、熵分析等方法来分析 6D-UTDHM 和 6D-LTDHM 的动力学行为特征。为方便分析，在 6D-UTDHM 中，默认 SCPs 为 $a_1 = 6$，$b_1 = -5$，$c_1 = 3$，$d_1 = -7$，$e_1 = 5$，$f_1 = -6$，默认 ISs 为 $(x_{1,0}, x_{2,0}, x_{3,0}, x_{4,0}, x_{5,0}, x_{6,0}) = (0.7, 0.9, 1.1, 1.3, 1.5, 1.7)$，默认 MVs 为 $m_{1i} = 1$。在 6D-LTDHM 中，默认 SCPs 为 $a_2 = 8$，$b_2 = -10$，$c_2 = 11$，$d_2 = -9$，$e_2 = 6$，$f_2 = -11$，默认 ISs 为 $(y_{1,0}, y_{2,0}, y_{3,0}, y_{4,0}, y_{5,0}, y_{6,0}) = (0.1, 0.2, 0.3, 0.4, 0.5, 0.7)$，默认 MVs 为 $m_{2i} = 1$。

5.2.2.1 系统参数相关的分叉行为分析

当同时改变 nD-DHM 的三个 SCPs 或 ISs 时，并计算输出序列的周期数和 LEs，可得到 nD-DHM 与其 SCPS 或 ISs 相关的三维混沌图。使用默认的

SCPs、ISs 和 MVs，并用区间[1，2·10^5]的序列计算 LEs，区间[2·10^5-100，2·10^5]的序列计算周期数。对于式(5-6)中的6D-UTDHM，当设置$a_1 \in [5, 10]$，$b_1 \in [-10, -5]$，$d_1 \in [5, 10]$时，在a_1-b_1-d_1参数空间的三维混沌图如图5-1(a)所示；对于式(5-8)中的6D-LTDHM，当系统参数$a_2 \in [5, 10]$，$b_2 \in [-10, -5]$，$d_2 \in [-10, -5]$时，在a_2-b_2-d_2参数空间的三维混沌图如图5-1(b)所示，不同颜色标记的动力学行为与图3-2相同，提出的两个6D-DHM都在整个三维空间内处于超混沌状态。因此，与其他已有映射模型相比[95]，提出的6D-UTDHM和6D-LTDHM具有更连续的超混沌区间。

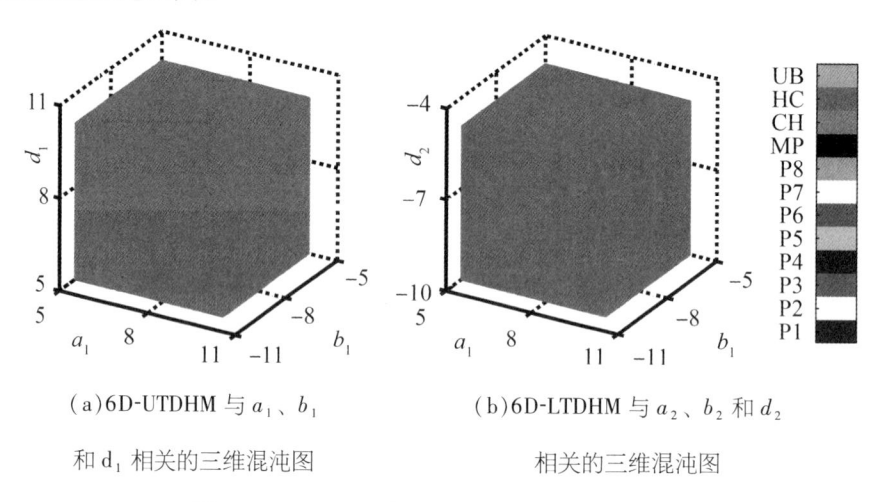

(a)6D-UTDHM 与 a_1、b_1 和 d_1 相关的三维混沌图

(b)6D-LTDHM 与 a_2、b_2 和 d_2 相关的三维混沌图

图 5-1 6D-DHM 与 SCPs 相关的三维混沌图

保持其他默认参数不变，结合图5-1中的三维混沌图，当分别控制参数a_1和a_2在区间[5, 10]递增，6D-UTDHM与参数a_1相关的分岔图(上)及其LEs(下)如图5-2(a)所示；6D-LTDHM与参数a_2相关的分岔图(上)及其LEs(下)如图5-2(b)所示；状态变量$x_{i,k}$(或$y_{i,k}$)的分岔图被极值全覆盖，这表明$x_{i,k}$(或$y_{i,k}$)在区间[0, 1)内具有无穷多个极值。此外，在整个迭代区间内六个LEs都大于零，也表明了6D-UTDHM和6D-LTDHM都具有突出的混沌性能。

(a) 当 $a_1 \in [5, 10]$ 时, 6D-
UTDHM 的一维分岔图

(b) 当 $a_2 \in [5, 10]$ 时, 6D-
LTDHM 的一维分岔图

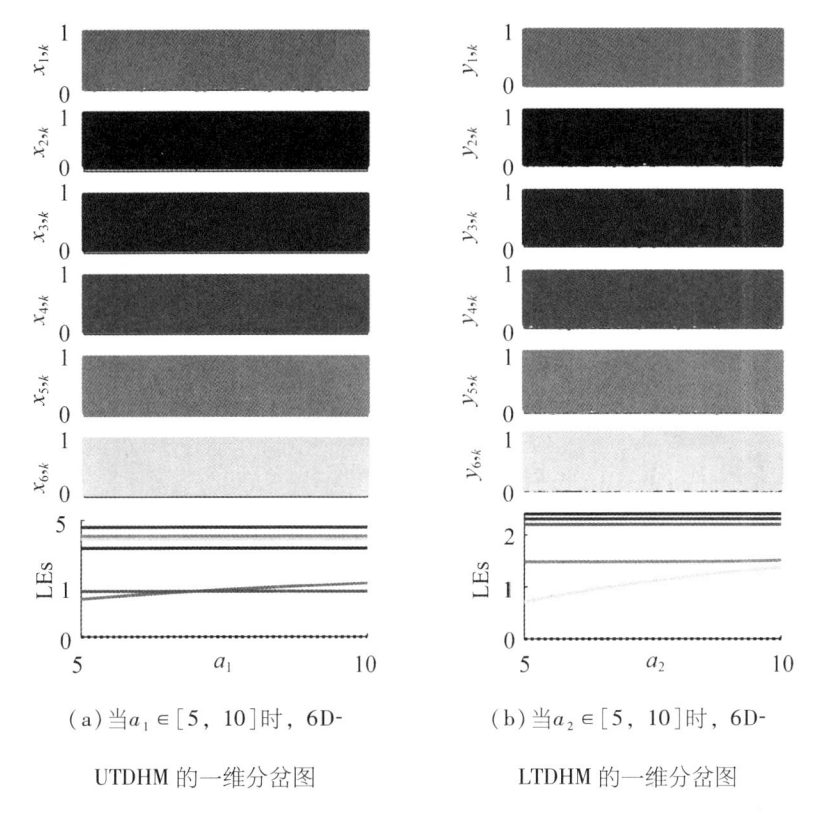

图 5-2　6D-DHM 与 SCPs 相关的一维分岔图

为了进一步分析 6D-DHM 内部状态变量与 SCPs 的相关随机性能, 图 5-3 展示了与 6D-UTDHM 状态变量 $x_{i,k}$ 相关的三维吸引子、二维吸引子和 PMF。图 5-4 展示了与 6D-LTDHM 状态变量 $y_{i,k}$ 相关的三维吸引子、二维吸引子和 PMF。因模运算的非线性和有界性, 状态变量 $x_{i,k}$ 和 $y_{i,k}$ 在三维空间为正方体, 在二维平面为正方形。当把区间 $[0, m_i)$ 均分 50 份时, $x_{i,k}$ 和 $y_{i,k}$ 在每个区间的概率都与理论值 0.02 非常接近, 这表明 6D-UTDHM 和 6D-LTDHM 的输出序列在区间 $[0, m_i)$ 都服从均匀分布。

5.2.2.2　系统初值相关的多稳定性分析

与第 5.2.2.1 节的分析方法类似, 当同时改变三个 ISs 时, 可获得与初值相关的三维吸引盆。当 $x_{1,0} \in [0, 1]$, $x_{2,0} \in [0, 1]$, $x_{5,0} \in [1, 2]$ 时,

6D-UTDHM 在 $x_{1,0} - x_{2,0} - x_{5,0}$ 空间中的三维吸引盆如图 5-5（a）所示；当 $y_{1,0} \in [0, 1]$，$y_{3,0} \in [0, 1]$，$y_{6,0} \in [0, 1]$ 时，6D-UTDHM 在 $y_{1,0} - y_{3,0} - y_{6,0}$ 空间中的三维吸引盆如图 5-5（b）所示，其中不用颜色标记的行为与图 4-5 相同。在整个初值参数空间内，6D-UTDHM 和 6D-LTDHM 都处于超混沌状态。与文献 [115] [131] 中的模型相比，6D-UTDHM 和 6D-LTDHM 在整个三维空间中都处于超混沌状态，而已有模型则包含了周期、混沌、超混沌、无界等行为。因此，提出的模型可在指定区间内自由选择 ISs 且保持超混沌状态，可避免因参数选择不合适导致的无界、周期等非混沌行为的出现。

（a）在 $x_{1,k} - x_{2,k} - x_{3,k}$ 空间中的三维吸引子

（b）在 $x_{1,k} - x_{2,k}$ 平面中的二维吸引子

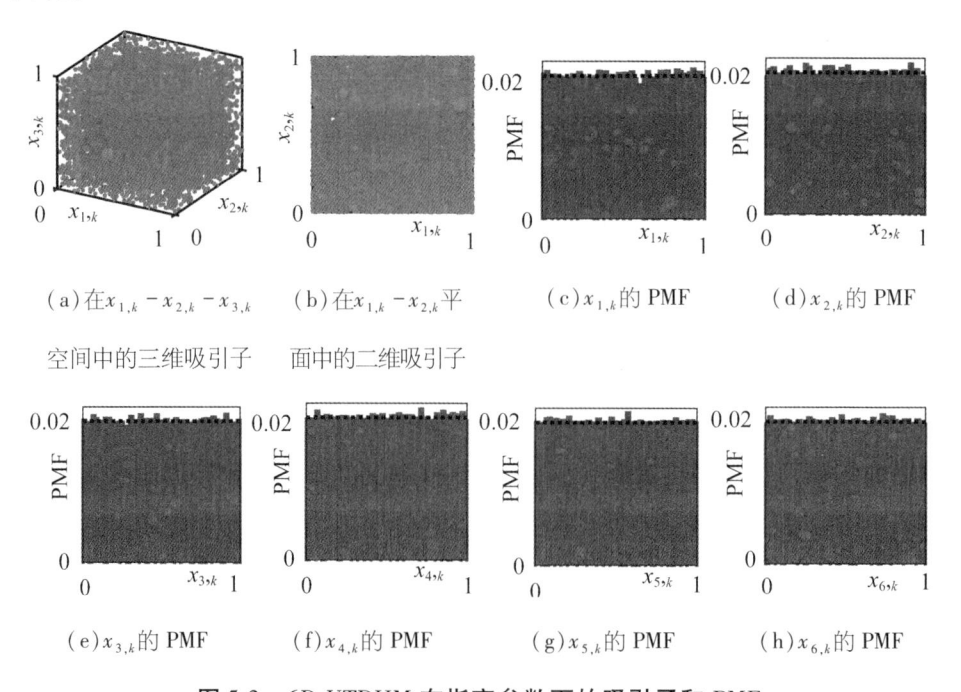

（c）$x_{1,k}$ 的 PMF

（d）$x_{2,k}$ 的 PMF

（e）$x_{3,k}$ 的 PMF

（f）$x_{4,k}$ 的 PMF

（g）$x_{5,k}$ 的 PMF

（h）$x_{6,k}$ 的 PMF

图 5-3　6D-UTDHM 在指定参数下的吸引子和 PMF

(a) 在 $y_{1,k}$-$y_{2,k}$-$y_{3,k}$ 空间中的三维吸引子

(b) 在 $y_{1,k}$-$y_{2,k}$ 平面中的二维吸引子

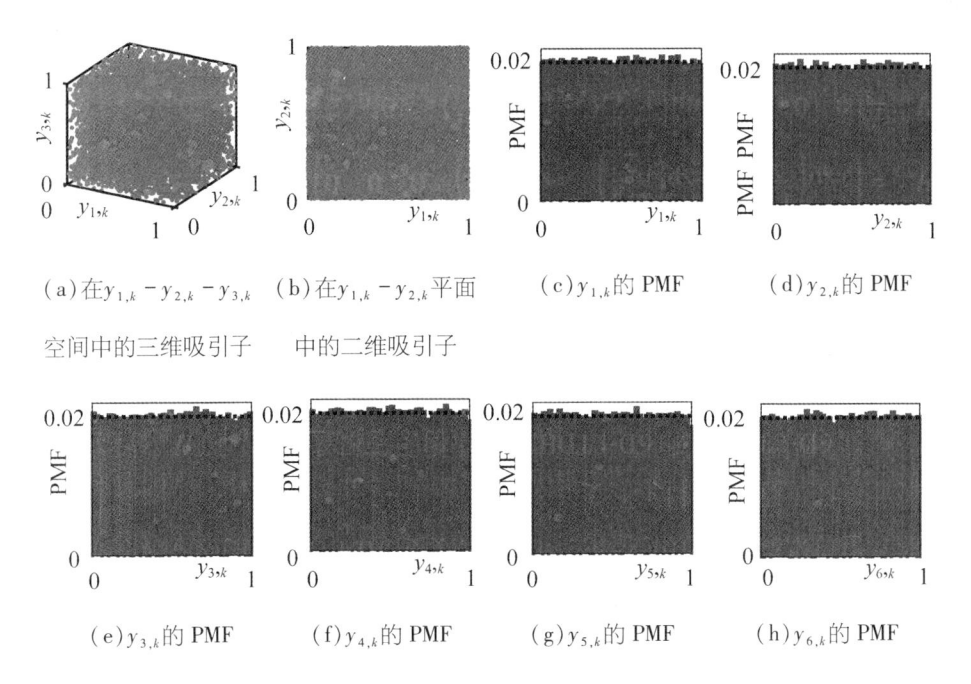

(c) $y_{1,k}$ 的 PMF

(d) $y_{2,k}$ 的 PMF

(e) $y_{3,k}$ 的 PMF

(f) $y_{4,k}$ 的 PMF

(g) $y_{5,k}$ 的 PMF

(h) $y_{6,k}$ 的 PMF

图 5-4　6D-LTDHM 在指定参数下的吸引子和 PMF

(a) 6D-UTDHM 在 $x_{1,0}$-$x_{2,0}$-$x_{5,0}$ 空间中的三维吸引盆

(b) 6D-LTDHM 在 $y_{1,0}$-$y_{3,0}$-$y_{6,0}$ 空间中的三维吸引盆

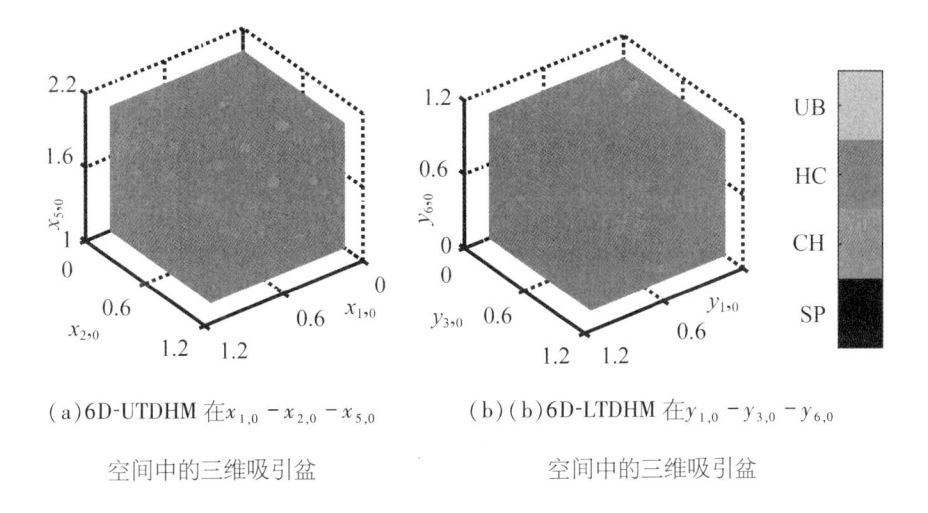

图 5-5　6D-DHM 与 ISs 相关的三维吸引盆

根据图 5-5 中的吸引盆，保持其他参数不变，当 $x_{1,0} \in [0,1]$，$y_{1,0} \in [0,1]$ 时，6D-UTDHM 和 6D-LTDHM 与初值相关的一维分岔图如图 5-6 所示。随着初值的递增，$x_{i,k}$ 和 $y_{i,k}$ 都处于连续的超混沌状态，状态变量的极值

151

覆盖了整个区间$[0,m_i)$，超混沌仍然是主要的行为特征。

(a) 当$x_{1,0} \in [0,1]$时，
6D-UTDHM 的一维分岔图

(b) 当$y_{1,0} \in [0,1]$时，
6D-LTDHM 的一维分岔图

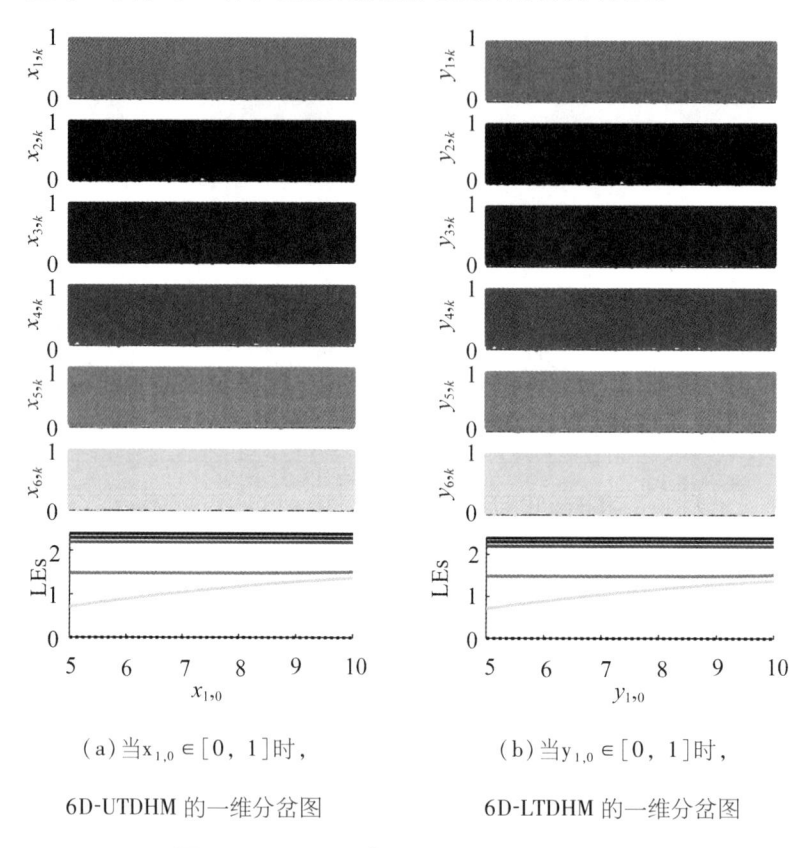

图 5-6　nD-DHM 与 ISs 相关的一维分岔图

根据图 5-5，随机选取 IS1 = $(x_{1,0}, x_{2,0}, x_{3,0})$ = (0.2, 0.3, 1.5)和 IS2 = $(y_{1,0}, y_{3,0}, y_{6,0})$ = (0.2, 0.3, 0.5)，在$x_{1,k}$-$x_{2,k}$平面和$y_{1,k}$-$y_{2,k}$平面的吸引子及其时域波形如图 5-7 所示，对于不同的 ISs，二维平面上的吸引子都是矩形形状，状态变量对应的时域波形与噪声信号类似。与文献[95][99][108]中的映射相比，6D-UTDHM 和 6D-LTDHM 具有更加稳定的吸引子结构和固定的幅值范围。此外，根据 IS1 和 IS2 产生的状态变量吸引子和分布也分别与图 5-3 和图 5-4 相似。

(a)取 IS1 时，6D-UTDHM 的
二维吸引子和时域波形

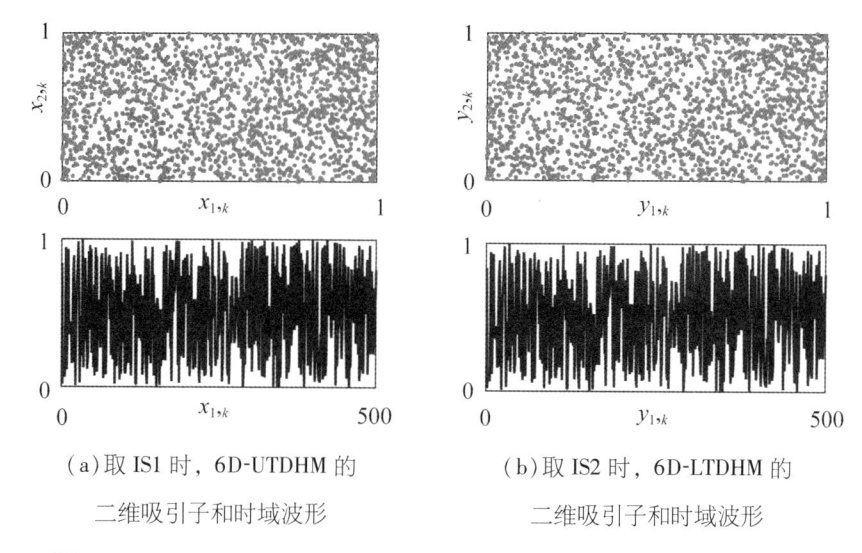

(b)取 IS2 时，6D-LTDHM 的
二维吸引子和时域波形

图 5-7 6D-UTDHM 和 6D-LTDHM 在不同 ISs 下的吸引子和时域波形

5.2.3 输出序列性能分析

在本节中，首先使用 NIST、TestU01 对 6D-UTDHM 和 6D-LTDHM 的随机性能进行分析，然后使用熵值和复杂度来分析输出序列的随机性能，并与已有映射进行性能比较。

5.2.3.1 基于测试套件的性能分析

NIST 测试输入数据 x_n' 与随机序列的转换公式如下：

$$x_n' = \mathrm{mod}([x_n \cdot 10^{10}], 2^8) \tag{5-10}$$

式中，x_n 是 6D-UTDHM 或 6D-LTDHM 中的内部状态变量。取图 5-2 和图 5-3 中的默认参数，将区间 $[1.5 \cdot 10^8, 4 \cdot 10^8]$ 的随机数按式(5-10)转换为二进制序列，对应的 NIST 测试结果见表 5-1 所示，四组序列都通过了 15 个测试子项目。

按照式(4-12)对 6D-UTDHM 和 6D-LTDHM 输出序列进行转换，得到的 TestU01 测试结果见表 5-2 所示，6D-UTDHM 和 6D-LTDHM 的输出序列均可通过所有测试项目。

表 5-1 6D-UTDHM 和 6D-LTDHM 输出序列的 NIST 测试结果

序号	测试内容	$x_{3,k}$ PR	$x_{3,k}$ PT	$x_{4,k}$ PR	$x_{4,k}$ PT	$g_{3,k}$ PR	$g_{3,k}$ PT	$g_{4,k}$ PR	$g_{4,k}$ PT
1	单比特频数	0.994	0.563	0.989	0.577	0.987	0.542	0.992	0.475
2	块内频数	0.987	0.010	0.991	0.265	0.995	0.577	0.984	0.822
3	累加和(F)	0.993	0.242	0.989	0.139	0.991	0.079	0.994	0.357
	累加和(R)	0.996	0.829	0.991	0.414	0.989	0.303	0.993	0.168
4	游程	0.990	0.076	0.992	0.245	0.989	0.701	0.987	0.736
5	块内最长游程	0.989	0.262	0.994	0.218	0.989	0.831	0.988	0.720
6	二元矩阵秩	0.988	0.886	0.989	0.336	0.984	0.703	0.992	0.030
7	离散傅里叶变换	0.993	0.187	0.985	0.394	0.985	0.026	0.986	0.423
8	非重叠模块匹配*	0.989	0.513	0.990	0.513	0.990	0.503	0.990	0.509
9	重叠模块匹配	0.989	0.905	0.985	0.139	0.988	0.841	0.990	0.062
10	Maurer 的通用统计	0.995	0.796	0.992	0.506	0.985	0.781	0.989	0.355
11	近似熵	0.993	0.701	0.999	0.668	0.988	0.985	0.985	0.304
12	随机游动*	0.992	0.458	0.989	0.543	0.989	0.438	0.989	0.545
13	随机游动状态频数*	0.989	0.518	0.992	0.479	0.990	0.409	0.991	0.479
14	序列(1st subtest)	0.982	0.439	0.984	0.042	0.987	0.898	0.994	0.946
	序列(2nd subtest)	0.991	0.726	0.993	0.575	0.988	0.841	0.992	0.435
15	线性复杂度	0.992	0.581	0.988	0.708	0.988	0.997	0.993	0.074

表 5-2 6D-UTDHM 和 6D-LTDHM 输出序列的 TestU01 测试结果

序号	测试套件	数据容量	测试项目	6D-UTDHM	6D-LTDHM
1	SmallCrush	6.8 Gb	15	通过	通过
2	Crush	1008.7 Gb	144	通过	通过
3	BigCrush	10.4 Tb	160	通过	通过
4	Alphabit	8.4 Gb	17	通过	通过

续表

序号	测试套件	数据容量	测试项目	6D-UTDHM	6D-LTDHM
5	BlockAlphabit	50.3 Gb	17	通过	通过
6	Rabbit	20.8 Gb	40	通过	通过
7	PseudoDIEHARD	5.9 Gb	126	通过	通过
8	FIPS-140-2	18.6 Kb	16	通过	通过

综上所述,提出的基于模运算和三角矩阵的 6D-HDM 具有突出的随机性能,可同时通过 NIST 和 TestU01 测试,且不易出现混沌退化现象[95]。

5.2.3.2 不同混沌映射的性能比较

为了突出 nD-DHM 的随机性能,见表 5-3 所列,本节将两个 6D-HDM 与表 5-3 中的七个模型在香农熵、样本熵、频谱熵、排列熵、关联维度和卡普兰-约克维度等性能指标上进行对比,其中黑色加粗字体的数字为该列最高性能指标。在 4D-PCM 中[180]:$(x_0, y_0, z_0, u_0) = (0.1, 0.2, 0.3, 2.4)$,其他模型的参数分别与表 3-4 和表 4-4 相同。

表 5-3 D-DHMs 与已有映射模型的性能指标对比

映射模型	香农熵	样本熵	频谱熵	排列熵	关联维度	卡普兰-约克维度
2D-DMLM[146]	9.889	0.931	0.844	3.864	1.518	2.000
2D-STBMM[95]	9.984	1.053	0.408	3.855	1.640	2.000
3D-MHM[99]	9.861	0.718	0.493	3.241	1.742	2.248
3D-MLM[171]	9.908	0.824	0.743	3.444	1.793	2.544
3D-PMLM	9.923	1.003	0.854	3.903	1.599	3.000
4D-TBMHM	9.762	1.758	**0.907**	4.952	1.998	4.000
4D-PCM[180]	**9.993**	2.188	0.551	**6.576**	1.989	4.000
6D-UTDHM	**9.993**	2.187	0.544	**6.576**	**2.011**	**6.000**
6D-LTDHM	**9.993**	**2.189**	0.547	**6.576**	1.983	**6.000**

可以发现:首先,基于上三角矩阵的 6D-UTDHM 和基于下三角矩阵的

6D-LTDHM 具有相当的性能指标；其次，总体上看，混沌映射的维度越高，随机性能越突出；最后，提出的两个六维混沌映射在香农熵、样本熵、排列熵、关联维度和卡普兰-约克维度上具有更高的性能指标。总之，提出的 6D-UTDHM 和 6D-LTDHM 都具有更突出的随机性能。

5.2.4 基于状态变量的 n 维吸引子分形结构调控方法

对于任意的 SCPs 和 ISs，nD-DHM 的输出都服从均匀分布。状态变量的均匀特性导致了吸引子在相空间单一的分形结构。为了丰富 D-DHM 在相空间中的分型结构和输出序列的分布特性，本节提出了基于 nD-DHM 输出状态变量的吸引子分型结构调控方法，且不改变 LEs。首先，对于 nD-UTDCM，状态矩阵 H_U 的定义如下：

$$H_U = (h_{u,1}(x_2, x_3, \cdots, x_n), h_{u,2}(x_3, \cdots, x_n), \cdots, h_{u,n-1}(x_n), h_{u,n})^T$$

(5-11)

式中，$h_{u,i}(x_{i+1}, \cdots, x_n)$ 为关于状态变量 $x_{i+1}, \cdots, x_n$ 的函数，$h_{u,n}$ 为常数。将式(5-11)带入式(5-1)等号的右端，有

$$\begin{cases} x_{1,k+1} = \mathrm{mod}(g_1(x_{1,k}) + f_1(x_{2,k}, x_{3,k}, \cdots, x_{n,k}), m_1) + h_{u,1}(x_2, x_3, \cdots, x_n) \\ x_{2,k+1} = \mathrm{mod}(g_2(x_{2,k}) + f_2(x_{3,k}, \cdots, x_{n,k}), m_2) + h_{u,2}(x_3, \cdots, x_n) \\ \cdots\cdots \\ x_{n-1,k+1} = \mathrm{mod}(g_{n-1}(x_{n-1,k}) + f_{n-1}(x_{n,k}), m_{n-1}) + h_{u,n-1}(x_n) \\ x_{n,k+1} = \mathrm{mod}(g_n(x_{n,k}), m_n) + h_{u,n} \end{cases}$$

(5-12)

式(5-12)的雅可比矩阵为

$$J = \begin{pmatrix} \dfrac{\partial g_1}{\partial x_{1,k}} & \dfrac{\partial (f_1+h_{u,1})}{\partial x_{2,k}} & \cdots & \dfrac{\partial (f_1+h_{u,1})}{\partial x_{i,k}} & \cdots & \dfrac{\partial (f_1+h_{u,1})}{\partial x_{n,k}} \\ & \dfrac{\partial g_2}{\partial x_{2,k}} & \cdots & \dfrac{\partial (f_2+h_{u,2})}{\partial x_{i,k}} & \cdots & \dfrac{\partial (f_2+h_{u,2})}{\partial x_{n,k}} \\ & & \ddots & \vdots & & \vdots \\ & & & \dfrac{\partial g_i}{\partial x_{i,k}} & \cdots & \dfrac{\partial (f_i+h_{u,i})}{\partial x_{n,k}} \\ & & & & \ddots & \vdots \\ & & & & & \dfrac{\partial g_n}{\partial x_{n,k}} \end{pmatrix}$$

(5-13)

对比式(5-1)和式(5-12),式(5-2)和式(5-13)可以发现,变量h_u可以改变状态变量的值,但不会改变 LEs。因此,通过式(5-12)可改变吸引子分形结构和输出序列的统计特性。

类似的,对于 nD-LTDCM,状态矩阵 H_L 的定义如下:

$$H_L = (h_{l,1}, h_{l,2}(x_1), \cdots, h_{l,n-1}(x_1, x_2, \cdots, x_{n-2}), h_{l,n}(x_1, x_2, \cdots, x_{n-1}))^T \tag{5-14}$$

式中,$h_{l,i}(x_1, \cdots, x_{i-1})$ 为关于状态变量 $x_1, \cdots, x_{i-1}$ 的函数,$h_{l,1}$ 为常数。将式(5-14)添加到式(5-5)的等号右端,有

$$\begin{cases} y_{1,k+1} = \mathrm{mod}(\bar{g}_1(y_{1,k}), \bar{m}_1) + h_{l,1} \\ y_{2,k+1} = \mathrm{mod}(\bar{f}_2(y_{1,k}), \bar{g}_2(y_{2,k}), \bar{m}_2) + h_{l,2}(x_1) \\ \quad\quad\quad \cdots\cdots \\ y_{n-1,k+1} = \mathrm{mod}(\bar{f}_{n-1}(y_{1,k}, \cdots, y_{n-2,k}), \bar{g}_{n-1}(y_{n-1,k}), \bar{m}_{n-1}) + \\ \quad\quad h_{l,n-1}(x_1, x_2, \cdots, x_{n-2}) \\ y_{n,k+1} = \mathrm{mod}(\bar{f}_n(y_{1,k}, y_{2,k}, \cdots, y_{n-1,k}), \bar{g}_n(y_{n,k}), \bar{m}_n) + \\ \quad\quad h_{l,n}(x_1, x_2, \cdots, x_{n-1}) \end{cases} \tag{5-15}$$

式(5-15)的雅可比矩阵为

$$J = \begin{pmatrix} \dfrac{\partial \bar{g}_1}{\partial y_{1,k}} & & & & & \\ \dfrac{\partial(\bar{g}_2 + h_{l,2})}{\partial y_{1,k}} & \dfrac{\partial \bar{g}_2}{\partial y_{2,k}} & & & & \\ \vdots & \vdots & \ddots & & & \\ \dfrac{\partial(\bar{g}_i + h_{l,i})}{\partial y_{1,k}} & \dfrac{\partial(\bar{g}_i + h_{l,i})}{\partial y_{2,k}} & \cdots & \dfrac{\partial \bar{g}_i}{\partial y_{i,k}} & & \\ \vdots & \vdots & \cdots & \vdots & \ddots & \\ \dfrac{\partial(\bar{g}_n + h_{l,n})}{\partial y_{1,k}} & \dfrac{\partial(\bar{g}_n + h_{l,n})}{\partial y_{2,k}} & \cdots & \dfrac{\partial(\bar{g}_n + h_{l,n})}{\partial y_{i,k}} & \cdots & \dfrac{\partial \bar{g}_n}{\partial y_{n,k}} \end{pmatrix} \quad (5-16)$$

显然，也可以得到类似的结论：h_l 可以改变 nD-LTDCM 的吸引子分形结构和统计特性，且保持 LEs 不变。

根据 6D-UTDHM 和 6D-LTDHM 的结构，随机选取 H_U 和 H_L 分别如下：

$$\begin{cases} H_{U1} = (10\ln(x_{4,k} \cdot x_{5,k} + 10^{-4}) \quad 10\ln(2x_{4,k} + 10^{-4}) \\ \qquad 5\ln(x_{6,k}^2 + 10^{-4}) \quad 0 \quad 0 \quad 0)^T \\ H_{U2} = (10\cos(x_{4,k}) \quad 10\cos(2\pi x_{5,k}) \quad 10\sin(x_{6,k}) \quad 0 \quad 0 \quad 0)^T \\ H_{U3} = \left(\exp\left(\dfrac{x_{4,k}}{5}\right) \quad \exp\left(\dfrac{x_{5,k}}{2}\right) \quad \exp\left(\dfrac{x_{6,k}}{4}\right) \quad 0 \quad 0 \quad 0\right)^T \end{cases} \quad (5-17)$$

$$\begin{cases} H_{L1} = (0 \quad 0 \quad 0 \quad 10\ln(y_{1,k} \cdot y_{2,k} + 10^{-4}) \quad 10\ln(2y_{1,k} + 10^{-4}) \\ \qquad 5\ln(y_{3,k}^2 + 10^{-4}))^T \\ H_{L2} = (0 \quad 0 \quad 0 \quad 10\cos(y_{1,k}) \quad 10\cos(2\pi y_{2,k}) \quad 10\sin(y_{3,k}))^T \\ H_{L3} = \left(0 \quad 0 \quad 0 \quad \exp\left(\dfrac{y_{1,k}}{5}\right) \quad \exp\left(\dfrac{y_{2,k}}{2}\right) \quad \exp\left(\dfrac{y_{3,k}}{4}\right)\right)^T \end{cases} \quad (5-18)$$

将 H_{U1} 和式(5-6)带入式(5-12)，有

$$\begin{cases} x_{1,k+1} = \mod(a_1 x_{1,k} + 5x_{2,k}x_{3,k} + 9x_{4,k}^2 + 4x_{5,k} + 7x_{6,k} + 0.1, m_{11}) + \\ \qquad 10\ln(x_{4,k}x_{5,k} + 10^{-4}) \\ x_{2,k+1} = \mod(b_1(x_{2,k}+4)^2 + x_{3,k}x_{4,k}^3 + 3x_{5,k}x_{6,k} + 0.2, m_{12}) + \\ \qquad 10\ln(2x_{4,k} + 10_{-4}) \\ x_{3,k+1} = \mod(c_1(x_{3,k}+3)^3 + x_{4,k}^2 + x_{5,k} + 5x_{6,k}^2 + 0.3, m_{13}) + \\ \qquad 5\ln(x_{6,k}^2 + 10^{-4}) \\ x_{4,k+1} = \mod(d_1 x_{4,k} + 3x_{5,k}x_{6,k}^2 + 0.4, m_{14}) + 0 \\ x_{5,k+1} = \mod(e_1(x_{5,k}+7)^2 + x_+ 0.5, m_{15}) + 0 \\ x_{6,k+1} = \mod(f_1(x_{6,k}+5)^2 + 0.6, m_{16}) + 0 \end{cases} \quad (5-19)$$

使用默认的 SCPs、MVs 和 ISs，耦合 H_{U1} 的 6D-UTDHM 在 $x_{1,k} - x_{2,k}$ 平面的吸引子和 PMF 如图 5-8(a)所示；当分别使用 H_{U2} 和 H_{U3} 替换式(5-19)中的 H_{U1}，6D-UTDHM 在 $x_{1,k} - x_{2,k}$ 平面的吸引子和 PMF 如图 5-8(b)和图 5-8(c)所示。与理论分析一致，通过耦合 H_U，可改变 6D-UTDHM 吸引子分型结构和统计特性，输出序列不再服从均匀分布。

类似的，将 H_{L1} 和式(5-8)带入式(5-15)，有

$$\begin{cases} y_{1,k+1} = \mod(a_2(y_{1,k}+3)^3 + 0.1, m_{21}) + 0 \\ y_{2,k+1} = \mod(y_{1,k}^2 + b_2 y_{2,k} + 0.2, m_{22}) + 0 \\ y_{3,k+1} = \mod(y_{1,k}y_{2,k} + c_2 y_{3,k} + 0.3, m_{23}) + 0 \\ y_{4,k+1} = \mod(6y_{1,k} + (y_{2,k}+y_{3,k})^2 + d_2 y_{4,k} + 0.4, m_{24}) + \\ \qquad 10\ln(y_{1,k} \cdot y_{2,k} + 10^{-4}) \\ y_{5,k+1} = \mod(3y_{1,k} + y_{2,k}y_{3,k}^2 + 2y_{4,k} + e_2(y_{5,k}+6)^2 + 0.5, m_{25}) + \\ \qquad 10\ln(2y_{1,k} + 10^{-4}) \\ y_{6,k+1} = \mod(y_{1,k}y_{2,k}y_{3,k} + 3y_{4,k} + y_{5,k}^3 + f_2 y_{6,k} + 0.6, m_{26}) + \\ \qquad 5\ln(y_{3,k}^2 + 10^{-4}) \end{cases} \quad (5-20)$$

(a) H_{U1} + 6D-LTDHM

(b) H_{U2} + 6D-LTDHM

(c) H_{U3} + 6D-LTDHM

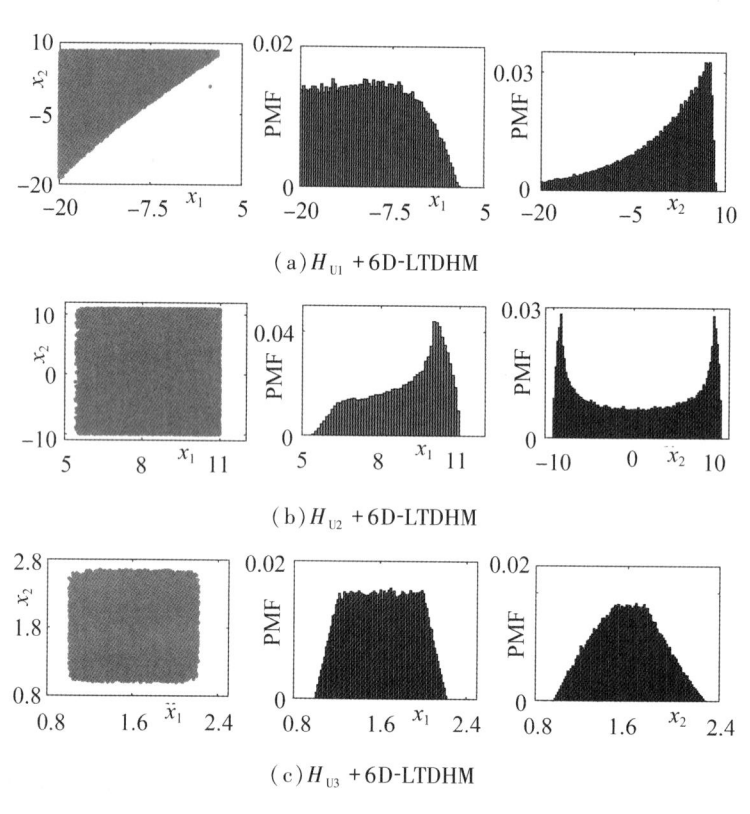

图 5-8　式(5-19)的吸引子和 PMF

取默认的 SCPs、MVs 和 ISs，并分别使用 H_{L2} 和 H_{L3} 替换式(5-20)中的 H_{L1}，得到的 6D-LTDHM 在平面的吸引子和 PMF 如图 5-9(a)～图(5-9)(c)所示。二维平面 $y_{4,k}$-$y_{5,k}$ 上的多样化吸引子结构代替了原始规则的二维矩形结构，输出序列的 PMF 也具有多样性。此外，因 $x_{i,k} \sim U(0,1)$($1 \le i \le 3$)，$y_{i,k} \sim U(0,1)$($4 \le i \le 6$)，且 $x_{1,k}$、$y_{4,k}$、$x_{2,k}$、$y_{5,k}$、$x_{3,k}$、$y_{6,k}$ 均有相似的分布特性，所以图 5-8 和图 5-9 有相似的吸引子分形结构和 PMF。

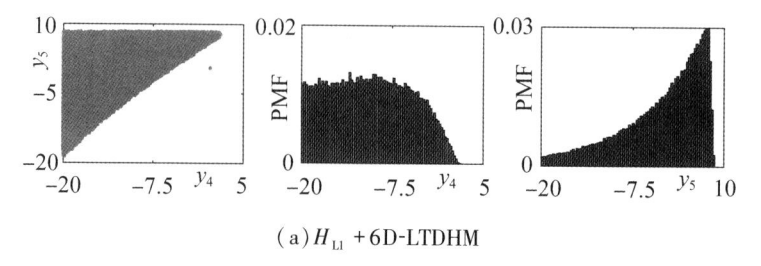

(a) H_{L1} + 6D-LTDHM

(b) H_{L2} +6D-LTDHM

(c) H_{L3} +6D-LTDHM

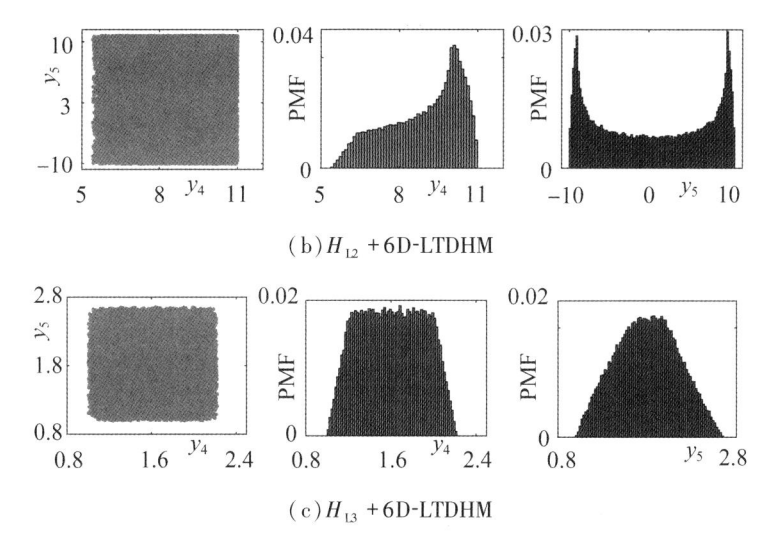

图5-9 式(5-20)的吸引子和PMF

表5-4展示了耦合不同H_U的6D-UTDHM和耦合不同H_L的6D-LTDHM的随机性能指标对比,其中的黑色加粗字体分别为6D-UTDHM和6D-LTDHM的最优性能指标。不同的$H_U(H_L)$可使6D-UTDHM(6D-LTDHM)的指标发生微小变化,但与表5-3中的已有映射相比,仍然具有突出的随机性能。

表5-4 耦合不同H的6D-DHM随机性能指标对比

nD-DHMs	H	香农熵	样本熵	频谱熵	排列熵	关联维度	卡普兰-约克维度
6D-UTDHM	—	**9.993**	2.187	**0.544**	**6.576**	**2.011**	**6.000**
	H_{u1}	9.598	2.207	0.517	**6.576**	2.003	**6.000**
	H_{u2}	8.904	2.045	0.317	6.575	1.999	**6.000**
	H_{u3}	9.550	**2.217**	0.324	**6.576**	2.001	**6.000**
6D-LTDHM	—	**9.993**	2.189	0.547	**6.576**	**1.983**	**6.000**
	H_{L1}	9.941	2.123	**0.632**	6.575	1.974	**6.000**
	H_{L2}	9.913	2.174	0.500	6.575	1.970	**6.000**
	H_{L3}	9.539	**2.225**	0.325	**6.576**	1.980	**6.000**

5.3 任意分布噪声信号的数字合成方法

按照是否已知分布模型，噪声信号可划分为已知分布模型的噪声信号和未知分布模型的噪声信号。针对这两类噪声信号，本节提出了两种噪声信号实时合成方法。

5.3.1 指定任意分布模型的噪声合成方法

针对已知幅度范围和分布模型的噪声信号，本书提出了基于等概率高斯混合模型的数字合成方法。首先高斯混合模型的定义如下。

定义：混合高斯模型的概率分布函数为

$$P(y \mid \theta) = \sum_{k=1}^{K} \alpha_k \varphi(y \mid \theta_k) \tag{5-21}$$

式中，$\alpha_k(\alpha_k \geq 0)$ 为系数，$\sum_{k=1}^{K} \alpha_k = 1$；$\varphi(y \mid \theta_k)$ 为高斯概率密度函数，且 $\theta_k \sim N(\mu_k, \sigma)$；$K$ 为高斯模型的数量。第 k 个高斯模型可写为

$$\varphi(y \mid \theta_k) = \frac{1}{\sqrt{2\pi}\sigma_k} \exp\left(-\frac{(y-\mu_k)^2}{2\sigma_k^2}\right) \tag{5-22}$$

使用期望极大算法(expectation maximization algorithm, EMA)计算未知参数 a_k，μ_k，σ_k，则可实现对任意 PDF 的近似拟合。当已知噪声信号的 PDF 或样本时，可使用式(5-21)对噪声信号的统计特性进行拟合[181]。例如，对于图 5-10 中 PDF 为 $f_{n1}(x)$ 的噪声信号，在 EMA 中使用 8 个 φ_k 进行拟合，每个 φ_k 及其系数 α_k 见表 5-5 所列。由 8 个 φ_k 合成 PDF $g_{n1}(x)$ 与 $f_{n1}(x)$ 的对比如图 5-10 所示，曲线 $f'_{n1}(x)$ 和 $f_{n1}(x)$ 高度重合，这表明 EMA 可以很好地拟合指定噪声的 PDF。

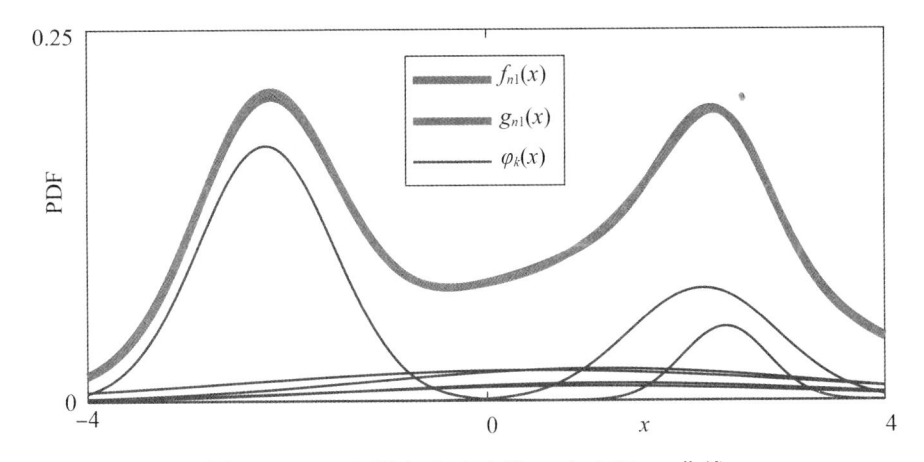

图 5-10　EMA 拟合 $f_{n1}(x)$ 的 $g_{n1}(x)$ 和 φ_k 曲线

表 5-5　基于混合高斯模型的 $f'_{n1}(x)$ 参数列表

k	1	2	3	4	5	6	7	8
a_k	0.141 9	0.120 9	0.120 9	0.292 1	0.059 6	0.145 3	0.066 3	0.053 4
μ_k	1.082 8	0.557 4	0.557 4	-1.100 8	0.463 7	0.219 4	0.584 9	1.192 1
σ_k	0.374 3	1.128 3	1.128 3	0.339 6	1.222 3	1.427 7	1.141 5	0.214 9

根据第四章提出的标准高斯噪声合成方法，表 5-5 中的基本高斯模型很容易在 FPGA 中实现，但可变系数 α_k 给算法的工程化实现带来了难度。

为方便在 FPGA 中实现任意分布噪声信号的实时合成，本书对高斯混合模型做如下改进：

$$P(y \mid \theta) = \sum_{k=1}^{K} \frac{1}{K} \varphi(y \mid \theta_k) \quad (5-23)$$

式中，$\varphi(g \mid \theta_k)$ 的定义与式(5-22)相同；系数 $\frac{1}{K}$ 为常数，即每个高斯模型都有相同的权重系数 $\frac{1}{5}$。因此，与式(5-21)相比，提出的等概率高斯混合模型仅需要计算参数 μ_k 和 σ_k 即可实现对任意噪声信号合成。

对于已知噪声样本 $y_i \in \mathbb{Y}^{1 \times N}$，下面将结合 EMA 估计式(5-23)中的参数 μ_k 和 σ_k，并合成数字噪声信号。

(1)确定隐变量,计算完全数据的对数似然函数。此时,有观测数据y_j是已知的,而反映y_j来自第k个分布模型的数据(隐变量γ_{jk})是未知的,且γ_{jk}的定义如下:

$$\gamma_{jk} = \begin{cases} 1, & \text{第}j\text{个观测数据}y_j\text{自第}k\text{个分模型} \\ 0, & \text{其他} \end{cases} \quad (5-24)$$

式中,γ_{jk}是0、1随机变量。根据已观测数据y_j和未观测数据γ_{jk},则完整数据集为$(y_j, \gamma_{j1}, \gamma_{j2}, \cdots, \gamma_{jK})$。因此,完全数据的似然函数可表示为

$$\begin{aligned} P(y, \gamma \mid \theta) &= \prod_{j=1}^{N} P(y_j, \gamma_{j1}, \gamma_{j2}, \cdots, \gamma_{jK} \mid \theta) \\ &= \prod_{k=1}^{K} \prod_{j=1}^{N} [K^{-1} \varphi(y_j \mid \theta_k)]^{\gamma_{jk}} \\ &= \prod_{k=1}^{K} K^{-n_k} \prod_{j=1}^{N} [\varphi(y_j \mid \theta_k)]^{\gamma_{jk}} \\ &= \prod_{k=1}^{K} K^{-n_k} \prod_{j=1}^{N} \left[\frac{1}{\sqrt{2\pi}\sigma_k} \exp\left(-\frac{(y_j - \mu_k)^2}{2\sigma_k^2}\right) \right]^{\gamma_{jk}} \end{aligned} \quad (5-25)$$

式中,$n_k = \sum_{j=1}^{N} \gamma_{jk}$。则完全数据的对数似然函数为

$$\log P(y, \gamma \mid \theta) = \sum_{k=1}^{K} n_k \log \frac{1}{K} + \sum_{j=1}^{N} \gamma_{jk} \left[\log\left(\frac{1}{\sqrt{2\pi}}\right) - \log \sigma_k - \frac{1}{2\sigma_k^2}(y_j - \mu_k)^2 \right]$$

$$(5-26)$$

(2)EMA 的 E 步骤:计算 Q 函数,等概率高斯混合模型的 Q 函数可表示为

$$\begin{aligned} Q(\theta, \theta^{(i)}) &= E[\log P(y, \gamma \mid \theta) \mid y, \theta^{(i)}] \\ &= E\left\{ \sum_{k=1}^{K} n_k \log \frac{1}{K} + \sum_{j=1}^{N} \gamma_{jk} \left[\log\left(\frac{1}{\sqrt{2\pi}}\right) - \log \sigma_k - \frac{1}{2\sigma_k^2}(y_j - \mu_k)^2 \right] \right\} \\ &= \sum_{k=1}^{K} \left\{ n_k \log \frac{1}{K} + \sum_{j=1}^{N} E(\gamma_{jk}) \cdot E\left[\log\left(\frac{1}{\sqrt{2\pi}}\right) - \log \sigma_k - \frac{1}{2\sigma_k^2}(y_j - \mu_k)^2 \right] \right\} \end{aligned}$$

$$(5-27)$$

第j个观测数据y_j来自第k个分模型的概率$\hat{\gamma}_{jk} = E(\gamma_{jk} \mid y, \theta)$可表示为

$$\begin{aligned}
\hat{\gamma}_{jk} &= E(\gamma_{jk} \mid y, \theta) = P(\gamma_{jk} = 1 \mid y, \theta) \\
&= \frac{P(\gamma_{jk} = 1, y_j \mid \theta)}{\sum_{k=1}^{K} P(\gamma_{jk} = 1, y_j \mid \theta)} \\
&= \frac{P(y_j \mid \gamma_{jk} = 1, \theta) P(\gamma_{jk} = 1 \mid \theta)}{\sum_{k=1}^{K} P(y_j \mid \gamma_{jk} = 1, \theta) P(\gamma_{jk} = 1 \mid \theta)} \\
&= \frac{\varphi(y_j \mid \theta_k)}{K \sum_{k=1}^{K} \varphi(y_j \mid \theta_k)}
\end{aligned} \quad (5-28)$$

$\hat{\gamma}_{jk}$也称为"y_j的响应度"。将式(5-28)和$\hat{n}_k = E(n_k) = \sum_{j=1}^{N} E(n_{jk})$带入式(5-27)，有

$$Q(\theta, \theta^{(i)}) = \sum_{k=1}^{K} \hat{n}_k \log \frac{1}{K} + \sum_{k=1}^{N} \hat{\gamma}_{jk} \left[\log\left(\frac{1}{\sqrt{2\pi}}\right) - \log \sigma_k - \frac{1}{2\sigma_k^2}(y_j - \mu_k)^2 \right] \quad (5-29)$$

(3) EMA 的 M 步骤：计算 $Q(\theta, \theta^{(i)})$ 的极大值，求 $Q(\theta, \theta^{(i)})$ 的极大值可转换为如下极值搜索模型：

$$\theta^{(i+1)} = \arg\max_{\theta} Q(\theta, \theta^{(i)}) \quad (5-30)$$

式中，$\hat{\mu}_k$ 和 $\hat{\sigma}_k^2$ 为第 $i+1$ 次迭代的输入参数。

为了计算$\hat{\mu}_k$ 和 $\hat{\sigma}_k^2$ 的极大值，可将式(5-30)分别对 μ_k 和 σ_k^2 求偏导数并令其导数为0，即有

$$\begin{cases} \hat{\mu}_k = \dfrac{\sum_{j=1}^{N} \hat{\gamma}_{jk} y_j}{\sum_{j=1}^{N} \hat{\gamma}_{jk}} \\ \hat{\sigma}_k^2 = \dfrac{\sum_{j=1}^{N} \hat{\gamma}_{jk}(y_j - \mu_k)^2}{\sum_{j=1}^{N} \hat{\gamma}_{jk}} \end{cases} \quad (5-31)$$

将式(5-31)中的计算结果带入式(5-27)，并重复执行 E 步骤和 M 步骤，直至满足收敛条件或迭代次数。

(4) 高斯模型的限幅输出，根据第 4.4.1.1 节提出的任意高斯信号合成方法，将得到的 μ_k 和 σ_k 带入式(4-54)，即可产生第 k 个高斯模型。设噪声信号的幅度区间为 $A_n \in [A_{\min}, A_{\max}]$，则第 k 个高斯模型输出 $oy_{k,n}$ 的限幅

公式为

$$oy_{k,n} = \begin{cases} oy_{k,n}, & A_{\min} \leq oy_{k,n} \leq A_{\max} \\ \mu_k, & 其他 \end{cases} \quad (5-32)$$

(5)对数字噪声信号的归一化处理。为了便于噪声信号的数字合成及模拟输出，可使用如下公式对噪声信号进行归一化处理：

$$Y_n = \frac{oy_{k,n} - A_{\min}}{A_{\max} - A_{\min}} \quad (5-33)$$

式中，$Y_n \in [0, 1]$。因此，完整的已知分布模型的噪声信号数字合成算法实现步骤如下所示。

Input：观测数据y_j，高斯模型数量K，迭代次数Len，K路均匀随机数$u_i \sim U(0, 1)(i \in [1, K])$，噪声信号的幅值范围$[A_{\min}, A_{\max}]$。

Output：服从任意指定分布的噪声信号Y_n。

① 循环次数$i = 1$；

② 随机选取K组高斯模型的初始参数μ_k和$\sigma_k^2(k \in [1, K])$；

③ while $i \leq \text{Len}$ do；

④ $k = 1$；

⑤ for $k \leq K$ do；

⑥ 使用已知参数μ_k，σ_k^2，按式(5-28)计算第k个模型观测数据y_j的响应度$\hat{\gamma}_{jk}$；

⑦ 按式(5-31)计算第$i+1$次迭代的输入参数$\hat{\mu}_k$和$\hat{\sigma}_k^2$；

⑧ 更新参数$\mu_k = \hat{\mu}_k$，$\sigma_k^2 = \hat{\sigma}_k^2$；

⑨ $k = k + 1$；

⑩ end；

⑪ $i = i + 1$；

⑫ end；

⑬ 使用式(4-46)产生K路标准高斯模型；

⑭将 μ_k 和 σ_k^2 带入式(4-53)产生 K 个高斯模型;

⑮根据式(5-32)对第 k 个输出 $oy_{k,n}$ 进行幅度限制;

⑯根据式(5-33)对 $oy_{k,n}$ 进行归一化处理,得到 Y_n。

5.3.2 随机分布模型的噪声合成方法

对于仅关注噪声信号的幅值区间的情况,本小节提出了基于反函数的随机分布模型噪声数字合成方法。

式(4-36)已经证明了若 $F(x)$ 存在反函数 $F^{-1}(u)$,当 $u \in [0,1]$ 时,$F^{-1}(u)$ 的分布函数就是 $F(x)$。也就是说,函数 $Z(u) = F^{-1}(u)$ 就是某个没有精确解 $F(x)$ 的等效分布函数。因此,也可使用函数 $Z(u)[u \sim U(0,1)]$ 来产生随机分布噪声信号,其数学模型如下:

$$\begin{cases} Z(u_1 u_2 \cdots u_n) = \sum_{i=1}^{H} z_i(u_1 u_2 \cdots u_n) \\ A_{\min} \leq \min(Z(u_1 u_2 \cdots u_n)) = \sum_{i=1}^{H} \min(z_i(u_1 u_2 \cdots u_n)) \\ A_{\max} \geq \max(Z(u_1 u_2 \cdots u_n)) = \sum_{i=1}^{H} \max(z_i(u_1 u_2 \cdots u_n)) \end{cases} \quad (5-34)$$

式中,$u_i \sim U(0,1)(i \in [1,n])$;$z_i(\cdot)$ 为关于均匀随机变量 $u_1, u_2, \cdots, u_n$ 的函数;$Z(\cdot)$ 为合成后的数字噪声信号,且 $Z(\cdot)$ 由 H 个 $z_i(\cdot)$ 组成。此外函数 $z_i(\cdot)$ 的选择还应满足式(5-34)中第二个和第三个方程对 $Z(\cdot)$ 幅度的限制。

5.4 方法验证与分析

在本节中,首先通过数值仿真验证分析两种任意分布噪声合成方法,然后用 FPGA 硬件实现 6D-UTDHM；其次验证了任意分布噪声的硬件实现和加性干扰信号的产生；最后将本书合成的三种随机测试信号进行综合验证，模拟随机功率测试信号。

5.4.1 数值仿真与分析

5.4.1.1 指定分布模型的噪声合成方法验证与分析

取 $K=16$，$Len=500$，使用已知分布模型的噪声信号数字合成算法对 $f_n(x)$ 进行拟合，得到的高斯模型参数 μ_k 和 σ_k 见表5-6 的第二列到第四列所列，对比表5-5 和表5-6 也可以发现：为了实现 $f_{n1}(x)$ 的高精度拟合，等概率混沌高斯模型需要更多的单高斯模型。

表5-6 不同噪声模型的高斯曲线 φ_i、$k(x)$ 参数列表

k	a_k	$\varphi_1, k(x)$ μ_k	σ_k	$\varphi_2, k(x)$ μ_k	σ_k	$\varphi_3, k(x)$ μ_k	σ_k	$\varphi_4, k(x)$ μ_k	σ_k
1	0.062 5	0.004 0	0.661 8	0.001 5	0.215 4	0.048 7	0.227 9	0.062 0	0.228 1
2	0.062 5	1.167 4	0.493 1	0.498 1	0.858 2	0.878 3	0.521 4	1.118 1	0.713 4
3	0.062 5	1.167 4	0.493 1	0.498 1	0.858 2	0.878 3	0.521 4	1.118 1	0.713 4
4	0.062 5	−1.122 5	0.323 9	−0.718 1	0.320 9	−0.964 0	0.543 1	−0.784 3	0.222 8
5	0.062 5	1.482 2	0.914 9	0.866 8	1.021 9	1.197 6	0.960 4	1.385 2	0.386 6
6	0.062 5	−0.560 5	1.083 0	−0.428 2	1.174 6	−0.423 5	1.315 8	−0.149 3	1.291 8
7	0.062 5	1.166 6	0.249 5	0.847 6	0.863 6	1.268 9	0.417 8	1.512 7	0.342 4
8	0.062 5	1.085 7	0.263 5	0.668 0	0.369 6	1.028 2	0.415 8	0.921 4	0.307 6
9	0.062 5	0.599 8	1.438 0	0.506 1	1.371 1	−0.063 7	1.450 0	−1.264 6	1.126 5
10	0.062 5	0.351 0	0.417 9	0.302 2	0.220 8	0.244 2	0.255 9	0.326 2	0.232 8
11	0.062 5	−0.804 6	0.310 5	−0.437 6	0.342 2	−0.433 4	0.381 2	−0.668 1	0.279 3
12	0.062 5	−1.192 2	0.330 0	−0.557 6	0.358 6	−1.546 2	0.967 3	−0.230 8	0.668 6

续表

k	a_k	$\varphi_{1,k}(x)$ μ_k	σ_k	$\varphi_{2,k}(x)$ μ_k	σ_k	$\varphi_{3,k}(x)$ μ_k	σ_k	$\varphi_{4,k}(x)$ μ_k	σ_k
13	0.062 5	-1.192 2	0.330 0	-0.557 6	0.358 6	-1.546 2	0.967 3	-0.230 8	0.668 6
14	0.062 5	-1.122 5	0.323 9	-0.718 1	0.320 9	-0.964 0	0.543 1	-0.784 3	0.222 8
15	0.062 5	1.482 2	0.914 9	0.866 8	1.021 9	1.197 6	0.960 4	1.385 2	0.386 6
16	0.062 5	-0.560 5	1.083 0	-0.428 2	1.174 6	-0.423 5	1.315 8	-0.149 3	1.291 8

对应的$g_{n1}(x)$曲线和16个$\varphi_{1,k}$曲线如图5-11(a)所示。此外，当噪声信号的PDF分别如图5-11(b)~图5-11(d)所示，用已知分布模型的噪声信号数字合成算法对$f_{n2}(x)$，$f_{n3}(x)$，$f_{n4}(x)$进行拟合，得到的十六组高斯模型参数分别见表5-6中的第五列至第十列所列，其中α_k固定为0.062 5。拟合PDF曲线$g_{n2}(x)$，$g_{n3}(x)$，$g_{n4}(x)$及其对应的16个$\varphi_{i,k}$曲线也分别绘制在图5-11(b)~图5-11(d)中，当十六个高斯曲线分别取不同的μ_k和σ_k时，即可合成指定PDF的噪声信号。根据$g_{n1}(x)$~$g_{n4}(x)$可合成四种具有不同PDF的噪声信号$n_1(t)$~$n_4(t)$，其部分时域波形如图5-11(e)~图5-11(h)所示，不同噪声信号的时域波形也存在差异。

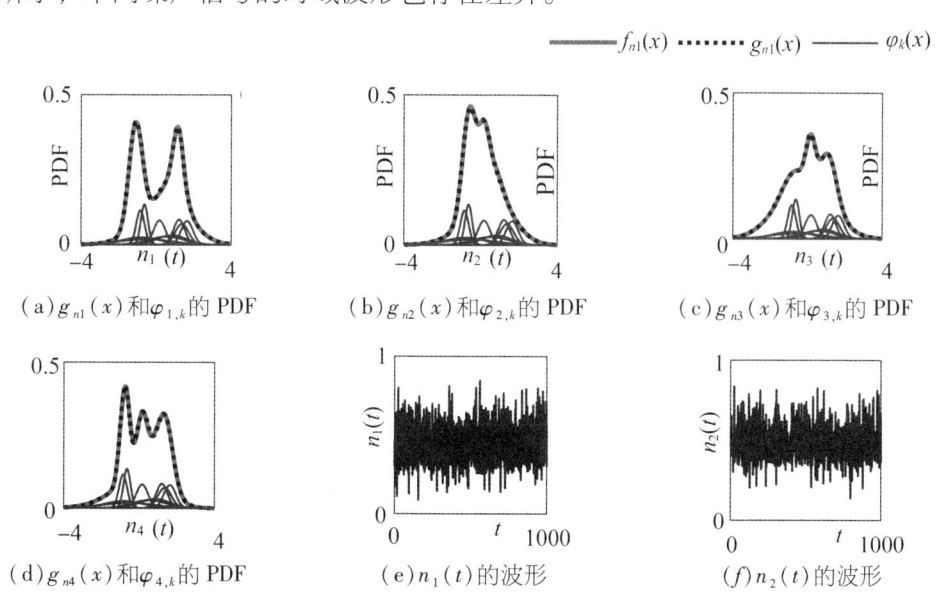

(a) $g_{n1}(x)$和$\varphi_{1,k}$的PDF

(b) $g_{n2}(x)$和$\varphi_{2,k}$的PDF

(c) $g_{n3}(x)$和$\varphi_{3,k}$的PDF

(d) $g_{n4}(x)$和$\varphi_{4,k}$的PDF

(e) $n_1(t)$的波形

(f) $n_2(t)$的波形

(g) $n_3(t)$ 的波形　　　　　　　　(h) $n_4(t)$ 的波形

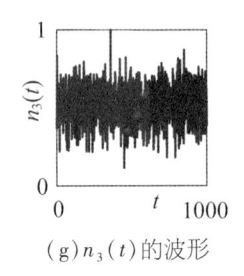

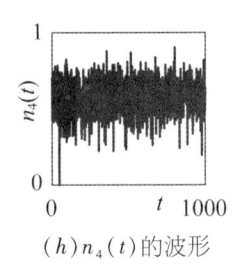

图 5-11　使用等概率混合高斯模型拟合指定噪声信号的 PDF

固定 $\alpha=0.05$，分别对噪声 $n_i(t)$ 使用 K-S 和 SA 检验，得到的 PT 见表 5-7 中第二列至第四列所列，所有 PT 都大于 0.05，这表明提出的方法可合成指定分布的噪声。最后，按照式（4-62），$n_1(t) \sim n_4(t)$ 与常见周期信号叠加后的 PMF 如图 5-12 所示（$G=1$）。显然，合成信号的 PMF 与噪声分布特性密切相关。

表 5-7　任意分布噪声的统计检验结果

检验方法	$n_1(t)$	$n_2(t)$	$n_3(t)$	$n_4(t)$	$Z_1(\cdot)$	$Z_2(\cdot)$	$Z_3(\cdot)$
K-S	0.482	0.674	0.198	0.611	—	—	—
SA	0.460	0.405	0.393	0.565	0.336	0.334	0.332

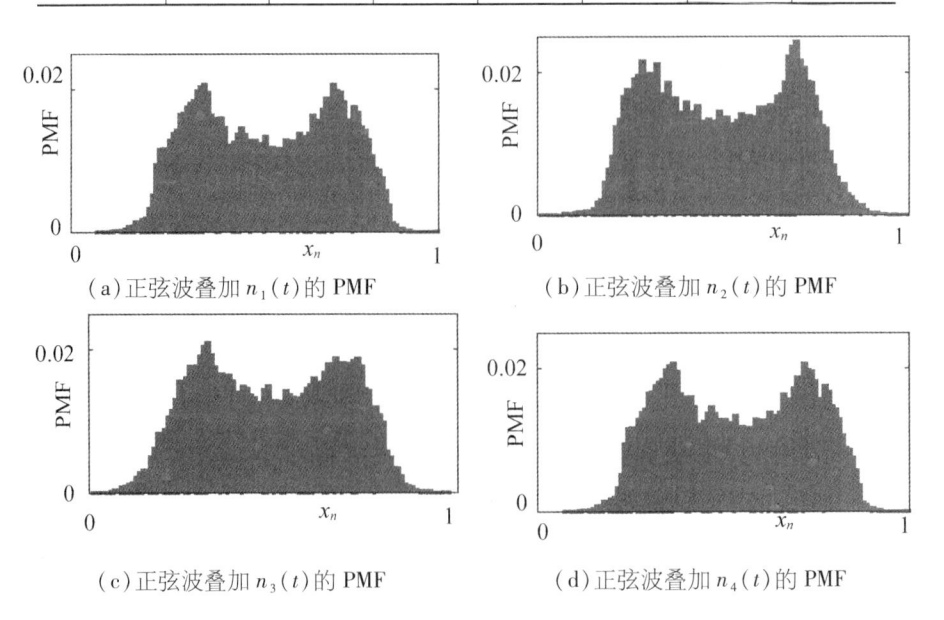

(a) 正弦波叠加 $n_1(t)$ 的 PMF　　　　　　(b) 正弦波叠加 $n_2(t)$ 的 PMF

(c) 正弦波叠加 $n_3(t)$ 的 PMF　　　　　　(d) 正弦波叠加 $n_4(t)$ 的 PMF

图 5-12　噪声信号 $n_1(t) \sim n_4(t)$ 与常见周期信号叠加后的 PMF

5.4.1.2 随机分布模型的噪声合成方法验证与分析

取 $A_{\min}=0$，$A_{\max}=10$，$n=4$，随机选取 $Z(\cdot)$ 如下：

$$\begin{cases} Z_1(\cdot)=1.5+u_1+0.5(u_2+1)^2+3u_3^2+2\sin(0.5\pi u_4) \\ Z_2(\cdot)=1+2\ln(1+2u_1)+\cos(2\pi u_2)+\exp(u_3^2) \\ Z_3(\cdot)=2+2\cos(2\pi u_1)+5u_2^4 \end{cases} \quad (5-35)$$

因 $u_i \sim U(0,1)$，所以有 $Z_1(\cdot)\in[1.5, 9.5]$，$Z_2(\cdot)\in[0, 9.2]$，$Z_3(\cdot)\in[0, 9]$。使用 6D-UTDHM 的默认参数，将 $u_i=x_{i,k}$（$i=1$，2，3，4）带入式（5-35），数字噪声 $Z_i(\cdot)$ 的 PMF 及其时域波形如图 5-13 所示，$Z_i(\cdot)$ 的 PMF 与其数学模型相关，噪声信号的幅值都在区间 $[0, 10]$。$Z_i(\cdot)$ 的 PSA 分析见表 5-7 中最后三列所示，对应 PT 都大于 0.05，这也进一步表明合成的噪声 $Z_i(\cdot)$ 具有随机性。当改变 $Z_i(\cdot)$ 的数学模型，还可以产生其他分布的噪声信号。最后，当 $G=1$ 时，$Z_1(\cdot)\sim Z_3(\cdot)$ 与周期信号叠加后的 PMF 如图 5-14 所示。

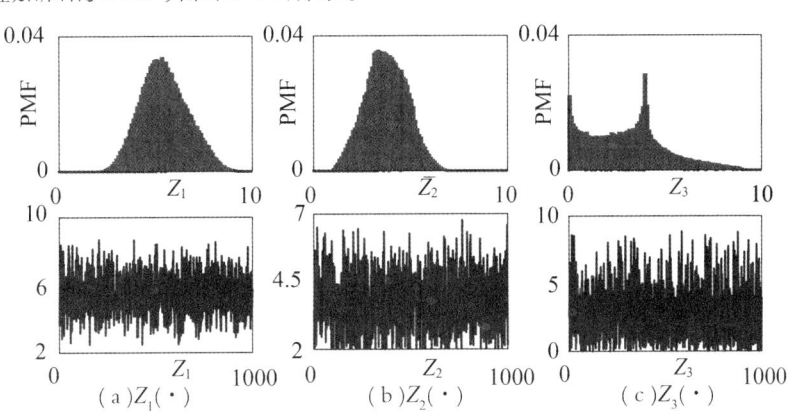

图 5-13 数字噪声 $Z_i(\cdot)$ 的 PMF 及其时域波形。

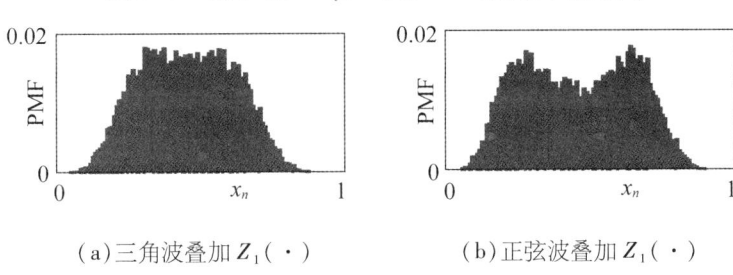

(a) 三角波叠加 $Z_1(\cdot)$　　　　(b) 正弦波叠加 $Z_1(\cdot)$

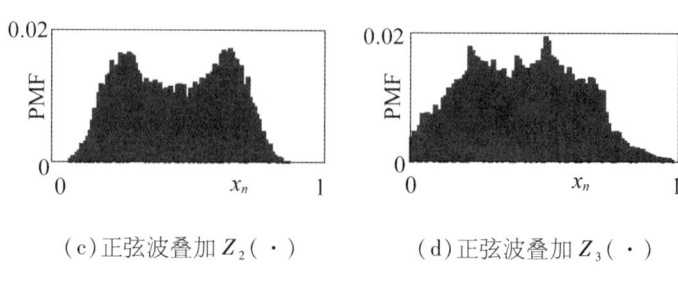

(c) 正弦波叠加 $Z_2(\cdot)$　　　　(d) 正弦波叠加 $Z_3(\cdot)$

图 5-14　$Z_i(\cdot)$ 与周期信号叠加后的 PMF

此外，当选取的 SCPs 和 ISs 可使式(3-3)或式(4-3)处于混沌状态时，通过式(3-3)和式(4-3)可产生任意分布的噪声序列，或改变状态矩阵 H，通过式(5-19)中的前三个方程、式(5-20)中的后三个方程也可产生任意分布的噪声序列，但使用本节提出的方法不会对已有模型的动力学行为和 PRNs 的分布特性产生影响，且噪声幅度可控。因此，本节提出的随机分布噪声合成方法更具有通用性。

5.4.2　六维离散映射硬件验证

从前面的分析可以看出 6D-UTDHM 和 6D-LTDHM 具有相似的数学模型和混沌性能，因此，本节以 6D-UTDHM 为例对提出的方法进行硬件验证。6D-UTDHM 的 FPGA 实现框图如图 5-15 所示，其中六个子模块分别并行实现(5-6)中 $x_1, k+1, x_2, k+1, x_3, k+1, x_4, k+1, x_5, k+1, x_6, k+1$ 六个维度。为简化模运算，所有输入数据由 5 位整数和 26 位小数组成，六个子模块的输出数据由 1 位整数和 64 位小数组成。下次迭代时，输出 PRNs 再次转换为 5 位整数和 26 位小数形式。静态时序分析表明，6D-UTDHM 一次迭代至少需要 6 个时钟周期。

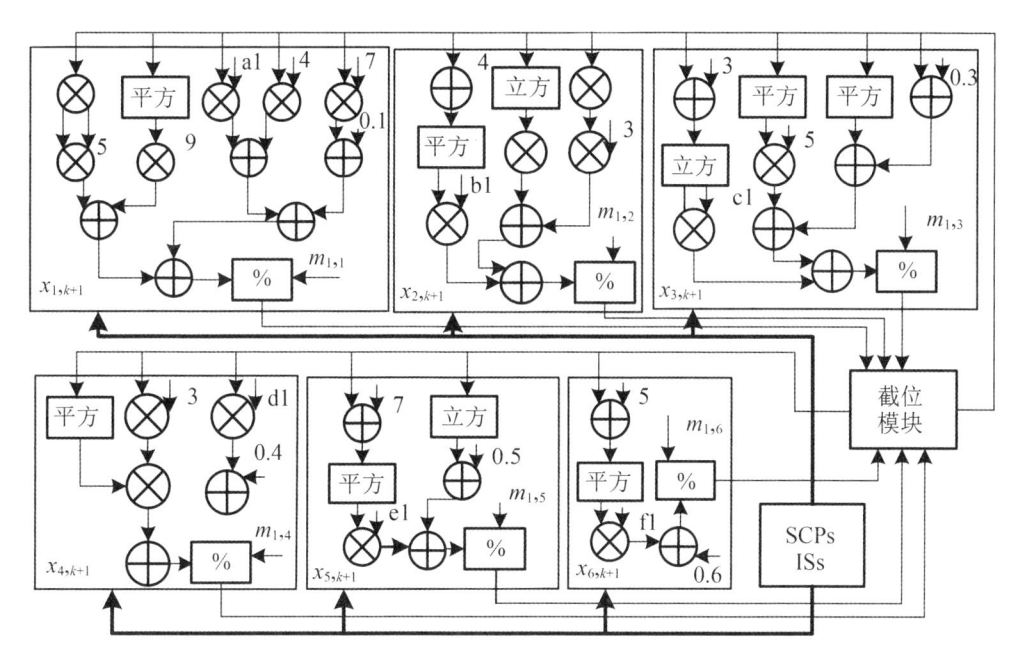

图 5-15　6D-UTDHM 的 FPGA 实现框图

在图 4-18(c)中的实验平台验证 6D-UTDHM 的 FPGA 硬件实现。通过计算机配置与图 5-7(a)中相同的参数，数字示波器捕获的各平面吸引子如图 5-16 所示，FPGA 硬件实现结果与图 5-7 中的 Matlab 数值仿真结果高度一致。此外，与图 4-20 中的吸引子相比，6D-UTDHM 在不同平面的吸引子都具有稳定的吸引子分形结构。

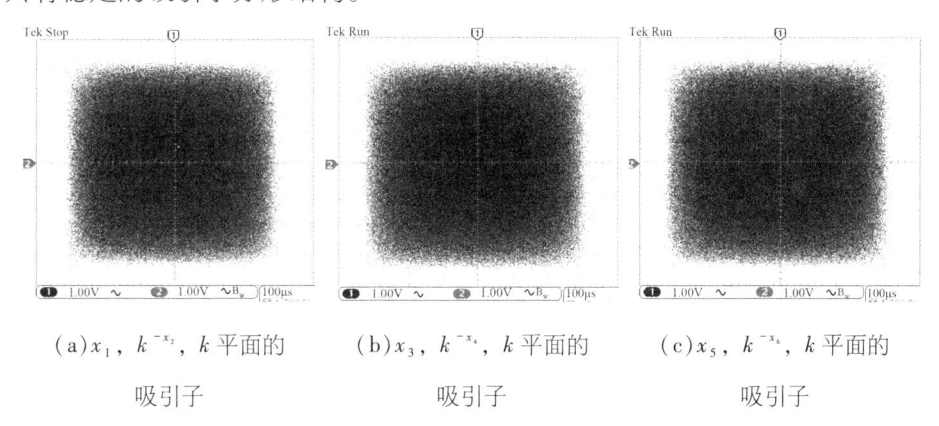

(a) x_1, k-x_2, k 平面的吸引子　　(b) x_3, k-x_4, k 平面的吸引子　　(c) x_5, k-x_6, k 平面的吸引子

图 5-16　硬件实现 6D-UTDHM 时，示波器捕获的平面吸引子

5.4.3 任意分布噪声合成方法验证

基于等概率高斯混合模型的噪声合成框图如图 4-23(c) 所示,其中标准高斯信号根据式 (4-46) 合成,ROM1 和 ROM2 分别用于存储式 (4-46) 中 $\sqrt{-2\ln U_1}$ 和 $\cos(2\pi U_2)$ 对应的常数,ROM1 的深度为 $N_1(N_1 \geqslant N)$,ROM2 的深度为 $N_2(N_2 \geqslant N)$,ROM3 用于存储根据已知分布模型的噪声信号数字合成算法产生的 K 组系数 μ_k 和 σ_k^2,ROM3 读地址在区间 $[0, K-1]$ 循环产生,因此每组系数具有相同的概率 $\frac{1}{K}$,幅度控制模块用于根据式 (5-32) 控制噪声信号的幅值。当 ROM3 中存储多组系数时,可在图 4-23 的硬件架构中产生多个具有指定 PDF 的噪声信号,且每次迭代需 N_1(或 N_2)位服从均匀分布的 PRNs 作为 ROM1(或 ROM2)的读地址。取 $N_1 = N_2 = 16$,$N = 14$,$K = 16$,在图 4-18(c) 中的硬件平台进行方法验证。在 ROM3 中存储表 5-5 中的四组系数,并通过上位机配置 ROM3 的读地址范围。FPGA 中数字噪声信号 $n_1(t) \sim n_4(t)$ 的 PDF 如图 5-17 所示,数字噪声与理论 PDF 高度重合。

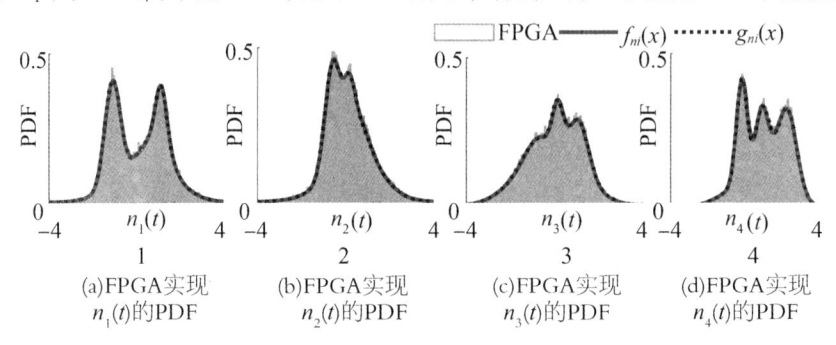

(a)FPGA实现 $n_1(t)$ 的PDF	(b)FPGA实现 $n_2(t)$ 的PDF	(c)FPGA实现 $n_3(t)$ 的PDF	(d)FPGA实现 $n_4(t)$ 的PDF

图 5-17 FPGA 合成数字噪声的 PDF

当使用 DAC 分别对四组噪声信号进行模拟输出时,对应的时域波形和统计直方图如图 5-18 所示,示波器显示的统计直方图与图 5-17 中的 PMF 非常相似。在 FPGA 实现式 (5-35) 中的三个模型,并使用 DAC 分别输出模拟信号。数字示波器捕获的 $z_i(t)$ 时域波形和统计直方图如图 5-19 所示,实验结果也与图 5-13 中的理论仿真高度相似。

将图 5-18 和图 5-19 中的数字噪声信号分别与常见周期信号在 FPGA 中按照式(4-62)进行叠加和归一化处理。当上位机发送的 $K_{i1} = K_{i2} = 8191.5$ ($G_i = 1$)时，并配置 DDS 分别输出与图 5-12 和图 5-14 中相同的周期信号时，数字示波器显示的时域波形和统计直方图如图 5-20 和图 5-21 所示，数字示波器显示的统计直方图也与图 5-17 高度相似。这证明也可在 FPGA 中实现具有任意分布的加性噪声发生器。

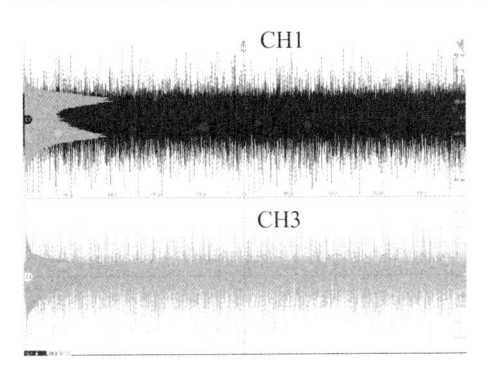

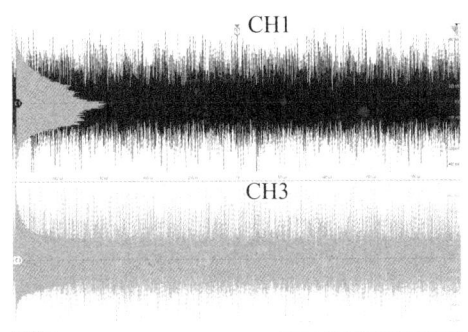

(a) $n_1(t)$ (CH1) 和 $n_2(t)$ (CH3)　　(b) $n_3(t)$ (CH1) 和 $n_4(t)$ (CH3)

图 5-18　$n_i(t)$ 的时域波形和统计直方图

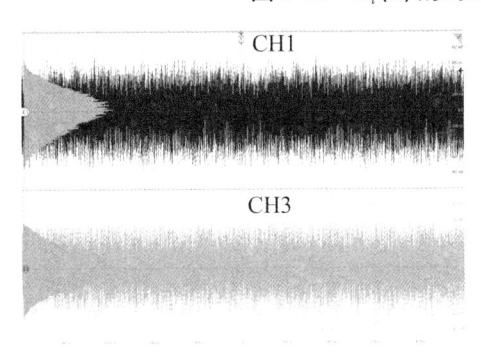

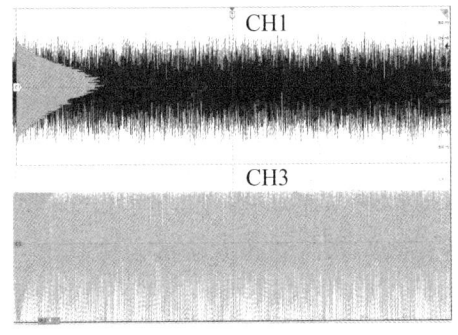

(a) $Z_1(\cdot)$ (CH1) 和 $Z_2(\cdot)$ (CH3)　　(b) $Z_1(\cdot)$ (CH1) 和 $Z_3(\cdot)$ (CH3)

图 5-19　$Z_i(t)$ 的时域波形和统计直方图

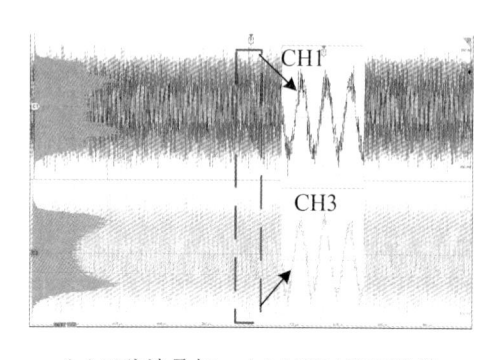

(a) 正弦波叠加 $n_1(t)$(CH1)和正弦波叠加 $n_2(t)$(CH3)的时域波形和直方图

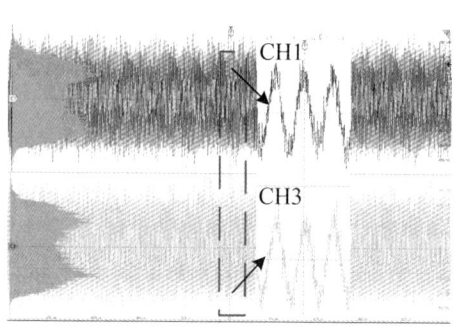

(b) 正弦波叠加 $n_3(t)$(CH1)和正弦波叠加 $n_3(t)$(CH3)的时域波形和直方图

图 5-20 $n_i(t)$ 与周期信号叠加后的时域波形及统计直方图

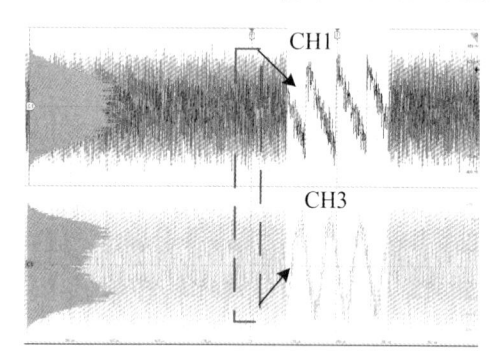

(a) 三角波叠加 $Z_1(t)$(CH1)和正弦波叠加 $Z_1(t)$(CH3)的时域波形和直方图

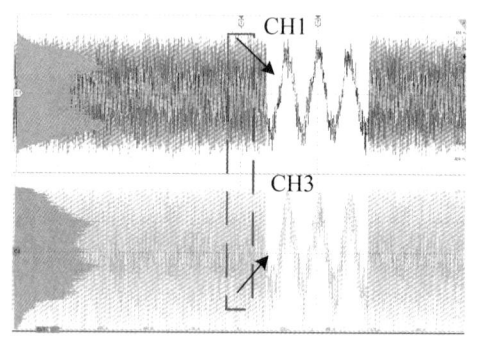

(b) 正弦波叠加 $Z_2(t)$(CH1)和正弦波叠加 $Z_3(t)$(CH3)的时域波形和直方图

图 5-21 $Z_i(t)$ 与周期信号叠加后的时域波形及统计直方图

由上可见，对于已知分布特性的噪声，利用算法 5-1 即可数字合成具有相同分布的噪声，也可使用基于反函数的噪声合成方法合成随机分布噪声，且噪声幅度范围可控。本质上讲，通过对 PRNs 进行指定的数学变化即可合成期望的噪声信号，因 PRNs 可在 FPGA 中实时产生，所以与已有方法相比[12,25,28]，噪声信号无重复周期，且 nD-HDM 突出的随机性能也直接提高了噪声信号随机性。此外，还可直接在数字域中实现不同噪声对信号的叠加干扰，而已有方法多通过模拟电路实现。因此，本书提出的方法操作更简单。

5.4.4 随机功率测试信号合成验证

随着电网的全面普及,功率计、智能电表作为一种电能计量仪器被广泛应用于各个行业。准确的功率测量(计量)对电价的公平交易、电动汽车里程测算、电池剩余电能估计、设备功耗评估等至关重要。理论上,当负载分别为纯电阻、纯电感、纯电容时,电压电流信号间的相位差分别为0°、+90°、-90°。而实际工况下的负载,通常并不是单一的电阻、电容或电感,而是三种基本器件共存的复杂负载。这导致负载两端的电压电流信号间存在随机相位差 φ。通常,电压信号 $u(t)$ 和电流信号 $i(t)$ 可建模为[33]

$$\begin{cases} u(t) = U\sin(\omega t + \varphi) + n_U(t) \\ i(t) = I\sin(\omega t + \varphi) + n_I(t) \end{cases} \quad (5-36)$$

式中,U 和 I 分别是电压和电流的幅度;周期 $T_p = \frac{1}{f}$ ($f = 50$ Hz 或 60 Hz);$n_U(t)$(或 $n_I(t)$)表示叠加在电压(或电流)中的噪声。因负载动态变化或随机启停,$i(t)$ 多为随机瞬态信号[33],其瞬态模型为

$$i_R(t) = I(t) g_I(t) \quad (5-37)$$

$$g_I(t) = \begin{cases} 1, & (a_1 + a_2)T_p \leq t \leq (b_1 + b_2)T_p \\ 0, & 其他 \end{cases} \quad (5-38)$$

式中,$i_R(t)$ 表示瞬态电流信号;$g_I(t)$ 表示负载工作时间;a_1、b_1 为正整数,并满足 $a_1 \leq b_1$,$a_2 \in [0,1]$,$b_2 \in [0,1]$。则随机负载能量可表示为

$$E(t) = U_{rms} I_{rms} \cos\varphi\, g_I(t) \quad (5-39)$$

式中,U_{rms} 和 I_{rms} 分别表示 $u(t)$ 和 $i(t)$ 的有效值。因此,根据式(5-39),为了实现瞬态电能的准确计量,需要具有随机特征的电压电流信号模拟实际工况下负载动态变化过程。

在图 3-12(b)的实验平台中,重新设置 CH1 参数与图 3-17(a)相同,并增加 2 个固定周期数,固定 CH2 输出 50 Hz 的正弦信号,并分别用均匀噪

声、高斯噪声、$n_1(t)$、$Z_1(\cdot)$ 对 CH1 和 CH2 输出的波形同时进行加性干扰，则可用 CH1 模拟负载动态变化或随机启停导致的电流信号，用 CH2 模拟电压信号。当设置 $G = 0.1$ 时，示波器捕获的第五组瞬态功率信号分别如图 5-22(a) ～图 5-22(d) 所示，合成的电压电流信号间存在随机相位差；电流信号的 TNP 比表 3-7 中的理论值增加 2 个，四次实验中电流信号具有相同的 TNP，这都与理论设计相符；不同类型的噪声均可与电压电流信号进行干扰，但难从时域信号上进行区分。总体上看，图 5-22 中合成的随机测试信号符合电能质量测试中常见的跌落、短时中断、噪声干扰等现象[17,182]。在标准表示法中，合成的功率测试信号可作为被测仪表与标准仪表的输入信号[183]。

(a) 正弦信号叠加高斯噪声

(b) 正弦信号叠加均匀噪声

(c) 正弦信号叠加噪声 $n_1(t)$

(d) 正弦信号叠加噪声 $Z_1(\cdot)$

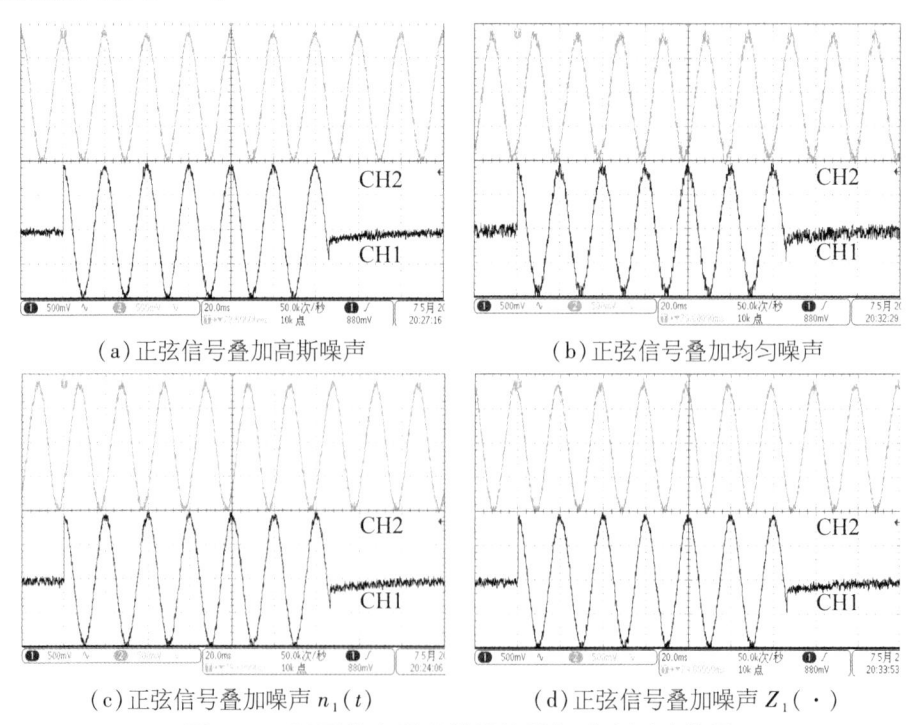

图 5-22　不同分布噪声模拟的随机功率测试信号

5.5 本章小结

针对实时可控任意分布噪声合成问题，本章提出了基于 n 维超混沌映射的任意分布噪声数字合成方法。首先，通过引入上（下）三角矩阵和模运算，给出了构造 n 维离散混沌映射的通用方法，可实现李指数精确控制和变量均匀分布；其次，以两个六维映射模型（6D-UTDHM 和 6D-LTDHM）为例进行方法验证，结果表明，两个模型都具有连续超混沌区间、稳定吸引子结构和均匀分布特性，与已有离散模型相比，PRNs 随机性能更加突出，香农熵（9.993）、样本熵（2.189）、排列熵（6.576）、关联维度（2.011）、卡普兰-约克维度（6.000）等指标更好，且可通过 NIST 和 TestU01 测试，还给出了基于状态变量的吸引子分形结构调控方法以丰富 PRNs 的分布特性和相轨图分形结构；再次，以第四章的高斯噪声为基础，且考虑工程实现，提出了基于等概率混合高斯模型的指定分布函数噪声合成方法和基于反函数的随机分布噪声合成方法；最后，在 FPGA 硬件平台中验证了 6D-UTDHM 的实现和噪声合成方法。实验显示，硬件平台输出的相轨图均为矩形结构，与数值仿真高度相似。基于硬件 FPGA 合成的任意指定分布噪声、随机分布噪声的统计特性与均与理论分布高度相似。将第三章至第五章中合成三种测试信号进行综合验证，实验显示，合成的随机测试信号与实际工况中信号和噪声的随机变化过程相符合[17,182]。

第六章

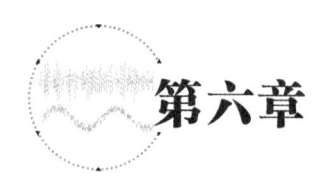

总结与展望

6.1 研究总结

目前，随着电子信息技术的发展，大量高精尖的电子装备已广泛应用到电子对抗、交通运输、医疗健康等关键领域中，其长时间稳定运行对保障国家安全、经济发展、人民生活质量等至关重要。任意波形发生器作为一种可快速合成任意测试信号的信号源，已在电子装备的研发、生产、维保等全生命周期测试任务中广泛使用。然而，受数字波形合成原理限制，有限随机性能的测试信号难以模拟装备实际工况下可能出现的所有信号，装备故障覆盖率难提高，装备长期稳定运行难保障，因此，急需提高测试信号的随机性。针对不同场景对随机测试信号和噪声的共性需求，围绕如何提高测试信号随机性能这一目标，本书开展了基于离散混沌映射的随机测试信号数字合成方法研究，主要工作总结如下。

(1)基于 DCM 的随机测试信号建模方法研究，通过对随机测试信号空间进行正交子空间分解与重构，建立了随机测试信号与 PRNG 的映射模型，将测试信号的随机性转换为 PRNG 的随机性，给出了 GDMM 及其工作频率搬移方法，提出了基于 GDMM 和基于模运算的两种 DCM 建模方法。GDMM 符合忆阻器的紧磁滞回线、有源性、记忆性等特性，工作频率搬移方法解决了商用器件参数(带宽、采样率、电压)对忆阻器性能的验证，以 500 kHz

的外部激励信号在硬件平台(20 MHz，100 MSa/s)上获得了 10 GHz(采样率 200 GSa/s)余弦信号对应的磁滞回线，等效工作频率提高 20 000 倍。通过改变 GDMM 的参数(k_i 和 m)可兼容已有忆阻器模型，并提高工作频率至 20 GHz。基于 GDMM 的 DCM 具有丰富的动力学行为，基于模运算的 DCM 具有稳定连续的动力学行为和理论可控的 LEs。两种 DCM 建模方法均可提升已有 DCM 的混沌性能，这为后续三章内容的研究奠定了理论基础。

(2)针对随机周期测试信号的高精度高效率合成问题，开展了基于三维混沌映射(3D-PMLM)的随机周期测试信号数字合成方法研究，将两个二阶 DM 并联到 1D-LM 中，建立了 3D-PMLM 新模型，结合数字波形合成原理，给出了以 3D-PMLM 作为种子的随机周期测试信号合成架构及其波形参数计算方法，并在 FPGA 硬件中进行了方法验证。分析表明，忆阻器参数的改变可导致 3D-PMLM 出现超混沌、混沌、周期等多种动力学行为。与已有映射相比，3D-PMLM 的香农熵(9.923)、排列熵(3.903)、卡谱兰-约克维度(3.000)等指标更高，输出的 PRNs 可通过 NIST、TestU01 测试。FPGA 实时合成的测试信号可在波形类型、幅度、频率、起始相位、结束相位、周期数等维度随机变化，实现了测试信号随机变化区间可控、信号波形可溯源、更新时间可调，输出模拟信号持续时间平均相对误差不超过 0.73%，体现了提出方法的高效率和高精度特点。

(3)针对实时可控高吞吐率噪声合成问题，开展了基于四维混沌映射(4D-TBMHM)的高吞吐率噪声实时数字合成方法研究，通过引入两个 DM(混联)和非线性三角函数，建立了 4D-TBMHM 新模型，并给出了吸引子通用调控方法，结合 FPGA 流水线工作特点，给出了 PRNs 吞吐率两级提升及均匀化方法，提出了实时可控高吞吐率高斯噪声和均匀噪声数字合成方法，并进行方法硬件验证。分析显示，随着系统参数的连续变化，超混沌是 4D-TBMHM 的主要动力学行为特征，且混沌区间更连续。与已有映射相比，4D-TBMHM 的样本熵(1.758)、排列熵(4.952)、关联维度(1.998)、卡谱兰-约克维度(4.000)等指标更高，PRNs 可通过 NIST 和 TestU01 测试。与已有的吸引子调控方法相比，提出的调控方法适用于任意混沌映射模型，不受数学模型、参数、初值等限制。仅需 FPGA 即可产生吞吐率为 195.2 Gbps 的噪声信号，与已有的 TRNG 和 PRNG 相比，吞吐率分别至少提高 13.9 倍和 6.35 倍，且实现简单。合成噪声信号的分布特性、波峰因素、输出功率等参数可调，这有利于在数字域中直接产生干扰噪声。最后，在硬件平台上分别实现了高斯噪声、均匀噪声、加性噪声的数字合成，表明提出方法可进行工程化应用。

(4) 针对实时可控任意分布噪声合成问题，开展了基于 n 维超混沌映射的任意分布噪声数字合成方法研究，引入三角矩阵和非线性模运算，以混沌系统的 LEs 计算为依据，给出了 nD-DHM 通用模型，改进了混合高斯模型，以第四章合成的标准高斯噪声为基本噪声模型，并考虑基于 FPGA 的工程化实现，提出了基于等概率混沌高斯模型的指定分布噪声数字合成算法，并以分布函数的反函数为基础，提出了随机分布噪声数字合成方法。分析表明，与已有映射相比，nD-DHM 具有 LEs 可控、连续混沌区间可控、吸引子分形结构固定、状态变量均匀分布的特点，6D-HDM 的香农熵(9.993)、样本熵(2.189)、排列熵(6.576)、关联维度(2.011)、卡谱兰-约克维度(6.000)等指标更高，PRNs 也可通过 NIST 和 TestU01 测试。提出的两种噪声合成方法均可在 FPGA 中实现，示波器显示的噪声统计特性与理论分布相符。与已有查表法相比，该方法实现了噪声信号不重复输出，提高了噪声信号的随机性。

6.2 研究展望

针对不同场景对测试信号和噪声的高随机性需求，本书开展了基于离散混沌映射的随机测试信号数字合成方法研究。然而，基于离散混沌映射的随机测试信号合成方法是一种新的测试信号合成方法，本书侧重于随机测试信号数字合成的方法研究，并设计了硬件电路进行方法验证。但受硬件平台性能限制，未能应用于雷达杂波模拟、复杂电磁环境仿真、电表瞬态功率测试等实际测试任务中。因此，结合工程应用，仍然还有许多问题需要持续研究，主要内容如下。

（1）研究高采样率的随机周期测试信号合成方法。在随机周期测试信号的数字合成架构中，本书仅考虑了一路波形输出的情况，当DAC采样率大于FPGA内部系统时钟时，则需要并行输出波形数据。面对多路并行波形数据输出的情况，如何实现随机测试信号的高精度控制需要进一步研究。另外，直接数字波形合成是任意波形合成的另一种技术路线，在直接数字波形合成架构中如何实现随机周期测试信号的高精度合成也需要研究。

（2）研究噪声信号的精密合成方法。在实际应用中，DAC的模拟带宽、信道底噪等因素也会影响合成噪声的功率、带宽和统计特性。因此，如何实现噪声信号的精密合成需要进一步研究。提高DAC性能（带宽、采样率）和信道带宽是解决思路之一，而对信道进行建模，并在数字合成时考虑信道影响是另一个解决思路。

（3）研究高斯色噪声和带限噪声合成方法。本书重点研究了高斯噪声的高吞吐率和数字合成问题，但在考虑实际情况时，受电路带宽和系统工作频率的限制，实际电路中的噪声往往在有限带宽内存在。因此，面向工程应用时，还需要进一步研究高斯色噪声和带限高斯噪声合成方法，可考虑数字滤波器、模拟滤波器、混频技术等。

（4）立足实际测试需要，开展专用硬件开发和程序设计，解决诸如多通道同步、信号幅度调理、射频电路设计、电压（流）源等硬件问题，以及配套软件程序开发，产生可用的随机测试信号，提高装备测试的故障覆盖率。

（5）构建随机性能突出且实现简单的DCM模型。本书主要通过耦合DM和有界非线性函数（三角函数、模运算）来构建超混沌离散映射，包含非线性项是DCM的必要条件，非线性项越多，越容易提高DCM的混沌性能，而过多的非线性项会导致DCM的计算代价（面积和速度）过大。因此，构建随机性能突出且实现简单的DCM新模型也具有重要的工程意义。

参考文献

[1] 张聚恩，杨敏. 波音737MAX飞机空难综述[EB/OL]. https：//www. sohu. com/a/308327350_ 628944.

[2] 石荣，刘江. 外军典型射频雷达模拟器应用现状与发展分析[J]. 现代雷达，2020，42(03)：78-85.

[3] 张鹏. 基于通用仪器的drfm雷达目标模拟器实现[J]. 现代雷达，2015，37(08)：81-85.

[4] MATHWORKS. Rng控制随机数生成器[EB/OL]. https：//ww2. mathworks. cn/help/matlab/ref/rng. html.

[5] DRIDI F, ASSAD S E, YOUSSEF W E A, et al. The design and fpga-based implementation of a stream cipher based on a secure chaotic generator[J]. Applied Sciences，2021，11(2)：625.

[6] VALLE J, MACHICAO J, BRUNO O M. Chaotical prng based on composition of logistic and tent maps using deep-zoom[J]. Chaos, Solitons&Fractals，2022，161：112296.

[7] AL-KHATIB M A S, LONE A H. Acoustic lightweight pseudo random number generator based on cryptographically secure LFSR[J]. International Journal of Computer Network and Information Security，2018，10(2)：38-45.

[8] LI S L, LIU Y Z, RRE F Y, et al. Design of a high throughput pseudorandom number generator based on discrete hyper-chaotic system[J]. IEEE Transactions on Circuits and Systems II：Express Briefs，2023，70(2)：806-810.

[9] WANG L S, ZhAO T, WANG D M, et al. Real-time14-gbps physical random bit generator based on time-interleaved sampling of broadband white chaos[J]. IEEE Photonics Journal，2017，9(2)：1-13.

[10] 胡生国, 朱艳. 舰船噪声数据连续回放技术研究[J]. 舰船电子工程, 2014, 34(06): 134-137.

[11] 刘建兵, 杨绪升. 鱼雷噪声模拟技术在舰艇预警训练中的应用[J]. 水雷战与舰船防护, 2014, 22(02): 47-50.

[12] 欧家祥, 王俊融, 杨婧. 电力线噪声采集回放系统设计[J]. 电子技术与软件工程, 2015, (24): 31-32.

[13] 王亚晨, 李晓东. 基于MATLAB的飞机噪声模拟研究[J]. 上海船舶运输科学研究所学报, 2017, 40(04): 1-5.

[14] 卜景鹏. 射频噪声理论和工程应用[M]. 北京: 清华大学出版社, 2022.

[15] YANG G L, AI H, LIU W, et al. Weak signal detection based on variable-situation-potential with time-delay feedback and colored noise[J]. Chaos, Solitons & Fractals, 2023, 169: 113250.

[16] TIAN R L, ZHAO Z J, XU Y. Variable scale-convex-peak method for weak signal detection[J]. Science China Technological Sciences, 2021, 64(2): 331-340.

[17] 王婧. 伪随机动态测试信号建模与智能电能表动态误差测试方法[D]. 北京: 北京化工大学, 2020.

[18] KEYSIGHT TECHNOLOGIES. Keysight81150a and 81160a pulse function arbitrary noise generators[EB/OL]. https://www.keysight.com.cn/cn/zh/assets/7018-01537/data-sheets/5989-6433.pdf.

[19] ROHDR & SCHWARZ. Smw200a vector signal generator[EB/OL]. https://scdn.rohde-schwar z.com/ur/pws/dl_downloads/pdm/cl_brochures_and_datasheets/product_brochure/3606_8037_12/SMW200A_bro_en_3606-8037-12_v0900.pdf.

[20] 普源精电科技股份有限公司. 如何选择一款合适的信号器[EB/OL]. https://www.rigol.com/products/products/waveform-generators.

[21] 优利德科技(中国)股份有限公司. Utg9000t系列函数/任意波形发生器使用手册[EB/OL]. https://instruments.uni-trend.com.cn/static/upload/file/20230918/UTG9000T%E7%B3%BB%E5%88%97%E5%87%BD%E6%95%B0%E4%BB%BB%E6%84%8F%E6%B3%A2%E5%BD%A2%E5%8F%

185

91%E7%94%9F%E5%99%A8-%E7%94%A8%E6%88%B7%E6%89%8B%E5%86%8C%20REV4%20.pdf．

[22] 高建栋，韩壮志，何强，等．雷达回波模拟器的研究与发展[J]．飞航导弹，2013，(01)：63-66．

[23] 郑灼洋，蔡文琦，孔令峰，等．基于通用仪表的复杂电磁环境构建技术[J]．现代雷达，2013，35(12)：89-93．

[24] WU B, XIAO J, HU X G, et al. The baseband signal simulation system in complex electromagnetic environment based on real-time computation[C]. IEEE International Conference on Control and Automation, 2016：323-328.

[25] 李咏．基于DSP的雷达杂波模拟器实现[D]．西安：西安电子科技大学，2018．

[26] 陆越，李钟．潜艇辐射噪声模拟及匹配发射技术研究[J]．声学与电子工程，2020，(03)：39-42．

[27] 曹连振，刘霞，杨阳，等．光学量子噪声模拟与测量实验研究[J]．量子电子学报，2019，36(05)：591-597．

[28] 孙凤荣，杨森，冯震．一种宽带数字噪声产生系统的实现[J]．现代雷达，2005，(01)：29-31．

[29] 叶夏兰，林东．PLC信道噪声建模仿真及其噪声发生器的DSP实现[J]．有线电视技术，2016，(01)：40-43．

[30] 周生奎，朱秋明，吕卫华，等．基于FPGA的航空数据链信道模拟器[J]．航空兵器，2014，(01)：61-64．

[31] 菅端端，钟明琛．下一代光传输系统中超高速ADC芯片性能测试方法[J]．电子学报，2018，46(09)：2251-2255．

[32] TEKTRONIX．半导体器件检定测试需要灵活的激励信号[EB/OL]．https：//download.tek.com/document/76C_18660_0.pdf．

[33] WANG X W, CHEN J X, YUAN R M, et al. OOK power model based dynamic error testing for smart electricity meter[J]. Measurement Science and Technology, 2017, 28(2)：025015.

[34] 王学伟，王艳君．m序列调制的正弦离散伪随机动态测试信号的完备性分析[J]．中国电机工程学报，2018，38(12)：3529-3537．

[35] 王学伟，杨京. 动态测试信号模型及电能压缩感知测量方法[J]. 仪器仪表学报，2019，40（1）：92-100.

[36] 王智，贺星，苏玉萍，等. 基于小波分析的智能电能表动态测试信号模型与误差分析[J]. 电测与仪表，2024，61（08）：203-210.

[37] MATHWORKS. 随机数为什么可在启动后重复出现？[EB/OL]. https://ww2.mathworks.cn/help/matlab/math/why-do-random-numbers-repeat-after-startup.html.

[38] MALIK J S, HEMANI A. Gaussian random number generation：a survey on hardware architec-tures[J]. ACM Computing Surveys，2017，49（3）：1-37.

[39] L'ECUYER P. History of uniform random number generation[C]. Winter Simulation Conference，Las Vegas，NV，2017：202-230.

[40] MATHWORKS. 创建随机数数组[EB/OL]. https://ww2.mathworks.cn/help/matlab/math/create-arrays-of-random-numbers.html.

[41] 唐靖超，姜万顺，邓建钦，等. 微波毫米波与太赫兹噪声源发展现状[J]. 太赫兹科学与电子信息学报，2024，22（02）：168-175.

[42] FRUSTACI F, SPAGNOLO F, PERRI S, et al. A high-speed FPGA-based true random number generator using metastability with clock managers[J]. IEEE Transactions on Circuits and Systems II：Express Briefs，2023，70（2）：756-760.

[43] HOLMAN W T, CONNELLY J A, DOWLATABADI A B. An integrated analog/digital random noise source[J]. IEEE Transactions on Circuits and Systems I：Fundamental Theory and Applications，1997，44（6）：521-528.

[44] STANCHIERI G P, MARCELLIS A E, PALANGE E, et al. A true random number generator architecture based on a reduced number of FPGA primitives[J]. AEU-International Journal of Electronics and Communications，2019，105：15-23.

[45] ZHAO J Y, CHEN B, WANG W N, et al. A true random number generator based on semiconductor-vacancies junction entropy source and square transform method[J]. IEEE Transactions on Elec-tron Devices，2023，70（10）：5484-5488.

[46] COSKUN S, PEHLIVAN I, AKGUL A, et al. A new computer-controlled platform for ADC-based true random number generator and its applications[J]. Turkish Journal of

Electrical Engineering & Computer Sciences, 2019, 27(2): 847-860.

[47] SALA R D, BELLIZIA D, SCOTTI G. A novel ultra-compact FPGA-compatible TRNG architecture exploiting latched ring oscillators[J]. IEEE Transactions on Circuits and Systems II: Express Briefs, 2022, 69(3): 1672-1676.

[48] PETRIE C S, CONNELLY J A. A noise-based IC random number generator for applications in cryptography[J]. IEEE Transactions on Circuits and Systems I: Fundamental Theory and Applications, 2000, 47(5): 615-621.

[49] NANNIPIERI P, MATTEO S D, BALDANZI L, et al. True random number generator based on fibonacci-galois ring oscillators for FPGA[J]. Applied Sciences, 2021, 11(8): 3330.

[50] CUI J G, YI M X, CAO D, et al. Design of true random number generator based on multi-stage feedback ring oscillator[J]. IEEE Transactions on Circuits and Systems II: express Briefs, 2022, 69(3): 1752-1756.

[51] SALA R D, BELLIZIA D, SCOTTI G. High-throughput FPGA-compatible TRNG architecture exploiting multi stimuli metastable cells[J]. IEEE Transactions on Circuits and Systems I: Regular Papers, 2022, 69(12): 4886-4897.

[52] KOYUNCU İ, TUNA M, PEHLIVAN İ, et al. Design, FPGA implementation and statistical analysis of chaos-ring based dual entropy core true random number generator[J]. Analog Integrated Circuits and Signal Processing, 2020, 102(2): 445-456.

[53] BAE S G, KIM Y, PARK Y, et al. 3-Gb/s high-speed true random number generator using common- mode operating comparator and sampling uncertainty of d flip-flop[J]. IEEE Journal of SoliD-State Circuits, 2017, 52(2): 605-610.

[54] JOFRE M, CURTY M, STEINLECHNER F, et al. True random numbers from amplified quantum vacuum[J]. optics express, 2011, 19(21): 20665.

[55] MA C G, XIAO J L, XIAO Z X, et al. Chaotic microlasers caused by internal mode interaction for random number generation[J]. Light: Science&Applications, 2022, 11(1): 187.

[56] WYJ. 随机数在密码学中的作用(一)随机数分类介绍[EB/OL]. https://zhuanlan.zhihu.com/p/150233843.

[57] BOUTILLON E, DANGER J L, GHAZEL A. Design of high speed AWGN communication channel emulator[J]. Analog Integrated Circuits and Signal Processing, 2003, 34(2, SI): 133-142.

[58] KONUMA S. Design and evaluation of hardware pseudo-random number generator MT19937[J]. IEICE Transactions on Information and Systems, 2005, E88D(12): 2876-2879.

[59] STAUFFER M, HANNE T, DORNBERGER R. Uniform and non-uniform pseudorandom number generators in a genetic algorithm applied to an order picking problem [C]. 2016 IEEE Congress on Evolutionary Computation(CEC), Vancouver, BC, Canada, 2016: 143-151.

[60] SILESHI B G, FERRER C, OLIVER J. Accelerating hardware gaussian random number generation using ziggurat and CORDIC algorithms[C]. IEEE SENSORS 2014 Proceedings, Valencia, Spain, 2014: 2122-2125.

[61] 谷晓忱, 张民选. 一种基于FPGA的高斯随机数生成器的设计与实现[J]. 计算机学报, 2011, 34(01): 165-173.

[62] SOUZA C E C, MORENO D, CHAVES D P B, et al. Pseudo-chaotic sequences generated by the discrete arnold's map over Z_{2m}: period analysis and FPGA implementation[J]. IEEE Transactions on Instrumentation and Measurement, 2022, 71: 1-10.

[63] SI Y, LIU H, CHEN Y. Constructing a 3D exponential hyperchaotic map with application to PRNG[J]. International Journal of Bifurcation and Chaos, 2022, 32 (07): 2250095.

[64] TOLBA M F, ABDELATY A M, SOLIMAN N S, et al. FPGA implementation of two fractional order chaotic systems[J]. AEU-International Journal of Electronics and Communications, 2017, 78: 162-172.

[65] YANG Z, LIU Y Z, WU Y Q, et al. A high speed pseudo-random bit generator driven by 2D-discrete hyperchaos[J]. Chaos, Solitons & Fractals, 2023, 167: 113039.

[66] GOKYILDIRIM A, UYAROGLU Y, PEHLIVAN I. A weak signal detection

application based on hyperchaotic lorenz system[J]. Tehnicki vjesnik-Technical Gazette, 2018, 25(3).

[67]SABARATHINAM S, VOLOS C K, THAMILMARAN K. Implementation and study of the nonlinear dynamics of a memristor-based duffing oscillator[J]. Nonlinear Dynamics, 2017, 87(1): 37-49.

[68]JUN B. On relaxation-oscillations[J]. The London, Edinburgh and Dublin Phil. Mag. & J. of Sci, 1927, 2(7): 978-992.

[69]PETRÁŠ I. Fractional-order nonlinearsystems: modeling, analysisand simulation [M]. Berlin: Springer, 2011.

[70]金畅, 王萍. 一种新的随机数发生器的研究与改进[J]. 兰州理工大学学报, 2006, (01): 155-157.

[71]PANDIT A A, KUMAR A, MISHRA A. LWR-based quantum-safe pseudo-random number generator[J]. Journal of Information Security and Applications, 2023, 73: 103431.

[72]吴国望, 屈晓旭, 徐丹. 基于fpga的高斯白噪声信号源实现[J]. 舰船电子工程, 2016, 36(06): 119-121.

[73]YAN S H, SUN X, WANG E, et al. Application of weak signal detection based on improved duffing chaotic system[J]. Journal of Vibration Engineering & Technologies, 2022.

[74]MANSOURI A, WANG X Y. A novel one-dimensional sine powered chaotic map and its application in a new image encryption scheme[J]. Information Sciences, 2020, 520: 46-62.

[75]DAHMANI S, MAAMOUN M, ZERARI G, et al. An efficient FPGA-based gaussian random number generator using an accurate segmented box-muller method[J]. IEEE Access, 2023, 11: 64745-64757.

[76]朱鹏, 夏际金. 基于fpga的高斯噪声发生器的设计[J]. 山东工业技术, 2017, (23): 96.

[77]COTRINA G, PEINADO A, ORTIZ A. Gaussian pseudorandom number generator based on cyclic rotations of linear feedback shift registers[J]. Sensors, 2020, 20

(7): 2103.

[78] SYAFALNI I, JONATAN G, SUTISNA N, et al. Efficient homomorphic encryption accelerator with inte-grated prng using low-cost FPGA[J]. IEEE Access, 2022, 10: 7753-7771.

[79] MAAMOUN M, SAADI H A, DAHMANI S, et al. An optimized FPGA based box-muller gaussian ran dom number generator architecture for communication applications[C]. IEEE Annual Information Technology, Electronics and Mobile Communication Conference, Vancouver, BC, Canada, 2021: 0772-0777.

[80] SU J N, HAN J. An improved ziggurat-based hardware gaussian random number generator[C]. IEEE International Conference on SoliD-State and Integrated Circuit Technology, Hangzhou, China, 2016: 1606-1608.

[81] LEE D U, VILLASENOR J D, LUK W, et al. A hardware gaussian noise generator using the box-muller method and its error analysis[J]. IEEE Transactions on Computers, 2006, 55(6): 659-671.

[82] MALIK J S, HEMANI A, MALIK J N, et al. Revisiting central limit theorem: Accurate gaussian random number generation in VLSI[J]. IEEE Transactions on Very Large Scale Integration(VLSI) Systems, 2015, 23(5): 842-855.

[83] GUTIERREZ R, TORRES V, VALLS J. Hardware architecture of a gaussian noise generator based on the inversion method[J]. IEEE Transactions on Circuits and Systems II: Express Briefs, 2012, 59(8): 501-505.

[84] 杨松宁. 雷达杂波模拟技术研究[D]. 成都: 电子科技大学, 2020.

[85] LIU J X, LIANG Z W, LUO Y L, et al. A hardware pseudo-random number generator using stochastic computing and logistic map[J]. Micromachines, 2020, 12(1): 31.

[86] YU F, LI L X, HE B Y, et al. Design and FPGA implementation of a pseudorandom number generator based on a four-wing memristive hyperchaotic system and bernoulli map[J]. IEEE Access, 2019, 7: 181884-181898.

[87] NGUYEN N T, BUI T, GAGNON G, et al. Designing a pseudorandom bit generator with a novel five-dimensional-hyperchaotic system[J]. IEEE Transactions on

Industrial Electronics, 2022, 69(6): 6101-6110.

[88] GARCIA-BOSQUE M, DÍEZ-SEÑORANS G, PÉREZ-RESA A, et al. A 1 gbps chaos-based stream cipher implemented in 0.18 μm CMOS technology[J]. Electronics, 2019, 8(6): 623.

[89] MEBENGA V B E, KOPPARTHI V R, NZEUGA H D, et al. An 8-bit integer true periodic orbit PRNG based on delayed arnold's cat map[J]. AEU-International Journal of Electronics and Communications, 2023, 162: 154575.

[90] ALHADAWI H S, ZOLKIPLI M Z, ISMAIL S M, et al. Designing a pseudorandom bit generator based on LFSRs and a discrete chaotic map[J]. Cryptologia, 2019, 43(3): 190-211.

[91] 许栋, 崔小欣, 王田, 等. 基于Logistic映射的混沌随机数发生器研究[J]. 微电子学与计算机, 2016, 33(02): 1-6.

[92] DRIDI F, ASSAD S, YOUSSEF W, et al. Design, hardware implementation on fpga and performance analysis of three chaos-based stream ciphers[J]. Fractal and Fractional, 2023, 7(2): 197.

[93] ALHARBI A R, AHMAD J, ALI A, et al. A new multistage encryption scheme using linear feedback register and chaos-based quantum map[J]. Complexity, 2022, 2022: 1-15.

[94] TONG X J, ZHANG M, WANG Z, et al. A image encryption scheme based on dynamical perturbation and linear feedback shift register[J]. Nonlinear Dynamics, 2014, 78(3): 2277-2291.

[95] BAO H, LI H Z, HUA Z Y, et al. Sine-transform-based memristive hyperchaotic model with hardware implementation[J]. IEEE Transactions on Industrial Informatics, 2023, 19(3): 2792-2801.

[96] 肖化昆. 系统仿真中任意概率分布的伪随机数研究[J]. 计算机工程与设计, 2005, (01): 168-171.

[97] 彭博. 自定义分布噪声信号合成软件模块设计与实现[D]. 成都: 电子科技大学, 2023.

[98] 李东风. 统计计算[EB/OL]. https://www.math.pku.edu.cn/teachers/lidf/

course/statc omp/statcomp. pdf.

[99] BAO H, HUA Z Y, Li H Z, et al. Memristor-based hyperchaotic maps and application in auxiliary clas sifier generative adversarial nets[J]. IEEE transactions on Industrial Informatics, 2022, 18(8): 5297-5306.

[100] BAO B C, RONG K, LI H Z, et al. Memristor-coupled logistic hyperchaotic map [J]. IEEE Transactions on Circuits and Systems II: Express Briefs, 2021, 68(8): 2992-2996.

[101] CHUA L. Memristor-the missing circuit element[J]. IEEE Transactions on Circuit Theory, 1971, 18(5): 507-519.

[102] ABDELOUAHAB M S, LOZI R, CHUA L. Memfractance: a mathematical paradigm for circuit elements with memory [J]. International Journal of Bifurcation and Chaos, 2014, 24(09): 1430023.

[103] BAI D, WANG G. A memristive chaotic mapping based on FPGA[J]. J. Hangzhou Dianzi Univ. , 2013, 33(6): 9-12.

[104] BAO H, HUA Z Y, LI H Z, et al. Discrete memristor hyperchaotic maps[J]. IEEE Transactions on Circuits and Systems I: Regular Papers, 2021, 68(11): 4534-4544.

[105] SUN J Y, LI C B, LU T A, et al. A memristive chaotic system with hypermultistability and its application in image encryption[J]. IEEE Access, 2020, 8: 139289-139298.

[106] WANG R, LI C B, KONG S X, et al. A 3D memristive chaotic system with conditional symmetry[J]. Chaos, solitons&Fractals, 2022, 158: 111992.

[107] LAI Q, WAN Z Q, KENGNE L K, et al. Two-memristor-based chaotic system with infinite coexisting attractors [J]. IEEE Transactions on Circuits and Systems II: Express briefs, 2021, 68(6): 2197-2201.

[108] LI H Z, HUA Z Y, BAO H, et al. Two-dimensional memristive hyperchaotic maps and application in secure communication [J]. IEEE Transactions on Industrial Electronics, 2021, 68(10): 9931-9940.

[109] LAI Q, LAI C. Design and implementation of a new hyperchaotic memristive map

[J]. IEEE transactions on Circuits and Systems II: Express Briefs, 2022, 69(4): 2331-2335.

[110] LI K X, BAO B, MA J, et al. Synchronization transitions in a discrete memristor-coupled bi-neuron model[J]. Chaos, Solitons&Fractals, 2022, 165: 112861.

[111] DENG Y, LI Y X. A 2D hyperchaotic discrete memristive map and application in reservoir computing[J]. IEEE Transactions on Circuits and Systems II: Express Briefs, 2022, 69(3): 5.

[112] QIN C, SUN K H, HE S B. Characteristic analysis of fractional-order memristor-based hypogenetic jerk system and its DSP implementation[J]. Electronics, 2021, 10(7): 841.

[113] DENG Y, LI Y X. Nonparametric bifurcation mechanism in 2-D hyperchaotic discrete memristor-based map[J]. Nonlinear Dynamics, 2021, 104(4): 4601-4614.

[114] GU Y, BAO H, XU Q, et al. Cascaded bi-memristor hyperchaotic map[J]. IEEE Transactions on Circuits and Systems II: Express Briefs, 2023, 70(8): 3109-3113.

[115] BAO B C, ZHAO Q H, YU X H, et al. Complex dynamics and initial state effects in a two-dimensional sine-bounded memristive map[J]. Chaos, Solitons & Fractals, 2023, 173: 113748.

[116] ADHIKARI S P, SAH M P, KIM H, et al. Three fingerprints of memristor[J]. IEEE Transactions on Circuits and Systems I: Regular Papers, 2013, 60(11): 3008-3021.

[117] CHUA L. If it's pinched it's a memristor[J]. Semiconductor Science and Technology, 2014, 29(10): 104001.

[118] STRUKOV D B, SNIDER G S, STEWART D R, et al. The missing memristor found [J]. Nature, 2008, 453(7191): 80-83.

[119] DEMIRKOL A S, ASCOLI A, MESSARIS I, et al. A compact and continuous reformulation of the strachan tao$_x$ memristor model with improved numerical stability [J]. IEEE Transactions on Circuits and Systems I: Regular Papers, 2022, 69(3): 1266-1277.

[120] MINATI L, GAMBUZZA L V, THIO W J, et al. A chaotic circuit based on a physical memristor[J]. Chaos, Solitons & Fractals, 2020, 138: 109990.

[121] BAO B C, LI H Z, WU H G, et al. Hyperchaos in a second-order discrete memristor-based map model[J]. Electronics Letters, 2020, 56(15): 769-770.

[122] RONG K, BAO H, LI H Z, et al. Memristivehénon map with hidden neimark-sacker bifurcations[J]. Nonlinear Dynamics, 2022, 108(4): 4459-4470.

[123] CHEN C J, MIN F H, ZHANG Y Z, et al. Memristive electromagnetic induction effects on hopfield neural network[J]. Nonlinear Dynamics, 2021, 106(3): 2559-2576.

[124] DING D W, XIAO H, YANG Z L, et al. Coexisting multi-stability of hopfield neural network based on coupled fractional-order locally active memristor and its application in image encryption[J]. Nonlinear Dynamics, 2022, 108(4): 4433-4458.

[125] CAO H B, WANG F Q. Spreading operation frequency ranges of memristor emulators via a new sine-based method[J]. IEEE transactions on Very Large Scale Integration(VLSI) Systems, 2021, 29(4): 617-630.

[126] SUN J W, HAN J T, LIU P, et al. Memristor-based neural network circuit of pavlov associative memory with dual mode switching[J]. AEU-International Journal of Electronics and Communications, 2021, 129: 153552.

[127] YESIL A. A new grounded memristor emulator based on MOSFET-C[J]. AEU-International Journal of Electronics and Communications, 2018, 91: 143-149.

[128] DONG Y J, WANG G Y, CHEN G R, et al. A bistable nonvolatile locally-active memristor and its complex dynamics[J]. Communications in Nonlinear Science and Numerical Simulation, 2020, 84: 105203.

[129] LI K X, BAO H, LI H Z, et al. Memristive rulkov neuron model with magnetic induction effects[J]. IEEE Transactions on Industrial Informatics, 2022, 18(3): 1726-1736.

[130] LIU Y, ZHOU X F, YAN H, et al. Robust memristive fiber for woven textile memristor[J]. Advanced Functional Materials, 2022, 32(28): 2201510.

[131] BAO H, RONG K, CHEN M, et al. Multistability and synchronization of discrete maps via memristive coupling[J]. Chaos, Solitons&Fractals, 2023, 174: 113844.

[132] LAI Q, YANG L, LIU Y. Design and realization of discrete memristive hyperchaotic map with application in image encryption[J]. Chaos, Solitons & Fractals, 2022, 165: 112781.

[133] SHATNAWI M T, ABBES A, OUANNAS A, et al. Hidden multistability of fractional discrete non-equilibrium point memristor based map[J]. Physica Scripta, 2023, 98(3): 035213.

[134] HUA Z Y, CHEN Y Y, BAO H, et al. Two-dimensional parametric polynomial chaotic system[J]. IEEE Transactions on Systems, Man, and Cybernetics: Systems, 2022, 52(7): 4402-4414.

[135] HUA Z Y, ZHOU Y C, PUN C M, et al. 2D sine logistic modulation map for image encryption[J]. Infor-mation Sciences, 2015, 297: 80-94.

[136] HUA Z Y, ZHOU Y C. Image encryption using 2D logistic-adjusted-sine map[J]. Information Sciences, 2016, 339: 237-253.

[137] HUA Z Y, JIN F, XU B X, et al. 2D logistic-sine-coupling map for image encryption[J]. Signal Processing, 2018, 149: 148-161.

[138] HUA Z Y, ZHOU Y C, BAO B C. Two-dimensional sine chaotification system with hardware implementation[J]. IEEE Transactions on Industrial Informatics, 2020, 16(2): 887-897.

[139] HUA Z Y, ZHOU B H, ZHANG Y X, et al. Modular chaotification model with FPGA implementation[J]. Science China Technological Sciences, 2021, 64(7): 1472-1484.

[140] ZHANG X Q, LIU Z W, YANG X C. Fast image encryption algorithm based on 2D-FCSM and pseudo-wavelet transform[J]. Nonlinear Dynamics, 2023, 111(7): 6839-6853.

[141] CAO W J, MAO Y J, ZHOU Y C. Designing a 2D infinite collapse map for image encryption[J]. Signal Processing, 2020, 171: 107457.

[142] LAI Q, HU G W, ERKAN U, et al. High-efficiency medical image encryption

method based on 2D logistic-gaussian hyperchaotic map[J]. Applied Mathematics and Computation, 2023, 442: 127738.

[143] LI Y X, LI C B, LIU S C, et al. A 2-D conditional symmetric hyperchaotic map with complete control[J]. Nonlinear Dynamics, 2022, 109(2): 1155-1165.

[144] LI Y X, LI C B, ZHANG S, et al. A self-reproduction hyperchaotic map with compound lattice dynam-ics[J]. IEEE Transactions on Industrial Electronics, 2022, 69(10): 10564-10572.

[145] ZHANG X, WANG T S, BAO H, et al. Stability effect of load converter on source converter in a cascaded buck converter[J]. IEEE Transactions on Power Electronics, 2023, 38(1): 604-618.

[146] YAN W H, DONG W J, WANG P, et al. Discrete-time memristor model for enhancing chaotic complexity and application in secure communication[J]. Entropy, 2022, 24(7): 864.

[147] KONG S X, LI C B, JIANG H B, et al. A 2D hyperchaotic map with conditional symmetry and attractor growth[J]. Chaos: An Interdisciplinary Journal of Nonlinear Science, 2021, 31(4): 043121.

[148] ZHOU X J, LI C B, LU X, et al. A 2D hyperchaotic map: Amplitude control, coexisting symmetrical attractors and circuit implementation[J]. Symmetry, 2021, 13(6): 1047.

[149] BAO H, WANG Z W, HUA Z Y, et al. Initial-offset-control coexisting hyperchaos in two-dimensionaldiscrete neuron model[J]. IEEE Transactions on Industrial Informatics, 2024, 20(03): 4784-4794.

[150] BAO H, HUA Z Y, WANG N, et al. Initials-boosted coexisting chaos in a 2-D sine map and its hardware implementation[J]. IEEE Transactions on Industrial Informatics, 2021, 17(2): 1132-1140.

[151] LI C B, SPROTT J C, YUAN Z S, et al. Constructing chaotic systems with total amplitude control[J]. International Journal of Bifurcation and Chaos, 2015, 25(10): 1530025.

[152] WANG R, LI C B, ÇIÇEK S, et al. A memristive hyperjerk chaotic system:

Amplitude control, FPGA design, and prediction with artificial neural network[J]. Complexity, 2021, 2021: 1-17.

[153] ZHANG X, LI C B, CHEN Y D, et al. A memristive chaotic oscillator with controllable amplitude and frequency[J]. Chaos, Solitons&Fractals, 2020, 139: 110000.

[154] 崔国龙, 樊涛, 孔昱凯, 等. 机载雷达脉间波形参数伪随机跳变技术[J]. 雷达学报, 2022, 11(02): 213-226.

[155] 陈景霞. 智能电能表的动态模型与动态误差分析[D]. 北京: 北京化工大学, 2018.

[156] 禚永. 集成电路测试生成算法与可测性设计的研究[D]. 北京: 北方工业大学, 2014.

[157] WIDROW B, KOLLAR I, LIU M C. Statistical theory of quantization[J]. IEEE Transactions on Instru-mentation and Measurement, 1996, 45(2): 353-361.

[158] 李莉, 沈旭, 马久青. 基于dsp的基带噪声模拟模块设计[J]. 电子设计工程, 2021, 29(21): 163-167.

[159] MOGHIMI R. 传感器电路的低噪声信号调理[EB/OL]. https://www.analog.com/media/cn/technical-documentation/technical-articles/MS-2066_cn.pdf.

[160] ERIC W. Central limit theorem[EB/OL]. https://mathworld.wolfram.com/CentralLimitTheorem.html.

[161] SKARTLIEN R, OYEHAUG L. Quantization error and resolution in ensemble averaged data with noise[J]. IEEE Transactions on Instrumentation and Measurement, 2005, 54(3): 1303-1312.

[162] Wireless Telecom Group Inc. Cng-ebno series precision snr generators[EB/OL]. https://noisecom.com/Portals/0/Datasheets/cng-ebno_datasheet.pdf?ver=2022-03-29-172303-327.

[163] Wireless Telecom Group Inc. Ufx 7000a programmable awgn noise generator series[EB/OL]. https://noisecom.com/Portals/0/Datasheets/UFX7000A_Datasheet.pdf?ver=2020-05-04-173242-113.

[164] 李想. 基于DSP的雷达杂波模拟研究与实现[D]. 西安：西安电子科技大学, 2019.

[165] HUA Z Y, ZHANG Y X, BAO H, et al. n-Dimensional polynomial chaotic system with applications[J]. IEEE Transactions on Circuits and Systems I：Regular Papers, 2022, 69(2)：784-797.

[166] CHUA L. Everything you wish to know about memristors but are afraid to ask[J]. Radioengineering, 2015, 24(2)：319-368.

[167] BAO B C, XU J P, ZHOU G H, et al. Chaotic memristive circuit：Equivalent circuit realization and dynamical analysis[J]. Chinese Physics B, 2011, 20(12)：120502.

[168] ZHU MH, WANG C H, DENG Q L, et al. Locally active memristor with three coexisting pinched hysteresis loops and its emulator circuit[J]. International journal of Bifurcation and Chaos, 2020, 30(13)：2050184.

[169] YU Y, GAO S C, CHENG S, et al. Cbso：a memetic brain storm optimization with chaotic local search[J]. Memetic Computing, 2018, 10(4)：353-367.

[170] 孟继德, 包伯成, 徐强. 二维抛物线离散映射的动力学研究[J]. 物理学报, 2011, 60(1)：59-66.

[171] WANG J, GU Y, RONG K, et al. Memristor-based lozi map with hidden hyperchaos[J]. Mathematics, 2022, 10(19)：3426.

[172] 吕蕾, 刘尉悦, 梁福田. 超导量子计算任意波形发生器输出一致性校准的设计与实现[J]. 无线通信技术, 2020, 29(02)：57-61.

[173] BAO B C, JIANG T, WANG G Y, et al. Two-memristor-based Chua's hyperchaotic circuit with plane equilibrium and its extreme multistability[J]. Nonlinear Dynamics, 2017, 89(2)：1157-1171.

[174] CHEN H, BAYANI A, AKGUL A, et al. A flexible chaotic system with adjustable amplitude, largest Lyapunov exponent, and local Kaplan-Yorke dimension and its usage in engineering applications[J]. Nonlinear Dynamics, 2018, 92(4)：1791-1800.

[175] 王传福. 数字化混沌系统的动力学分析与伪随机序列生成算法设计[D]. 哈

尔滨：黑龙江大学，2020.

[176] 陈继伟，申茜，朱利，等. 基于 GF 影像的不同融合方法对城市水体光谱保真度影响[J]. 北京工业大学学报，2017，43(05)：677-682.

[177] BAO B C, WANG Z W, HUA Z Y, et al. Regime transition and multi-scroll hyperchaos in a discrete neuron model[J]. Nonlinear Dynamics, 2023, 111(14): 13499-13512.

[178] ZHOU X J, LI C B, LI Y X, et al. An amplitude-controllable 3-D hyperchaotic map with homogenous multistability [J]. Nonlinear Dynamics, 2021, 105(2): 1843-1857.

[179] 晏浩文，陈伟，吴琼，等. 基于 FPGA 可配置 M 序列发生器的设计与实现[J]. 现代电子技术，2018，41(08)：1-4.

[180] FAN C, DING Q. Design and geometric control of polynomial chaotic maps with any desired positive Lyapunov exponents [J]. Chaos, Solitons&Fractals, 2023, 169: 113258.

[181] 李航. 统计学习方法[M]. 北京：清华大学出版社，2013.

[182] 何学农. 现代电能质量测量技术[M]. 北京：中国电力出版社，2014.

[183] 全国电磁计量技术委员会. 功率分析仪校准规范：JJF 2040-2023[S]. 北京：国家市场监督管理总局，2023：2-12.